版权声明

READING KLEIN BY MARGARET RUSTIN, MICHAEL RUSTIN

Copyright: © 2017 MARGARET RUSTIN AND MICHAEL RUSTIN

This edition arranged with THE MARSH AGENCY LTD

through BIG APPLE AGENCY, INC., LABUAN, MALAYSIA.

Simplified Chinese edition copyright:

2022 China Light Industry Press / Beijing Multi-Million New Era Culture and Media Company, Ltd.

All rights reserved.

保留所有权利。非经中国轻工业出版社"万千心理"书面授权，任何人不得以任何方式（包括但不限于电子、机械、手工或其他尚未被发明或应用的技术手段）复印、拍照、扫描、录音、朗读、存储、发表本书中任何部分或本书全部内容。中国轻工业出版社"万千心理"未授权任何机构提供源自本书内容的电子文件阅览、收听或下载服务。如有此类非法行为，查实必究。

精神分析阅读译丛
译丛主编　王刚　王倩

READING KLEIN

阅读克莱因

［英］Margaret Rustin，Michael Rustin　著

王旭　曾林　钱捷　钱秭澍　译

王倩　靳宁宁　审校

中国轻工业出版社

图书在版编目(CIP)数据

阅读克莱因/(英)玛格丽特·拉斯廷(Margaret Rustin),(英)迈克尔·拉斯廷(Michael Rustin)著;王旭等译. —北京:中国轻工业出版社,2022.2(2023.8重印)

书名原文:Reading Klein

ISBN 978-7-5184-3407-7

Ⅰ.①阅… Ⅱ.①玛… ②迈… ③王… Ⅲ.①梅兰妮·克莱因(Melanie Klein 1882—1960)-精神分析-研究 Ⅳ.①B84-065

中国版本图书馆CIP数据核字(2021)第030625号

责任编辑:戴 婕 刘 雅 李若寒
策划编辑:戴 婕　　　　　责任终审:腾炎福
责任校对:刘志颖　　　　　责任监印:吴维斌

出版发行:中国轻工业出版社(北京东长安街6号,邮编:100740)
印　　刷:三河市鑫金马印装有限公司
经　　销:各地新华书店
版　　次:2023年8月第1版第2次印刷
开　　本:710×1000　1/16　印张:17
字　　数:180千字
书　　号:ISBN 978-7-5184-3407-7　定价:86.00元
读者热线:010-65181109,65262933
发行电话:010-85119832　传真:010-85113293
网　　址:http://www.chlip.com.cn　http://www.wqedu.com
电子信箱:1012305542@qq.com
如发现图书残缺请拨打读者热线联系调换
201644Y2X101ZYW

译者序

不论是翻译或阅读精神分析的著作，都是一段艰苦的探索之旅。弗洛伊德经历了重重思考，提出了生本能与死本能的元心理学概念——元心理学这个词按另一些翻译方法则是心理玄学。精神分析的后继者们无疑需要以弗洛伊德为参照，继承、发展、修正、创新或是否定他的这些或那些的概念。想必梅兰妮·克莱因也经历过艰苦的探索，继承了生死本能的二元对立假设，发展了死亡本能与湮灭焦虑的理论构型，修正了俄狄浦斯情境的发生时间，创新了客体关系的理论与儿童精神分析的技术，将精神分析的理论、技术、治疗对象、适应证范围带入了新的高度。如同很多伟大的思想家一样，克莱因的著作也浩如烟海。

本书的两位作者也一定经历漫漫长路，研读了克莱因的所有著作，细细梳理出其中的逻辑，为我们描摹出克莱因思想体系的形状，将她在理论与实践上的创新思维带给所有对精神分析感兴趣的读者们。并且，面向那些尚未具备精神分析系统训练，但希望使用精神分析理念来理解伦理、美学、社会学等议题的读者们，两位作者也很体贴地开辟出接近一半的篇幅，将克莱因及其重要后继者们的相关论述整理成章，做了翔实的介绍。

为了完成以上的艰巨工作，有一项能力是必须的，那就是"承担经验之苦"的能力。诚然，当体系达成、书稿完结、摘下收获果实的时刻，那个体验一定是甜美的。但在此之前的过程，也一定充满了困顿、挫折、反复，构成了经验之中苦涩的部分。一个人能否带着想象力和勇气，秉承着诚实的态度，继续探索经验的意义，并且承受、处理失落之情？还是面对经验之苦，借由行为或人格的防御来逃避它？弗洛伊德、克莱因、本书的作者们，都用他们丰厚的人生经历和深刻的思考给出了回答。

作为译者，在翻译本书的过程中也饱受经验之苦的折磨，有的时候也感到几乎被气馁、挫折压垮。但在好奇心、求知欲、责任感、编辑的催促等等内在和外在力量的督促下，终于还是走完了这一段探索的旅程。弗洛伊德告诫我们，"一个人必须尝试从每段经验中学习一些事情"，我从这一段经验中学到很多，也希望读者们带着想象力、勇气与诚实，打开这本浓缩了克莱因思想精华的著作，在面对阅读过程中的"经验之苦"时不要退缩，以自己习惯的步调走完这一段探索之旅。

最后，非常感谢参与本书翻译工作的其他成员：钱捷、钱秭澍、曾林（按姓氏笔画排序），大家互相帮助、一起努力走完这段旅程。本书翻译的具体分工如下：

  正文前、第一章、第二章、第五章和第六章由王旭翻译

  第三章、第四章和第十二章由钱捷翻译

  第七章和第八章由钱秭澍翻译

  第九章、第十章、第十一章和第十三章由曾林翻译

另外，虽然我们很希望能够尽可能准确地将本书的内容呈现给读者，但译文中肯定还有一些疏漏和不足之处，也请读者们多多指正。

王旭
2021 年

关于《阅读克莱因》

《阅读克莱因》（*Reading Klein*）介绍了 20 世纪最伟大的精神分析师之一梅兰妮·克莱因（Melanie Klein）的工作，尤其是她在发展儿童分析方面的贡献以及她对内在世界的生动描绘。这本书令梅兰妮·克莱因的著作之可读性大大提升，不仅提供了其著作的大量摘录，还有本书作者探索其中的意义时的评论。

本书每一章都对应着克莱因著作的一个主要领域，概述了她近 40 年的思想发展。本书的第一部分涉及她的理论和临床贡献，展示出克莱因是一位非常关怀患者的、敏锐的临床学家，她具有非凡的能力，能够理解患者的无意识焦虑，并修正了我们对心灵的理解。本书第二部分阐述了克莱因的思想对道德、美学及对社会理解的贡献，并介绍了克莱因及其同事的著作。

这本书提供了一份关于克莱因已发表著作的清晰描述，它由两位杰出的作者呈现给我们，他们不仅熟知她的工作，还将这些理念创造性地使用在了他们自己的临床及临床以外的写作中。本书的目的是阐明克莱因对精神分析思想和临床实践的贡献是多么重大，以及对于理解精神分析领域是多么不可或缺。

对于学生、精神分析受训者、精神分析实践工作者以及所有对梅兰妮·克莱因及其思想结晶感兴趣的人来说，《阅读克莱因》将会是一个非常有价值的资源。

玛格丽特·拉斯廷（Margaret Rustin）是一位儿童、青少年与成人心理治疗师，也是英国精神分析协会的儿童分析师。她在伦敦的塔维斯托克诊所接受培训，并于 1968—2009 年在那里工作，担任儿童心理治疗部门负责人、研究生项目主任。退休后，她继续从事教学，并持续私人执业。

迈克尔·拉斯廷（Michael Rustin）是英国东伦敦大学的社会学教授，塔维斯托克与波特曼国家医疗服务系统信托基金以及埃塞克斯大学的客座教授。他是英国精神分析协会的准会员，像玛格丽特·拉斯廷一样，他是许多书籍和论文的作者与编辑。

新精神分析图书馆"教学"系列*

总编辑：亚历山德拉·莱玛（Alessandra Lemma）

新精神分析图书馆于1987年在伦敦精神分析研究所的协助下发起。它接替了国际精神分析图书馆，后者出版过弗洛伊德著作的早期译本，以及英国和欧洲大陆的重要精神分析师的大部分著作。新精神分析图书馆的目的在于促进人们对精神分析有更深入和更广泛的认识，并为精神分析师与其他学科——如社会科学、医学、哲学、历史、语言学、文学和艺术——日益增进的相互理解提供平台。它旨在体现英国精神分析，以及更广范畴上的精神分析的不同趋势。新精神分析图书馆乐于向英语世界介绍来自其他欧洲国家的精神分析著作，以及增进英美两国精神分析师之间的思想交流。

顾问委员会目前的成员包括乔凡娜·迪塞格利（Giovanna Di Ceglie）、莉兹·艾莉森（Liz Allison）、安妮·帕特森（Anne Patterson）、乔希·科恩（Josh Cohen）和丹尼尔·皮克（Daniel Pick）。

在"教学"子系列中，新精神分析图书馆出版的书籍为那些学习精神分析及相关领域（如社会科学、哲学、文学和艺术）的人士，提供全面的、易于阅读的精选主题的概述。

欲了解新精神分析图书馆主要系列以及新精神分析图书馆"超越躺椅"子系列的全部书籍列表，请访问Routledge网站。

---

* 这是本书英文原书所属系列，并未全部引进出版。下文提到的书籍列表中，已由中国轻工业出版社出版的有《婴儿观察》，即将出版的有《阅读弗洛伊德》《阅读安娜·弗洛伊德》《阅读比昂》。——译者注

新精神分析图书馆"教学"系列书籍列表

《阅读弗洛伊德》(*Reading Freud*, Jean-Michel Quinodoz)

《聆听汉娜·西格尔》(*Listening to Hanna Segal*, Jean-Michel Quinodoz)

《阅读法国精神分析》(*Reading French Psychoanalysis*, Dana Birksted-Breen, Sara Flanders & Alain Gibeault)

《阅读温尼科特》(*Reading Winnicott*, Lesley Caldwell & Angela Joyce)

《发起精神分析》(*Initiating Psychoanalysis*, Bernard Reith, Sven Lagerlöf, Penelope Crick, MetteMøller & Elisabeth Skale)

《婴儿观察》(*Infant Observation*, Frances Salo)

《阅读安娜·弗洛伊德》(*Reading Anna Freud*, Nick Midgley)

《阅读意大利精神分析》(*Reading Italian Psychoanalysis*, Franco Borgogno, Alberto Luchetti & Luisa Marino Coe)

《阅读克莱因》(*Reading Klein*, Margaret Rustin & Michael Rustin)

《阅读比昂》(*Reading Bion, Rudi Vermote*)

致 谢

非常感谢梅兰妮·克莱因信托的受托人邀请我们筹备本书，给我们支持，并耐心地等待本书的完成。特别感谢丽莎·米勒（Lisa Miller）慷慨拨冗阅读全书；苏·舍温-怀特（Sue Sherwin-White）允许我们使用她尚未出版的著作中关于梅兰妮·克莱因生平的部分；还有凯特·斯特拉顿（Kate Stratton），她在编辑与文献整理上有着宝贵的专业经验；以及凯特·保罗（Kate Paul）、洪素珍和魏秀年，他们分别在不同章节提供了帮助。我们中的一人以临床工作者的角色，另一人以学者身份，长年投入精神分析与思索克莱因的工作中，共同完成了这部著作。我们也感谢我们自己的分析师，以及50多年来使我们备受滋养的精神分析社群。

我们与梅兰妮·克莱因信托非常感谢英国企鹅兰登书屋的慷慨，本书在其许可下得以广泛引用梅兰妮·克莱因的原著。承蒙《国际精神分析期刊》（*International Journal of Psycho-Analysis*）和威立（Wiley）数据库的许可，我们转载了两段来自汉娜·西格尔（Hanna Segal）《美学的精神分析视角》（A psycho-analytical approach to aesthetics, 1952）与《关于象征形成的笔记》（Notes on symbol formation, 1967）的引文。

书中还摘录了伊莎贝尔·孟席斯（Isabel Menzies）《社会系统的焦虑防御功能：关于一家综合医院护理服务的个案研究》（A case-study in the functioning of the social systems as a defence against anxiety: a report on a study of the nursing service of a general hospital）的文段，该文章出自《人类关系》（*Human Relations*, 1960, vol. 13, no. 2, pp. 95-121），经世哲（Sage）出版公司许可转载。

目 录

第 一 章　导言 ··· 001

第一部分

第 二 章　早期工作：儿童教养、教育及儿童分析 ······································ 007

第 三 章　求知欲：对理解的热爱及其抑制 ··· 033

第 四 章　儿童分析技术 ·· 051

第 五 章　哀悼以及抑郁位的发现和其对俄狄浦斯发展理论的影响 ········· 071

第 六 章　分裂、偏执－分裂位及投射性认同的概念 ································ 097

第 七 章　《儿童分析的故事》之独到价值 ·· 111

第 八 章　嫉羡和感恩 ·· 131

第二部分

第 九 章　第二部分简介：伦理、美学、社会及梅兰妮·克莱因的工作 ······ 165

第 十 章　克莱因学派的伦理：爱与恨的道德观 ·· 167

第十一章　克莱因流派的美学 ·· 193

第十二章　克莱因与社会 ·· 223

第十三章　后记 ·· 245

推荐阅读 ··· 249

克莱因的出版物清单 ··· 251

参考文献 ··· 255

第一章

导　言

梅兰妮·克莱因（Melanie Klein）已被公认为是弗洛伊德最具原创性、最重要的精神分析后继者之一。她最初的贡献来自她早期与有情绪困难的儿童的工作，这些孩子有的非常年幼，并且有严重的困扰，她的著作记下了她逐渐摸索出的儿童分析方法——通过提供一种设置，让儿童透过玩耍活动表达自己。作为一名儿童分析师，工作让她了解了孩子发展中心灵的本质，并引导她修改了精神分析理论的关键方面。她确信，婴儿从出生开始就积极地与母亲形象相关联，尽管最初是以零碎的而非完整的人的方式感知母亲。这些关于母亲的部分体验根植于早期身体照料的许多不同方面。这向以下信念发出了挑战，即婴儿在生命之初处于与外部世界没有联系的状态——关于原始自恋期的精神分析理论。克莱因在工作中也发现了一些证据，表明非常年幼的儿童就具备非常早期形式的超我——心灵的评判功能，这早于弗洛伊德的描述，弗洛伊德将超我与俄狄浦斯专注的消解联系在一起，他认为这发生在儿童 5 岁左右。克莱因生动地描述了这种早期良知的凶狠之处，儿童可能会受其折磨，并产生严重的焦虑和内疚。与此相关的是她对经典俄狄浦斯情结的早期前兆的认识。她深刻地意识到精神分析理论的身体根源，包括弗洛伊德关于幼儿性本质的重要发现。

她以开放的态度去探知心灵更原始的基石，因此认识到幼儿恨意的力道，也见识了幼儿爱意的猛烈。她的论点震惊了不少与她同时代的同行，的确，她对婴幼儿内心世界的描绘至今仍能让读者一见倾心。

在她较晚期的著作中，她以首位幼儿分析师的身份，修正了精神分析关于心智发展的理论，取得了非凡的成就。在临床实践中，她特别关注焦虑情绪，这促使她提出心灵中存在两类焦虑以及相应的防御机制。根据发展顺序，她将第一类称作偏执－分裂位（paranoid-schizoid position），将之后的一类称作抑郁位（depressive position）（选用"位"这一术语旨在表示，这些结构涵盖了整个心灵生活，而且是持续不断的）。偏执－分裂位状态的核心是为自己感到焦虑，尤其担忧自身的生存和福祉，而在抑郁位状态下，个体开始关切他的情绪所指向的对象会有什么命运，尤其担心自己的敌意会伤害到他的主要家庭成员。克莱因认为，人格是基于个体与其主要客体之间不断交互转化而形成的——在精神分析理论中，"客体"指的是个体情感世界中的重要他人。这种交互转化涉及持续的投射（projection）——将自己的部分经验推给他人，以及内摄（introjection）——将他人的情绪体验摄入自身。通过与幼儿一起工作的临床经验，克莱因非常深刻地理解了投射过程的具体方式，因此提出投射性认同（projective identification），这成为当代精神分析的重要概念。

其他重大的理论贡献包括她在许多主题上的工作，例如：哀悼与忧郁、狂躁状态、求知欲的重要性，以及将嫉羡与感恩视为人际关系中的重要特征。

通过对克莱因理解人类心灵发展轨迹的叙述，读者可以明显看出，她不但在一生的临床工作中不断做出重大的分析发现，还持续根据新的临床经验修正早年的一些推论。其中尤为重要的例子是，她晚期非常强调，在婴儿与母亲的关系中，爱意从一开始就是重要的组成部分。如果阅读她早期的论文，读者常常因为她对年幼婴儿暴烈的无意识幻想的详尽描述而感到震惊，但当描述的这种充满恨意和施虐，与婴儿热烈的爱意和对母亲的渴望一道清楚无误地呈现出来时，婴儿情感生活的整体图景则会完全不同。在《儿童分析的故事》（*Narrative of a Child Analysis*）中，她逐次记录了第二次世界大战初期的一则儿童分析案例，很动人地展露出她与患者工作时的稳健均衡。她进行理论修订的能力很强，尤其清楚地体现在论述俄狄浦斯情结的早期和晚期著作中。

本书旨在通过大量引用克莱因的重要著作来呈现她的思想，我们会加以评述，并简要指出她的思想如何启发了其他精神分析思想家的思路。我们希望透过本书鼓励读者可以更完整地探索她的卓越工作，本书结尾还会附上进一步阅读的建议，其中包括来自维尔康姆图书馆（Wellcome Library）克莱因档案库的重要学术著作。克莱因的文风经常被描述为艰涩难懂，但读者需要知道的一点是，她的大部分英文著作是从她原来的德文文稿中翻译过来的。不过，我们在筹备本书的过程中重读了她的著作，涌起了深刻的景仰之情。

我们将本书分为两部分，第一部分大致以年代顺序研究她的临床与理论观点的发展，第二部分考察她的观点如何影响精神分析对于伦理、美学和社会政治问题的理解。我们相信，克莱因对心灵的见解远远超出了治疗室中对儿童和成人进行的精神分析，而有着更加深远的意义。本书的第二部分也彰显了我们这样的看法。

生平简历

梅兰妮·克莱因出生于1882年，她的父亲莫里斯·雷泽斯来自正统犹太人家庭，因舍弃神学投入医学而成为一名医生，母亲莉布莎·多伊奇比丈夫年轻很多，生于自由派犹太家庭。他们在1875年结婚后移居维也纳。梅兰妮是四个孩子中最小的。她与三姐西多妮的感情很深，因此西多妮的年幼早逝给她带来深深的悲痛。哥哥伊曼纽尔也在她很年轻的时候去世。这些痛苦的早期丧失，很可能令她对哀悼的本质产生深刻的兴趣，并且意识到兄弟姐妹在个人的精神生活中占据着重要地位（Sherwin-White，2014）。

克莱因对学习和学校生活充满热爱，在学业上颇具雄心，父母对此予以支持。然而，她在维也纳大学学习医学的计划，因她与阿瑟·克莱因订婚而不得不搁置，他们于1903年结婚。

这段婚姻并不美满，但克莱因和阿瑟很快便接连有了两个孩子，梅丽塔和汉斯，几年后她又生下第三个孩子艾瑞克。这些年，克莱因几度陷入重度抑郁症当中，并感到所生活的小城镇并不舒适。1910年，他们举家搬到了布达佩斯，这里活跃的社会文化让她大获纾解。她开始接受桑多尔·费伦齐（Sandor Ferenczi）的分析，费伦齐是匈牙利精神分析协会最重要的分析师，这既帮助她调整了个人的状态，也让她有机会在费伦齐的鼓励下开始儿童分析的专业工作。1919年，她与丈夫分居，两年后带着孩子来到柏林。在布达佩斯时,她已经成为匈牙利精神分析协会的成员,到了柏林,她发现自己进入了一个非常繁盛的精神分析社群。她于1925年接受卡尔·亚伯拉罕(Karl Abraham)的分析,但不幸的是,由于亚伯拉罕的猝然离世,这段分析持续了不到一年。旅居柏林的几年中,她做了大量的儿童临床工作(Frank,2009)。由此阶段开始,她写下许多精神分析论文。

克莱因曾造访伦敦,为英国精神分析协会讲了几场讲座,给会员们留下了深刻印象,随后,她应欧内斯特·琼斯(Ernest Jones)及同行们的邀请,于1926年赴伦敦定居。早些年间,伦敦具有充沛的理论创造力。然而,随着纳粹主义的崛起,许多维也纳分析师流亡至伦敦,英国精神分析协会的专业氛围产生了变化。克莱因和安娜·弗洛伊德(Anna Freud)在儿童分析方法上的严重分歧,早在20世纪20年代就已浮出水面,成为当时公开辩论的议题,此时则几乎要将英国精神分析学界撕裂。维也纳阵营认为,克莱因修正理论是在攻击正统弗洛伊德学说。这令克莱因感到非常痛苦,她一贯认为自己是在延续弗洛伊德的精神分析基础,种种拓展也都忠于精神分析的探究精神。

经过若干场科学讨论之后,英国精神分析学会的危机通过政治妥协的形式得以解决,这在《弗洛伊德—克莱因论战:1941—1945》(*The Freud-Klein Controversies 1941—1945*,King and Steiner,1991)一书中有详细记载。在这期间,克莱因和几位与她最亲近的分析盟友有大量的精彩创见,推动了一波理论创新的浪潮。第二次世界大战后,克莱因发表了几篇非常重要的论文,她的创作一直延续到1960年她去世为止。

第一部分

第二章

早期工作：儿童教养、教育及儿童分析

　　克莱因的第一篇论文是 1919 年于匈牙利精神分析学会上宣读的，题目是《儿童的发展》（The development of a child）。因此，发展的主题既是她兴趣的核心，也是她精神分析的走向，这在她职业生涯的开始就展现出来了。显然，这与她当时的个人和家庭情况有着深刻的联系。她当时已经开始接受费伦齐的分析，那时她婚姻不幸，职业生涯尚未开展。她把许多心力放到三个孩子身上，他们各有各的个性与发展。与他们一起生活、思索他们的状况，似乎大大激发了她对他们日常专注的事物、他们的想法，以及他们整个精神生活的方向和形态加以详细地观察和思考。她所接受的分析无疑让她产生种种疑惑，她想要了解自己的童年生活，以及人生如何走到当前的关口。费伦齐必定是发现她有着不凡的能力，可以在与儿童的关系中融汇温柔的兴趣和严格的探查力，才会支持她对儿童心灵的兴趣，并鼓励她探索对幼儿进行精神分析调查和干预的可能性。更广泛的历史背景可能也起到了一定的作用：正如在较晚一些的 1945 年以后，英国儿童精神分析深受第二次世界大战的影响，那时的人民希望在战后重建更美好的世界，尤其特别强调改善儿童的教育和健康（如1944年的"教育法案"，以及1948年实施的"英国国家健康服务"），所以，如何理解儿童早期发展这一主题，在当年不仅由费伦齐热切地探究，而且在克莱因于 1921 年搬到柏林之后，继续呈现在她与亚伯拉罕面前。这也许不仅基于精神分析的演变，同时也源自知识界对第一次世界大战恐怖氛围的回应。

　　以下是这篇论文的引言部分，表达了对当时传统育儿方式的挑战，直击儿童应当无知的理念，并提出有必要开放地承认儿童对性的兴趣（正如弗洛伊德对小汉斯做的），借此疏解童年焦虑，解放智力的发展。

儿童应该接受性启蒙的理念越来越受重视。学校多方引入相关的教学，旨在保护发育期的儿童不至于暴露在日益增长的无知的危险当中，正因有这样的观点，儿童性启蒙的理念才赢得许多共鸣和支持。然而，从精神分析所得的知识表明，其实并不是"启蒙"，而是有必要在抚养这个脆弱敏感阶段的儿童时，通过抚养本身令任何特殊的启蒙教育变得不再必需，因为最完整、最自然的启蒙与儿童的发展速度是一致的。根据精神分析经验所得出的无可辩驳的结论，儿童应尽可能免受强度过大的压抑，以防止疾病或不利的人格发展。因此，分析除了明确、睿智地以信息对抗实际和显见的危险之外，也要尝试避免同样实际存在但并不清晰可见（因为没有被识别出来）的危险，然而它更普遍、深入，因此更迫切地需要加以观察。几乎在每一个案例里，精神分析的结论总是指出，成年后的疾病，甚至所有正常心理状态中或多或少都有的病态元素或抑制，其源头都是童年性欲的压抑，这一结果清楚地指明了我们应该遵循的道路。为了让儿童免于不必要的压抑，得以自由地步入性特质的整个广泛领域，我们应该首先去除笼罩在自己身上关于性的神秘、虚假和危险的厚重面纱，这个面纱是由虚伪的文明用情感和无知为基底编织起来的。我们配合儿童渴望性知识的程度之增长，给予充分的性信息，从而彻底剥去性特质的神秘感和危险性。这将确保儿童不会像我们过去那样，将一部分的愿望、想法和感受压抑下去，而无法压抑的部分，则遭受本不应当的羞耻与紧张的折磨。更重要的是，在避免这种压抑以及避免儿童承受不必要的痛苦时，我们也奠定了健康、心理平衡与良好性格发展的基础。而且我们能够预期，以彻底而坦诚的态度养育，不只会为个体及人性的进化带来珍贵的结果，它还具有另一个同等重要的结果——对智性发展的决定性影响。

（《儿童的发展》，1921，pp. 1-2）

很有意思的是，克莱因对儿童智性发展的关注始于她最早的著作，并且在她随后写的几篇论文中继续拓展。这种对思考和理解能力特别注重的特色，在多位代表其思想后续发展的分析师［例如比昂（Bion）、罗杰·莫尼－凯尔（Roger Money-Kyrle）、奥肖尼西（O' Shaughnessy）、布里顿（Britton）］的著作中依旧维持。莱克曼（Likierman，2001）认为，克莱因的方法融合了弗洛伊德的婴儿性欲理论和儿童的性好奇，以及费伦齐关注的从全能化思考向以现实为基础的思考的转化。

在这篇论文中，她写到一个她称作弗里茨的小孩，据悉，他实际上是克莱因的小儿子艾瑞克。在精神分析初期，分析家们分析自己子女的做法非常普遍，其中最著名的当属弗洛伊德和他的女儿安娜，正因如此，克莱因才有可能在这篇论文中呈现如此丰富的观察素材。我们了解到弗里茨的整体发展有些"缓慢"，他也较晚才提出一些其他小孩会问父母的挑战性问题，例如关于出生、死亡、时间等。他的童年生活栩栩如生地出现在克莱因的描述中。她很注意弗里茨如梦初醒的时刻，那时他开始想要对很多事物打破砂锅问到底：为什么大人要编故事来掩盖事实真相？爸爸的角色是什么？妈妈的身体里面发生了什么？各种东西是怎么做出来，又是怎么运作的？男孩和女孩有什么不一样？她描述了弗里茨的现实感受逐渐增长，而全能的愿望则开始消退。

克莱因所要强调的是，压抑的机制封闭了哪些能力，以及虚假权威导致的问题。

教育学和心理学视角

弗里茨在新获得的知识的影响下，心智能力大增，当我将这些观察跟先前观察到的一些发展较差的案例比较时，有了新的发现。诚实面对儿童，坦诚回答他们的所有问题，以及由此带来的内在自由，会对心智发展产生深远且正面的影响。这可以确保思考免于压抑，而压抑的倾向是思考的主要威胁，避免撤回升华所需要的本能能量，以及避免由于情结被压抑而导致概念联想也随之被压抑，以防思考的脉络被摧毁。

（《儿童的发展》，1921，pp. 18-19）

克莱因继续讨论对 6 岁以下儿童做分析的想法，这是一个新的领域，因为史上第一位儿童分析师胡克-赫尔穆斯（Hug-Hellmuth，1921）曾表示，分析只适合这个年龄段以上的儿童，换言之，是那些度过了弗洛伊德描述的 3—5 岁激烈的俄狄浦斯阶段，进入了潜伏期，开始去上学，并且能够说出自己想法的儿童才能接受分析。克莱因首先提出的是，根据精神分析知识，如何看待家长的责任：

> 然而，我现在要提出的问题是，我们可以把在成人与儿童分析中所学的何种知识，应用于分析 6 岁以下儿童的心灵，因为众所周知，对于神经症的分析会追溯到很早的年纪，即 6 岁之前发生的事件、印象或发展所带来的创伤与伤害。这些信息对疾病预防学带来的启示是什么？分析教导我们，这个年龄阶段极为重要，不仅牵涉了后续的疾病，也对长远的性格形成与智能发展至关重要，我们在这个阶段能做些什么？
>
> 我们根据知识得出的最直接也最自然的结论是，要尽可能避免会严重伤害儿童心灵的因素，这些因素是精神分析教我们认识到的。因此，我们需要设下一个不加妥协的必要条件，规定小孩子从出生时起，就不应该和父母睡在同一间卧室；而在强迫式的道德规范方面，当我们面对这个正在发展的小生命时，应该放松一些，不同于我们曾经遭受过的对待。我们应该允许他在较长的时间里维持不受干扰、自然的状态，不要像以往那样加以干涉，以便让他意识到自己的各种本能冲动以及快乐，而不要立刻激发起他的文化倾向，来对抗这种纯真本性。我们的目标是让儿童有一个比较慢的发展过程，让他有空间部分地意识到自己的本能，并且可以与此相配合地实现升华。同时，我们不应该拒绝他表达逐渐萌发的性好奇，应该一步步地给予满足，我甚至认为，不需要有任何保留。我们应该知道如何给予他足够的情感，同时避免会带来害处的过度溺爱；最重要的是，我们应该拒绝体罚和威胁，并通过偶尔收束情感的方式来确立抚养所必需的服从。

（《儿童的发展》，1921，pp. 25-26）

第二章　早期工作：儿童教养、教育及儿童分析

克莱因描述道，许多家长会被孩子那些非常熟悉的无厘头、无从回答的问题所折磨，她评论说，能意识到并说出口的问题掩盖了无意识的未说出口的疑惑。然后，她把注意力转向"最年幼无知阶段"的儿童的"态度"，认为这会给最具启蒙性质的教养效果带来限制：

> 例如，尽管我们采取了各种教育措施，希望毫无保留地满足儿童的性好奇，但儿童往往不能自由地表达这方面的需求。这种（对知识的）负面态度可能以多种形式体现出来，最极端的包括：绝对不愿意知道。有时，它会被置换为对其他事物的兴趣，而且常常表现出强迫的特征。有时候，这种态度则是在部分启蒙之后出现，儿童此时不再像之前那样有活跃的兴趣，而是强烈阻抗，拒绝接受进一步启蒙，甚至完全不愿意接受。
>
> （p.27）

随后，故事回到弗里茨身上，克莱因用了许多细节勾勒她对弗里茨俄狄浦斯无意识幻想的理解，即与父亲争夺母亲，以及分裂的母亲意象。克莱因记述了她对他的游戏所做的解释，以及回答他的问题时所讲的故事，并将她的工作总结为"带有分析特征的抚养"。以下是他们之间对话的一个例子。克莱因自认这段对话格外重要：

> 那天早上他坐在厕所里，解释说便便已经在阳台上了，就重新跑回楼上，不想进入花园（他经常把厕所称作花园）。我问他："它们是在肚子里长大的小孩吗？"我注意到这引起了他的兴趣，便继续说道："便便是由食物做的；真正的小孩不是用食物做的。"他说："我知道，他们是用牛奶做的。""哦，不是，他们是用爸爸做的东西加上妈妈身体里面的蛋做出来的。"（他此刻变得非常专心，并要求我解释）当我再次开始说起那颗小小的蛋时，他打断说："我知道的。"我继续说："爸爸可以用他的鸡鸡（wiwi）做出一种看起来真的很像牛奶的东西，那叫种子；他

做这东西的时候就像在尿尿，只是没那么多。妈妈的鸡鸡跟爸爸的不一样……"他插嘴说："我知道这个！"我说："妈妈的鸡鸡就像一个洞。如果爸爸把他的鸡鸡放进妈妈的鸡鸡里，在里面做出种子，那么这颗种子就会跑到她身体更深的地方，当种子遇到妈妈身体里一颗小小的蛋时，那么这颗小蛋就会开始长大，变成一个小孩。"弗里茨非常感兴趣地听着，并说："我好想看看小孩子是怎么在里面做出来的。"我解释说，这是不可能的，他得等到长大后才能看到，他长大了才能做得到，而且那时他可以自己做。"但是，到时候我想跟妈妈做。""那不可以，妈妈不能成为你的妻子，因为她是爸爸的妻子，不然爸爸就没有妻子了。""但我们两个都可以跟她做。"我说："不，那也不可以。每个男人都只有一个妻子。等你长大了，你的妈妈就老了。然后你会娶一个年轻漂亮的女孩，她将成为你的妻子。"他（几乎要流泪，嘴唇颤抖着）说："但是我们不能跟妈妈住在同一个房子里吗？"我说："当然可以，而且你的妈妈会永远爱你，只是不能成为你的妻子。"然后，他询问了各种细节，包括：小孩子在妈妈的身体里怎么吃东西？脐带是什么做的，又是怎么不见的？他显得充满兴趣，不再出现进一步的阻抗。最后他说："但我真的很想看一次小孩子是怎么进去跟出来的。"

（pp. 33-34）

几天后，弗里茨告诉克莱因下面的梦，她做了直接的解释：

"有一辆很大的汽车，看起来就像电车那样。里面也有座位，还有一辆小汽车跟着大汽车一起跑。它们的顶篷可以打开，在下雨时可以关上。然后这两辆车继续前进，撞上了一辆电车，把它撞倒了。然后大汽车跑到电车的上面，把小汽车拖在后面。然后它们都靠在一起，就是那辆电车和那两辆汽车。那辆电车还有一根连接杆。你知道我的意思吗？大汽车有一个很漂亮的、大大的、银色的、铁的东西，而小汽车有两个像小钩子的东西。那个小的在电车和汽车之间。然后，它们开上一座高山，然后又很快地冲了下来。这两辆汽车晚上也待在一起。当电车过来时，它们就把电车撞开，如果有人做这个——（他张开一只手臂）——它们就会立刻撤退。"（我解释说，大汽车是他的爸爸，电车是他妈妈，而小汽车是他自己，他把自己放在爸爸和妈妈中间，因为他非常想要把爸爸赶走，单独与妈妈在一起，跟她一起做只有爸爸才被允许做的事。）

（p. 35）

弗里茨接着大幅度展开梦中的故事，克莱因的评论是：

在这次幻想之后，他对游戏的乐趣变得强烈且持久。他现在可以单独玩上好几个小时，而且从中获得的乐趣跟描述这些幻想时一样多。他也会直截了当地说，"现在我要玩我跟你讲过的游戏"，或者"我就不说了，直接玩"。因此，虽然无意识幻想通常会通过游戏宣泄出来，但在这个例子里，无疑就跟其他类似的例子一样，幻想的抑制成了游戏抑制的原因，而两者也可同时被消除。我观察到，过去他经常玩的游戏和活动现在已经退居幕后了。我尤其指那些无止境的"司机""马车夫"等游戏，里面通常包含用长凳、椅子或箱子堆叠在一起，他坐在上面。他并没有放弃在听到车辆经过时跑到窗边，而且只要错过一次就会很不高兴。他可以连续几个小时站在窗户旁或大门前，主要就是为了看看过往的车辆。他追求这些活动时热烈而排他的态度，让我认为这些活动具有强迫性质。

（pp. 36-37）

此处需要注意，她使用了"无意识幻想（unconscious phantasy）"这一术语，这后来成为克莱因理论的突出特征；以及她对解决抑制问题的兴趣，她深信正是抑制阻碍了弗里茨的发展。

几个月后，弗里茨开始表达焦虑，克莱因认为这和他热衷于听格林童话故事（可惜她没有写出是哪些故事），以及她有一阵子因为生病较重，没有办法每天照顾弗里茨有关。她描述了他难以入睡，过度执迷于学习阅读，而且变得"更调皮、不快乐"。这是一个展现内外因素紧密相连的绝佳例子。我们可以说,母亲患病使得弗里茨深深地担忧(或许他们先前的亲密交流更加剧了这种担忧),而他无意识的反应是决定要拼命成为一个大男孩,掌握阅读能力,这样才能自己解决问题,并且摆脱危险的自由玩耍,因为他现在对自由玩耍有些害怕。但这一切都是巨大的压力,在像家长生病的情况下,孩子的基本安全感被动摇,令无意识幻想与现实之间的边界变得不那么稳固。(这是克莱因在《儿童分析的故事》中,理查德父亲重病那段所论述的。)这在克莱因的另一个报告片段中表现得很清楚:

> 他的另一个梦跟恐惧感无关。在梦里,所有镜子和门之类的后面,都有伸出长长舌头的狼。他把它们全都射死。他并不害怕,因为他比它们强壮。之后的幻想也跟狼群有关。有一次,他在睡着之前又变得害怕,他说他被墙上那个有光线照进来的洞(用于暖气设备的开口)吓坏了,因为它照在天花板上也像是一个洞,所以可能会有男人用梯子爬上屋顶,从那个洞进来。他也讲到魔鬼是不是坐在炉子上的洞里。他回忆起在一本连环画中看到过以下的内容:一位女士在他的房间里,突然间,她看到魔鬼正坐在炉子的洞里,尾巴伸了出来。他的联想显示出,他担心那个爬梯子上来的男人会踩到他,伤到他的肚子,而最后,他承认他担心的是自己的鸡鸡。

(pp. 40-41)

克莱因与弗里茨的规律工作持续了好一段时间,她处理了他无意识幻想中的肛门情欲、同性恋与偏执妄想的特征。在文章末尾,她以分析在养育儿童中的地位的广泛反思作为收尾:

> 我认为,任何儿童教养都需要分析的帮助,从疾病预防的观点来看,分析可以提供非常有价值且无可限量的协助。

(p. 45)

她先是建议"精神分析需作为教育的辅助——辅助其变得更完整",但接下来就更为大胆地宣称:

> 分析应尽早介入养育过程,在我们能够接触到孩子的意识时,就准备与孩子的无意识建立关系,这样的做法不但有必要,而且非常有利。这样一来,也许当抑制或神经症特质开始出现时,就容易将其消除。正常的3岁儿童,甚至那些常常显现出活跃兴趣的更小的孩子,无疑都已经有足够的智力,能够理解别人给予的解释以及其他任何事情。在这类事情上,他们可能比较大的孩子更好,大孩子已经在情感上受到了更强烈、更固着的阻抗的阻碍,而只要养育并未将有害影响发挥太大,小孩子就更接近于这些自然的事物。一言以蔽之,比起这个已经5岁的男孩,对小小孩更可能做到以精神分析来协助教养。
> (pp. 47-48)

她提出各种论点来支持幼儿分析:分析不会让孩子变得充满困难或者无法管教,而是恰恰相反。她对分析的益处充满希望,对分析广泛惠及儿童怀有雄心——例如让分析师参与幼儿园管理,这些都令人印象深刻。

克莱因的下一篇论文,诚如其名,明确探讨了《学校在儿童力比多发展中的作用》(The role of the school in libidinal development of the child, 1923)。又一次地,人们可以感受到,她以母亲的身份监管孩子教育的亲身经验的重要性,以及其分析焦点的重要性。她在描写儿童的校园经验时,把学校这个机构、学习过程的本质,以及儿童在学校学习不同科目的特殊意义,都与无意识的性意义关联起来。

克莱因首先提到儿童对考试的恐惧,这几乎是放之四海皆可见的恐惧,也因此容易在日常生活中被识别,从这里出发,她描写了一连串令人眼花缭乱的观察场景,呈现出校园环境所引发的各种抑制与焦虑的范围和意义。克莱因提出,儿童感受到压力是因为他们被要求要将"力比多本能的能量"升华,此外,学龄前儿童的态度原本是比较"女性被动"的(对此,她似乎指的是，童年早期的儿童不受任何要求限制，可以自由玩耍，因此享乐原则占据主导），进入学校后，儿童则被要求要更主动地面对任务。不过，她后来在婴幼儿身上发现非常早期的严重焦虑，超我的出现也更早，还有复杂的投射和内摄机制，据此描绘的学龄前儿童样貌也大为不同，但尽管如此，一进入学龄，孩子就面临极大的转变，被期待要正式开始学习，这也是无可置疑的事实。幼儿的"工作"是玩耍，而学龄儿童的工作包括要适应、融入一个大群体，并完成教师布置的功课。

克莱因注重学校机构本身，认为学校是施加规则惩罚和提供外在结构的地方。她提出，在无意识中，校长和班主任经常被体验成父亲，而整个学校被感受成母亲。这种观点认为，整个学校的空间和最广泛的功能所唤起的感受可以与孕妇的身体所激发的感受相比拟，这一主题被后来的作家所沿用，如精神分析艺术史学家阿德里安·斯托克斯（Adorian Stokes），他在关于建筑的著作中就曾提及（Stokes，1951，1958，1965）。克莱因当时的总体思考侧重于弗洛伊德关于婴儿性欲的理论，尤其是对阉割的恐惧，因此她认为学校女教师可能会被体验为会阉割人的母亲。她对许多特定活动的意义提出了独到的见解。她展现出说话和唱歌可能与性交的无意识幻想有关，因为舌头在嘴里滑动，可被想象联想成父亲的阴茎在母亲体内运动。克莱因以类似的风格（即对发生的事，总能敏锐地觉察到其潜在的无意识性内涵），讨论了字母表中的个别字母可以被等同成性器或粪便，大写字母尤其具有特殊力量，算术的数字也充满了潜在的象征意义，等等。比方说，数字"3"会激起俄狄浦斯三角，数字"5"是五根手指。除法会激发剁碎母亲的无意识幻想，因此可能引发焦虑，而学习语法时必须将语句拆开，这与肢解某物类似，所以同样会令人感到不安。人们可以在这里注意到克莱因如何理解前语言形式的思考，比昂后来关于思维能力的起源和发展的工作将涉及这一点。历史这门课，自然隐含着个人和家族历史的问题，包括自己是怎么被孕育和从哪里来的基本问题。地理课，特别是地图，激起了出生后第一次见到世界的婴儿的思想——母体的世界。克莱因的总体论点总结在下面的引文中。

我努力想要显示的是，在学校进行的基本活动是力比多流动的管道，通过这种方式，以性器为最高的各种本能实现了升华。然而，一开始通过最基本的读、写与数学的功课承载力比多贯注，会转移到以这些活动为基础的、更广泛的努力和兴趣上，并将成为日后各类抑制的基础——包括工作所需的抑制，所有这一切，都可见于常常明显逐渐消退的、与最早期功课有关的抑制中。不过，这些最早期功课中的抑制是建立在游戏抑制之上的，所以最终我们可以看到，所有在日后对生命与发展有重要意义的抑制，都是从最早期的游戏抑制中衍生而来……

……我们必须将所有影响学习和全部后续发展的抑制因素的建立归因到，婴儿性欲第一次绽放的时候，而俄狄浦斯情结的出现，赋予了阉割恐惧最大的动能，这发生于三四岁的早期阶段。正是对活跃、主动的男性成分（masculine component）的压抑，为学习的抑制提供了主要的基础，男孩与女孩皆然。

女性成分（feminine component）对升华的贡献，也许总是被证实为容受性（receptivity）和理解性，这是所有活动的重要组成部分；但是，推动执行的部分，真正形成了某项活动的特征的部分，源自男性能力的升华。对父亲的女性态度，与对父亲阴茎及其成就的钦佩和认可有关，这种女性态度通过升华，成为欣赏艺术和其他一般成就的基础。在对男孩和女孩的分析中，我反复看到透过阉割情结来压抑这种女性态度有何等的关键作用。女性态度是每一个活动的基本部分，压抑它必然在很大程度上促成了一切活动的抑制。在分析两种性别的患者时，也有可能观察到，当一部分阉割情结浮上意识层面，而女性态度更自由地出现时，往往会开始萌生强烈的艺术兴趣与其他兴趣……

……我将对教师在孩子成长过程中所扮演的角色做个简要的总结。通过共情的理解，教师能够带来很大的成效，因为他能够大大减少将教师作为"报复者"而带来的抑制。同时，聪明且和善的教师为男孩的同性恋成分以及女孩的男性成分提供一个客体，让他们能够以升华的形式来运作他们的性器活动，如我之前提到的，我们可以在各种科目的学习中识别出这些升华的形式。然而，也可以推断出，教师在教学方面的错误，或甚至是残酷的程序，会给学生造成的伤害。

（《学校在儿童力比多发展中的作用》，1923，pp. 73-76）

值得注意的是，克莱因早年关注学校和教育中的心理层面，启迪了后代的儿童分析师和儿童心理治疗师。这几篇早年文献中隐含的观点认为，精神分析在理解师生关系以及整个学校的功能上可以做出很大贡献，这确实在日后的很多方面取得了丰硕的成果。其中包括：参与教师培训［苏珊·艾萨克斯（Susan Isaacs）在伦敦教育学院的工作是先例］，或塔维斯托克诊所长年开设的相关课程，协助教师探索教学过程中的情绪方面（Salzberger-Wittenberg，1983; Youell，2006; Rustin，2012）；直接进入学校为工作人员提供咨询服务（Harris，1987）；以及针对儿童青少年的临床工作。

克莱因研究儿童个案在学习过程中显现的焦虑与抑制时所运用的极具创意的想象，至今仍是教育相关人士和临床精神分析的宝贵资源。她的下一篇论文《早期分析》（Early analysis，1923）主要从她对弗里茨的分析中取材。弗里茨当时对铁路、车站和马路非常着迷，游戏里经常充满这些主题，论文中有一段美妙的注释，克莱因先是讨论了弗里茨对"母亲身体的地理"的浓厚兴趣——他在4岁时曾经说过母亲是"他在攀登的山"——接着，克莱因清楚地说明了她所理解的、蕴含无意识幻想的自由玩耍在发展中的重要性：

> 进入他（弗里茨）幻想的环形铁道出现在所有的游戏当中。他搭了一个圆环形的火车线路，让火车一圈又一圈地绕圈跑。他对街道的方向与名称的兴趣逐渐增加，且发展成对地理的兴趣。他假装自己在地图上旅行。所有这些显示了他的幻想从他的家里进展到他所居住的城镇、他的国家以及整个世界（一旦幻想获得了自由，这个进展就显现出来了），这个进展也影响了他的兴趣，它涉及的领域越来越宽广。在这里，我想从这个观点来强调，抑制在儿童的游戏中有着极其关键的影响。对游戏兴趣的抑制和限制会导致儿童在学习及整体心智后续发展两方面的潜能

第二章　早期工作：儿童教养、教育及儿童分析

与兴趣都被减弱了。

（《早期分析》，1923，p. 97）

克莱因将自由探索与抑制的对立，联系到定向感（orientation）与心智成长这些最深刻的议题上：

> 除了对地理的兴趣之外，我还发现它（自由玩耍）是绘画能力、对自然科学的兴趣，以及每一件与探索地球有关的事情的决定因素之一。
>
> 我在弗里茨身上发现，他在空间上和时间上的缺乏定向感之间有非常密切的关联。与他对自己在子宫中所处地点的兴趣受到压抑相对应的是，他对身处其中的时间细节也缺乏兴趣。因此，"出生前我在哪里？"和"我在那里是什么时候？"这两个问题都被压抑了。
>
> 从弗里茨的许多话语和幻想中可以显见的是，他在无意识中将睡眠、死亡和子宫内的存在状态等同，与此有关的是他对这些状态的持续时间及后续情形的好奇。由此看来，从子宫内到子宫外的存在状态变化，是所有周期性的原型，也是时间概念以及时间定位的基础之一。
>
> （p. 99）

在《早期分析》（1923）一文中，克莱因明显试图将她的工作紧密结合在弗洛伊德的本能理论、固着点、升华等观点之上。下面这段引文归纳了原初场景的中心地位：

> 总结一下我所说的，我发现艺术与智能上的固着，以及那些后来会导致神经症的固着，都是以原初场景或是对它的幻想作为最有影响力的决定因素。重点在于，哪一种感官被更强烈地激发了：兴致落在了看到的事物上，还是听到的声音上。这也可能决定了——另一方面也取决于——意念是以视觉的形式还是以听觉的形式呈现给个体。毫无疑问，体质因素会发挥很大的作用。

在弗里茨的案例中，他固着在阴茎的动作上；在费利克斯（另一个案），则是固着在他听到的声音上；而在其他案例身上，则可能是与颜色效应相关的。自然，对于将要发展的才能和天分，那些我已详尽讨论过的特殊因素必定会发生作用。在固着于原初场景（或幻想）这件事上，活动的强烈程度——对升华格外重要——无疑也决定了该个体将会发展出的是创造的才能还是临摹的才能。因为活动的强烈程度一定会影响认同的模式。

(《早期分析》，1923，p. 103）

但在这段总结中，克莱因想要进一步探究的方向也很鲜明：她特别注重无意识幻想、认同作用以及早年的感官经验。克莱因注重听觉与视觉的差别，这可能不仅是她日后"部分客体"理念的先驱，而且启发她去了解部分客体（或客体的不同方面）是如何整合在一起，并创建出完整客体的复杂历程。另一个值得注意的特点是，克莱因广泛地发展、应用了"抑制"的概念，这既体现在她的其他早期著作中，也体现在她随之产生的对发展儿童分析事业的抱负与希望中。

她的下一篇论文《抽搐的心理起因探讨》（A contribution to the psychogenesis of tics，1925）是她首次发表的案例研究，与她关心的发展抑制主题直接相关。在她笔下，13 岁的费利克斯"智力兴趣和社会关系"都大受抑制，只对游戏和身体力量感兴趣，并且缺乏情感。别人把他转介给克莱因时，提到他有抽搐的情况，克莱因对此很感兴趣，这也成为这篇论文的明确重点。她与费利克斯工作了三年多，在费利克斯进入发育期时，他性焦虑的加剧给克莱因留下了深刻印象。克莱因非常详细地记述了他早年经历中的重大事件，包括与父母同住一间卧室直到 6 岁，两次医疗干预，以及父亲在战争期间不在家后来又返回。有些细节是辛酸的：费利克斯小时候喜欢唱歌，但后来却舍弃了。他的整体形象是极端的身体不安定、在学校很难坐得住，也厌恶学校功课，这会让人想到现今精神医学诊断中的注意缺陷与多动障碍（attention deficit hyperactivity disorder，ADHD）。克莱因理解，与费利克斯的整体焦虑

第二章　早期工作：儿童教养、教育及儿童分析

状态和防御努力密切相关的是，他对性的沉迷、强烈的自慰冲动，以及他试图按照父母的要求进行控制。克莱因在对他的抽搐展开复杂分析时，这种压抑的力量一直是分析的背景。以下是她的叙述：

> 此时值得注意的是，他的抽搐频率在增加。它在分析开始前几个月才首次出现，最主要的因素是费利克斯秘密地目睹了父母之间的性交过程。在目睹之后，一些症状立刻出现了：包括脸部抽搐和头往后仰，抽搐便从这些症状中衍生出来。抽搐由三个阶段组成。第一个阶段，费利克斯感到他的后脑勺下方颈部凹陷处有一种仿佛被撕裂的感觉。这种感觉迫使他把头往后仰，然后再从右边转向左边。第二个阶段伴随着一种感觉，好像有东西爆裂了，发出很大响声。最后一个阶段是第三个动作，他会尽可能地把下巴深深地向下压。这让费利克斯有一种钻进某种东西的感觉。有一段时间，他会将这三个动作连续做三遍。在抽搐中，"三"的意义之一（之后我会有详细的说明）在于他扮演了三个角色：被动的母亲角色、被动的自己以及主动的父亲角色。前两个运动都象征着被动的角色。尽管在"爆裂"的感觉中所包含的施虐元素也象征着主动的父亲角色，这个元素在第三个动作中表达得更完整，即钻进某种东西里面去。
>
> （《抽搐的心理起因探讨》，1925，pp. 108-109）

克莱因指出，为了"将抽搐纳入分析的范围"，需要费利克斯进行自由联想，因此，这也是一篇能反映她细致的临床技术的范例。克莱因呈现出，费利克斯在暴露于"原初场景"的刺激后，开始关注父母的性关系，这让他抑制了从声音中获得乐趣，尤其干扰了他对音乐的感受力，也影响到他如何使用眼睛。他并未显露任何因正常的好奇心而想要观看的愿望，反而是压抑了这种欲望，表现在强迫式的揉眼睛和后来的眨眼上。费利克斯对文化的兴趣严重封闭，克莱因将此关联到，他倾向于封闭自己的耳朵和眼睛，不去体验因感知觉器官的开启而带来的焦虑。在克莱因的这些观察中，能找到许多后

继分析师感兴趣的议题——比如"常识"被分裂的过程（Bion，1970）以及当感知觉能力被自身攻击时会影响思维能力的发展——的前身。

在这篇论文中，克莱因展示了其惊人的分析探索能力和严谨，不过也满怀不安地决定，直接干预费利克斯的生活。她担心费利克斯与另一个男孩相互自慰不符合"分析的利益"，并"鉴于所有复杂情况……必须制止两个男孩的这种关系"。费利克斯似乎接受了她的指示——他对分析师的服从也呼应了他先前挣扎着服从了父母的禁令——确实，接下来克莱因就能分析他无意识中对父亲的同性恋态度。或许，儿童分析师因面对父母的期待，必须获得父母支持才能维持治疗的进程，于是变得很难完全忠于儿童患者，这些也在这一系列事件中发挥了作用。不过，文中并未说清此事。也许克莱因发现，两位青少年之间的性活动让她感到不安，虽说她之后用极其开放的口吻描述了儿童之间的性表现，并认为这具有重要的创造潜力，不应严加禁止。

然而，在她与费利克斯的分析中，分析他的自慰幻想绝对是工作的核心。对其抽搐进行分析，使她深入了解最核心的客体关系，也觉察到这些无意识的客体关系与整体性格有着密切的关系。她注意到费利克斯与另一个患者沃纳，两人在行为和好动上有相似之处，这让她对动作宣泄的精神意义产生许多反思。沃纳也是对分析师极具启发性的儿童患者之一，他让分析师既重视无意识的幻想，也去注意强迫行为带来的痛苦。沃纳会说："乱动很好玩，但也不总是好玩，你没法想停下来的时候就停下来——比如你要写功课的时候。"他还提到他的"乱动的念头"，这些强迫行为表征出复杂的无意识幻想，克莱因认为，其基础是同时认同了性交过程中男女双方的身体。沃纳还用感伤的口吻告诉她，他在其他人在场时没有办法"适当地乱动"，这揭示出他幻想生活中的性元素有多么接近意识层面，同时也说明了克莱因的儿童患者有多么信任她。

对于这些蕴含着性幻想的行为，克莱因所做的观察至今仍令人感到耳目一新，而且为目前儿童精神医学的某些常见诊断提供了一套理解的理论。克莱因的观点不仅阐明了，具有多动特质、会被诊断为注意缺陷与多动障碍（attention deficit and hyperactivity disorder，ADHD）的儿童，其内在客体关系的一个核心方面，而且她在探讨抽搐及其起源的时候也触及了妥瑞氏综合征（Tourette's syndrome）。克莱因此刻的做法遵循了弗洛伊德的性欲理论。不过，当今精神医学治疗ADHD的方法，其实可以视为在重复早期的阻抗态度，既不采纳弗洛伊德对幼儿性欲的假说，也拒绝克莱因看重潜在焦虑的观点。

在本篇论文中，克莱因持续与精神分析先辈观点对话的特色也鲜明地呈现出来，她探讨了费伦齐对抽搐的看法。她意识到彼此的看法有一个差异，她相信抽搐行为涉及"从已经发展的客体关系阶段，退回次级自恋阶段"，并指出他们的分歧正是这一点。她认为抽搐不仅是"抑制和异常社交发展的指标"，而且如当代分析师所见，构成了一种病态的防御结构，将患者困在自体与客体混淆所导致的自恋内在世界中——自体通过对客体的侵入性认同来应对俄狄浦斯困境（Meltzer, 1967）。克莱因指出此事态非同小可，即单独一个症状可以以这种方式颠覆整个发展。相对应的，她在一个精彩的脚注中指出："当我们听到音乐的时候会有想要跳舞的冲动——这个正常现象说明听觉印象会以运动的方式重现"（p. 125）。这里呈现出两方的对比，一方是发展出象征性的活动并进入文化空间，另一方则是费利克斯和沃纳的非象征化模仿行为，这种对比在此预示了未来汉娜·西格尔（Hanna Segal）与其他分析师的工作，明确地从象征等同（symbolic equation）的单人世界中区分出象征性领域（symbolic realm）。我们也可以看到，克莱因多么贴近儿童的一般行为，她的理论观点多么根植于密切的观察之中。

克莱因在1926年和1927年的两篇论文中概述了她的技术。第一篇是《早期分析的心理学原理》（The psychological principles of early analysis），说明了如何将精神分析技术运用在理解幼儿心智上，并示范了她的游戏技术。第二篇是她为英国精神分析学会当年举办的"儿童分析研讨会"所写的，文中提出她的方法与安娜·弗洛伊德的方法之间的巨大差异。因此，这篇论文别具历史价值，阐明了儿童分析中两条截然不同的发展路线的背景，以及双方在精神分析概念上的根本差异，这些差异在20世纪三四十年代变成占据主导的重大事件，这些在《弗洛伊德—克莱因论战：1941—1945》（King and

Steiner，1991）一书中有详细记载。

第一篇论文呈现了克莱因分析技巧的特色，全文从一个 3 岁患者的临床小片段开场。整篇论文都根据下列对童年早期的理论假设展开。

- 儿童从与他人（客体）的关系中寻求快乐。
- 与客体的最初关系是自恋性质的。
- 与现实的关系是从这些关系中发展出来的。

在克莱因描写的小片段中，她凸显出孩子有被剥夺的感觉，也就是说，是挫败体验开启了与现实的关系。尤其是如果儿童要"成功适应现实"，就必须容忍俄狄浦斯情境引发的被剥夺感。克莱因对弗洛伊德的忠心可见一斑，不过她接着将俄狄浦斯问题定位在 2 岁，这是她与弗洛伊德理论的很大不同。在一段脚注中，她还写到早期哺乳体验与断奶过程的重要性，显示她关注与失去乳房有关的早年剥夺，以及将失去乳房作为她思考的核心。同时她也热切地强调，让儿童接受早期分析可以帮助他们更能承受父母和教育的期待。所有这些评论都提示，克莱因作为一位母亲的体验在她思想中的重要性。她每天都亲密接触非常年幼的儿童的生活，使她能够看见崭新的事物，这是弗洛伊德难以触及的。

克莱因接着讨论幼儿身上典型的神经症特质。我们可以理解此处的"神经症（neurosis）"指的是，对父母通常的期望明显感到不快乐和不适应。克莱因描述了焦虑的重要性，包括夜惊、身体事故与恐惧、极度敏感、玩耍受到抑制、对家庭节庆的矛盾感受和行为问题。她提出，内疚是造成上述不同现象的主要原因，并提出临床实例说明幼儿的攻击幻想和愿望使他们极易产生巨大的内疚感。她运用临床资料呈现出，遭受严厉惩罚的恐惧感不仅涉及现实的外在人物，而且涉及苛刻的内在人物形象。在这里，克莱因描述的是早年的残酷超我，这是她在与幼童的工作中能够鲜明地观察到的，以及他们为控制自己的敌意情绪而做出的坚毅努力。她以 2 岁大的丽塔为例：

有一次，一只大象被放在了娃娃床旁边。这头大象用来阻止婴儿洋娃娃起床，否则洋娃娃就会潜入父母的卧室，伤害他们或拿走一些东西……丽塔在1岁3个月至2岁时想取代母亲的地位，夺走妈妈肚里的婴儿，伤害并阉割父母。

(《早期分析的心理学原理》，1926，p.132)

借此，克莱因展现出她的早年俄狄浦斯冲突理论，并以丽塔意识到母亲怀孕，心灵被触发产生的历史事件加以确认。当年在精神分析社群中，这些主张招致的恶评真是难以估计，而且对于童年早期的这些充满敌意、施虐幻想的景象，至今仍会令人不安、震惊和不满，因此她的观点常常被拒绝。然而，克莱因继续冷静地讨论深层的无意识内疚所引发的抑制，并且主张这些早期形式的超我与弗洛伊德所描述的较晚期的超我是一脉相承的。她强调早期阶段的俄狄浦斯冲突与早期严酷良知的起源彼此相连，以此延续弗洛伊德认为俄狄浦斯情结的发展与超我的建立之间的联系。她的愿望是让这些小患者摆脱婴儿神经症，并且提出因为"在儿童心智的某些层面，意识与无意识之间的交流远较成人容易，因此一步步回溯时也简单得多"(p.134)，所以幼儿其实可以对分析非常开放。这一观察结果的确得到了几代儿童分析师和心理治疗师的证实，他们经常对幼儿分析工作的进展速度感到惊讶，这与分析潜伏期儿童的缓慢速度形成鲜明对比，更别提成年人，他们有能耐产生各式各样可能很棘手的阻抗。

克莱因认为，儿童的游戏与成人的梦境相似，都是象征性地表达愿望、幻想和体验：

只有透过弗洛伊德为解开梦境而推演出的方法，我们才能完全理解儿童的游戏。象征化只是其中的一部分；如果我们希望正确地理解儿童在分析过程中的游戏与其整体行为的关联，那么除了常常明确在游戏中显现的象征之外，我们还必须考虑所有的表现手法，以及在梦的工作中涉及的机制，而且我们必须铭记，检验现象的整体联结的必要性。

(《早期分析的心理学原理》，1926，p.134)

在此，克莱因简洁地阐述了她对于之后被她称为"整体情境（total situation）"（1952）的理解。

她接着为儿童的联想和分析师的观察角色做出适当定位，并大力呼吁儿童分析需要有深度。

在玩耍中，儿童会象征性地呈现出幻想、愿望和体验。他们运用我们在梦中熟悉的相同语言，以及同样源自物种演化的古老表达方式……如果我们采用这种（弗洛伊德的）技术，我们便会马上发现，儿童对于游戏中不同特征的联想，其实并不少于成人对于梦中各项元素的联想。游戏中的细节为细心的观察者指引出方向。在游戏之间，儿童讲出的各种话语，其重要性也不亚于联想。

除了这种古老的表征模式外，儿童也会使用另一种原始机制，即采用行动（这是思考的原始前驱）取代言语：对儿童来说，行动扮演着重要角色。

弗洛伊德在《婴儿神经症的病史》（From the history of an infantile neurosis, 1918）中提道："诚然，对神经症儿童本身进行分析显得较为可信，但在材料上却不可能很丰富；因为不得不借给孩子太多的词汇和思想，而且即使如此，最深的底层可能也仍然无法被意识穿透"。

如果我们采用适合分析成人的技术来治疗儿童，那么势必无法成功地深入儿童精神生活的最深层。然而，分析的价值和成败，正是由触及这些层面的时刻所决定。如果我们能考虑儿童与成人的心理差异，同时谨记以下事实，即我们发现，儿童的无意识依旧在与意识并行运作，最原始的倾向与我们所知的最复杂的发展如超我并存，换言之，如果我们能正确理解儿童的表达形式，那么所有的疑点与不利因素都将消失。因为我们发现，就分析的深度和广度而言，我们对儿童的期望可以像对成人一样。此外，在儿童分析中，过去的体验和固着可以被直接地表现出来，而在成人分析中，我们只能进行重构。以露丝为例，当她还是婴儿时，有时候会因为母亲奶水不足而饿肚子。在她4岁3个月大的时候，

第二章 早期工作：儿童教养、教育及儿童分析

有次她正在玩水槽，她称水龙头为奶龙头。她说奶水正在流进嘴里（指的是下水孔），但是只流出很少的一点点。这种口腔欲望的不满足经常出现在她无数的游戏与戏剧行为中，同时亦展现于她整体的态度上。例如，她声称自己很穷，只有一件外套，没有太多东西吃——这些说法没有一项与现实情况相符。

另一位患有强迫性神经症的小患者是6岁的埃尔娜，其神经症主要来自如厕训练期的感受。她以最巨细无遗的戏剧化方式为我呈现了这一经过。有一次，她把一个小娃娃放在石头上，假装它正在排便，它旁边还围放了其他娃娃，意思是它们正在欣赏。在这场排演之后，埃尔娜将相同的素材带入一个扮演游戏中。她希望我装扮成被长毯包裹、把自己搞得脏兮兮的婴儿，而她则扮演母亲。这个婴儿是个被宠坏了的孩子，同时也是被倾慕的客体。在此之后，埃尔娜产生出愤怒的反应，她扮演一名严厉的教师角色，击打着孩子。通过这种方式，埃尔娜在我面前展现出她经历过的第一批创伤中的一个：当她想象那些用来训练她如厕的措施，意味着她已失去婴儿时期所享有的溺爱时，她的自恋遭受了沉重的打击。

一般来说，在分析儿童时，我们不能低估幻想以及因强迫性重复而转化为行动的重要性。当然，年幼的儿童运用行动来表现的程度更大，但即使是大一点的儿童也经常使用这种原始机制，特别是，当分析消除了一部分压抑之后。让孩童获得与此机制紧密结合的快感，对分析的持续是不可或缺的，但此快感永远只能是达到目的的一种手段。只有在这里，我们看到了快乐原则凌驾于现实原则。因为对于年幼的患者，我们无法像对较年长的儿童那样，诉诸他们的现实感。

正因儿童的表达手段不同于成人，儿童分析中的分析情况也显得完全不同。但是，上述两种情况的本质是一样的。前后连贯的解释，渐进地解决阻抗的问题，以及持续追溯移情所指向的更早期情境——这对儿童和成人而言，均为正确的分析情境。

（《早期分析的心理学原理》，1926，pp. 134-137）

"前后连贯的解释，渐进地解决阻抗的问题，以及持续追溯移情所指向的更早期情境——这对儿童和成人而言，均为正确的分析情境。"很难找到比这更有力的论点来支持儿童分析的可行性，以及其核心理论和临床实践与成人精神分析的关联。

在提交给"儿童分析研讨会"的论文（1927）中，克莱因仍存有刚刚介绍过的那篇论文的自信基调，但也潜藏着要保护自己免于攻击的压力，同时还流露出将自己推上精神分析核心位置的决心。不难想象，面对安娜·弗洛伊德对其工作方式的猛烈抨击，克莱因内心五味杂陈；同样，听闻克莱因宣称自己是弗洛伊德学说的后继者，安娜·弗洛伊德又有多么盛怒。这两位伟大的女性争论何为儿童分析的正道，对她们来说，这既是根本的原则问题，同时也对个人至关重要。英国精神分析学会内部制度分歧的根源以及大论战的争端就此开启。克莱因在1947年的后记中提到安娜·弗洛伊德自"儿童分析研讨会"以来的立场转变，这些转变虽然拉近了彼此的观点，但她对于被曲解的愤怒依然存在。这种难以磨灭的互相伤害，加上彼此理论与技术确实存在巨大分歧，以至于在20世纪的40年代晚期至80年代，在两个传统中接受训练的人难免会把对方体验成对立阵营。至于克莱因的两位分析师，费伦齐和亚伯拉罕，在克莱因走上独树一帜的精神分析道路中，必然起到了重要作用（Likierman，2001）。也许安娜·弗洛伊德与梅兰妮·克莱因的冲突，可以被视为某种激烈议题的反复重现，即第一代精神分析师是否忠诚于弗洛伊德。

克莱因以弗洛伊德和小汉斯开场，阐明自己的立场。她引述了弗洛伊德思考和分析俄狄浦斯情结会给小汉斯父子关系带来的好处，借此带出她对儿童分析的信念，并表明不同于胡克-赫尔穆斯以及后来的安娜·弗洛伊德，她认为儿童分析应该独立，不能与教育或其他更局限的方法混为一谈。克莱因对于小汉斯以及弗洛伊德的方法所赞赏的部分是，无论小汉斯的幻想走向何方，都持之以恒地加以追寻。她写道：

> 最适当的技术是透过分析师的态度和内在信念而找到的。我必须再

度强调我所说的话：如果我们能以开放的心胸进行儿童分析，自然就会发现探究其底层最深处的方法和媒介。

（"儿童分析研讨会"，1927，p. 142）

克莱因在对于何为真正的分析做了上述宣言之后，接着针对安娜·弗洛伊德当时的观点进行了充分讨论。安娜·弗洛伊德当时的观点包括：相信儿童与父母在此阶段的关系会阻碍对分析师发展移情；分析技术中必须融入教育元素，以帮助儿童进入儿童分析工作并说服孩子配合；儿童意识层面的焦虑和内疚是分析的重要基础；倡导发展正向移情的益处。与之相反，克莱因认为，分析是在处理儿童已经内化的更早年的亲子关系（即婴儿期的元素）；有必要解释正向与负向两方面的移情，因为两种移情往往会彼此互换；分析的目的是解除焦虑和内疚。她以毫不妥协的态度阐述分析的任务："分析本身并不是一种温和的方法：它无法替患者排解任何痛苦，这同样适用于儿童"（p. 144）。

为了捍卫自己的游戏技巧，反驳安娜·弗洛伊德指控她进行野蛮的象征解释，克莱因对自己的技巧给予了颇为惊人的说明：

> 假设儿童在各种重复中表现出相同的精神材料，实际上，通常会通过各种媒介，例如玩具、水，或者裁切、绘画等行为展现；此外，假设我可以观察到这些特定活动经常伴随着内疚感，以焦虑或提示过度补偿等代表反向形成的形式表征出来；假设我因此对某些连接有了洞察；然后，我才解释这些现象，并将它们与无意识以及分析情境串联起来。这套解释的实践和理论条件，与成人分析是完全相同的。
>
> 小玩具只是我提供的器材之一，其他的包括纸、铅笔、剪刀、细绳、球、积木，以及最重要的是水。这些东西任由儿童随意使用，目的都是获取途径，协助其释放幻想。有些儿童长时间都不碰任何玩具，或者连着好几个星期都只是裁剪东西。针对那些在玩耍中完全抑制的儿童，玩具只是一种更贴近地去了解其抑制原因的媒介。有些儿童，通常是非

常年幼的孩子，一旦玩具让他们有机会把主宰他们的幻想或体验戏剧化后，他们常常会把玩具全部放在一边，接着玩起任何能想象出来的游戏，而房间里的人与物，其中包括他们自己，也包括我在内，都必须参与游戏。

（"儿童分析研讨会"，1927，pp. 147-148）

这段叙述传递出，克莱因在与儿童的工作上已经积累起丰富的经验。阅读这些描述时，形形色色的孩子的玩耍模样依次出现在眼前：有抑制的孩子；只顾着玩水的幼童；能够使用纸笔、剪刀和胶水，自由地玩着小玩具的儿童；以及玩假扮游戏，要自己和分析师分别扮演不同角色的、更有组织的潜伏期儿童。

显然，克莱因偏爱游戏的自然象征意义。"就让我们沿着此路跟随他们，也就是让我们与他们的无意识进行联系，运用我们的解释来使用无意识的语言"（p. 148）。她继续说明，她相信语言表达的重要性是：

连接现实的缺口……基于这个原因，除非我最终成功地让儿童用符合其能力的语言加以表达出来，并且有能力将之与现实连接，否则我不会轻易认定任何一个儿童的分析已告终，即便是对极小的幼儿也是如此。

（p. 150）

在对技术进行了讨论之后，克莱因探究的是理解幼儿超我结构和发展的理论基础。她将超我的早期发展及其严酷的性质，联结到幼儿断奶时体验到的俄狄浦斯元素上，即幼儿意识到自己失去了与母亲身体的亲密关系，以及自己狂热的愤怒和占有欲给这份丧失带来的影响。她根据自己在分析非常年幼的孩子时的发现，呼吁要修正弗洛伊德的超我形成时间点：

在这方面，安娜·弗洛伊德提出的论述带给我的印象是，她相信超我的发展、反向形成与屏幕记忆大多发生在潜伏期。我对幼儿进行分析

第二章 早期工作：儿童教养、教育及儿童分析

的经验，却迫使我做出与她截然不同的结论。我的观察告诉我，当俄狄浦斯情结发生时，这些机制便已经启动，并且被这种情结所激活。随着俄狄浦斯情结的淡去，它们业已完成了基础工作；接下来的发展与反应，其实都只是在一个定型了的、不再有变化的地基上的上层架构而已。

（p. 158）

在文中的这部分，克莱因对安娜·弗洛伊德的批评延伸至严格审视她的临床著作，这必然冒犯了对方。

克莱因和安娜·弗洛伊德的种种复杂差异，也明显体现在克莱因讨论儿童分析师与儿童患者的家长的关系当中。克莱因颇具说服力地提出，分析儿童与父母及手足的关系是核心关键：

> 我们观点的不同之处在于：我从不试图用任何方式诱导孩童对与他们相关联的人员产生成见。但是如果他的父母愿意将孩子托付给我进行分析，不管是为了治疗神经症还是其他因素，我想我都会理直气壮地采取以下立场，因为在我看来，这是对孩子最有益的，也是唯一可行的方法。我指的是毫无保留地分析他与他人的关系，特别是与父母、兄弟姐妹的关系。

（p. 163）

克莱因热切钻研的俄狄浦斯主题，包括对弟弟妹妹的嫉妒与憎恨、与母亲的竞争等，却似乎完全没有关注到分离带来的痛苦和焦虑。"离开了的母亲"被当成俄狄浦斯母亲。直到后期，在探讨哀悼和抑郁性焦虑的著作中，她才深入探究了早年丧失经验的意义。

不过，克莱因深信自己的论断——"分析可以解放爱的能力"，因此她也深信分析儿童的矛盾情感将有助于家庭关系的发展，从而履行对父母及儿童的责任。她可以接受儿童"仍然处于完全不利于分析的周遭环境中"（即同住的家人不支持探索心灵的真相），因此"即使在这种情况下，我发现儿童会通

过分析而使自己有更好的调试,因此也更能承受不快的环境带来的考验,遭受的痛苦也比未经分析前少"(p. 165)。在这方面,克莱因比安娜·弗洛伊德更有胆识,安娜·弗洛伊德认为,只有在父母对精神分析有初步了解与尊重的情况下,才适合进行儿童分析。克莱因则提出,家长的意识和无意识信念不可能永远友善,这很显然是正确的,只可惜她并未看重涵容家长的矛盾情感,以及父母的精神病理侵入儿童分析设置会引发的问题,这些是当代临床工作者认为必要的部分。这是临床实践领域里最重大的技术转变之一,因为现今的儿童心理治疗几乎都包含持续、平行的家长工作。

早在克莱因写下《嫉羡和感恩》*(Envy and gratitude, 1957)之前,她就认为分析可以开启儿童爱的能力。这里既包括婴儿天生的爱与恨,也包括从被理解的深刻喜悦中产生的爱,以及能够思考、感受、理解的客体的慷慨回应所引发出的感恩与爱。

在她的收尾段落中,她对她的儿童(和成人)分析做出定义,这预示了日后比昂(1970)号召放下"记忆与欲望"的经典语录。她写道:

> 一个儿童分析师若要成功,必须秉承与成人分析师一样的无意识态度。这种态度必须使他真正愿意只从事分析,而不会希望去塑造或引导患者的心智。如果焦虑没有对分析师造成阻碍,他就可以平静地等待真正的议题出现,议题也会顺理成章地得到解决。
>
> (《嫉羡和感恩》,1957,p. 167)

当时她思考的"议题"是心灵的发展,以及精神分析在促进发展中起到的作用。她坚信精神生活有强劲的发展驱力,而这成为坚实基础,让她拥有胆识和能力继续探索。

---

* 本文收录在 Envy and Gratitude and Other Works 1946—1963 中,该书中文版已由中国轻工业出版社出版,中文书名为《嫉羡和感恩:梅兰妮·克莱因后期著作选》。——译者注

第三章

求知欲：对理解的热爱及其抑制

克莱因最具原创性的贡献之一是发现，儿童在理解自己、理解对他们而言重要的人，乃至理解这个世界本身等方面均有着强烈的欲望。通常认为这一思想的源头是她的一篇关于"迪克"的论文。这篇论文——《象征形成在自我发展中的重要性》（The important of symbol-formation in the development of the ego）——发表于1930年，讲述了一个自闭症男孩的案例。其实，在她探究心智成长的过程中，一直蕴含着对儿童天生的好奇心的兴趣——正是好奇心使得路易斯·卡罗尔笔下的爱丽丝（Empson，1935）在梦游仙境时历经种种光怪陆离后最终逃脱——这一点在克莱因更早期的著作中就已经显现。她坚信，精神分析式的态度应当被儿童的认知发展理论所接受。关于儿童心智中的智力、社交、道德和美学等方面，她都有着深沉的爱与尊重。

克莱因关于儿童的这一思想，会让人联想到弗洛伊德对小汉斯的痴迷。小汉斯身上非常明显地混合了好奇心和对好奇的抑制。弗洛伊德从对小汉斯的恐惧症的分析中得到的理解是，小汉斯想要理解婴儿是如何被制造出来的欲望被阻挡了。克莱因的研究聚焦于儿童早期对发生在母亲体内的事情的着迷，以及当焦虑阻碍了这一根本性的探询目标之后，随之发生的心智活动严重抑制。他们两人都惊奇地认识到，为了明白我们所谓的"生命的真相"（the facts of life，通常指性知识），幼童不仅会受到情绪扰动，还会在智力层面陷入相当严肃的纠结。弗洛伊德描写小汉斯时自称，他"认为四五岁儿童的心智能力很强"（1909，p. 135），所以当克莱因见到迪克时，一下子就注意到他明显萎缩的心智能力。她发展出一套理论指向心智活动更早期阶段，解释是什么妨碍了发展无意识幻想、丰富的想象力以及亲子之间的亲密关系。因为小汉斯的发展资源没有受阻，所以，他可以把心里想的通过生动的语言进行交流。小汉斯的内心景象如此富有生命力，与迪克贫乏的心智形成鲜明对比，再加上克莱因长期从自己的孩子及其他儿童患者身上积累的经验，因此，对她而言，同龄孩子之间的心智反差就极其明显了。这是精神分析值得深入探究的一个新现象。

1928—1931年，克莱因撰写了三篇重要论文，发展其智力抑制理论。她将智力抑制视为焦虑的结果，焦虑干扰了求知本能的正常表达。幼童会用无数的"为什么"问题，缠着大人倾听他们的提问，这就是求知本能最明确的表达。

第一篇论文《俄狄浦斯冲突的早期阶段》（Early stages of the Oedipus conflict, 1928）中，清晰论述了克莱因关于早期超我和内疚的观点，涉及幼童的强烈良知，这是前性器期俄狄浦斯无意识幻想的后果之一。

> 对幼童的分析表明，超我结构如同认同的建立，起始于心智生命的不同时期和层次。令人惊讶的是，这些认同在本质上是相互对立的，过度的善意和过分的严苛相辅相成。我们在解释超我的严厉性时也发现了这点，这在婴儿分析中尤为明显。比如，我们可能还不太清楚，为什么一个4岁的孩子在心里设立了一个非真实的，幻想性的，会吞噬、切割、咬人的父母意象。但清楚的是，为什么一个1岁的婴儿会在俄狄浦斯冲突的启动下导致焦虑，这种焦虑以一种担心被吞噬和被毁灭的形式呈现。儿童自身想要通过撕咬、吞噬和切割力比多客体将其摧毁，由此导致焦虑，而由于俄狄浦斯倾向的觉醒引发对客体的内摄，该客体成为惩罚的实施者。儿童担心自己的冒犯行为招致惩罚：超我变成了一个会撕咬、吞噬和切割的怪物。
>
> 超我形成与前性器期发展之间的关联非常重要，可以从以下两个角度来讲。一方面，口腔施虐期与肛门施虐期均附着内疚感，并依然占有优势；另一方面，在这些阶段方兴未艾的同时，超我出现产生了严厉的超我施虐。

（《俄狄浦斯冲突的早期阶段》，1928，p. 187）

克莱因把精神世界比喻为"岩层",这让我们想起弗洛伊德关于精神分析师和考古学家的工作的类比,这个比喻对处理临床技术问题意义深远。无论患者是儿童或成人,分析师必须寻找到一条与人格中复杂的多层次进行沟通的途径——包括幼童的内在婴儿、学龄儿童的内在幼童、成人的内在小孩,等等。

儿童关于内疚的体验总是伴随着一个信念,即相信受挫是惩罚的一种形式。克莱因发展了这一关键理念,即将儿童的好奇心与无法理解某事时令人挫败的本质,以及由此造成的长期怨恨后果联系在一起。

前性器期与内疚感之间的直接关联如此重要的另一个原因是,口腔挫折和肛门挫折作为今后生活中所有挫折的原型,既意味着惩罚,又会引起焦虑。挫折感在这种情况下愈加强烈,而这种痛苦也让后续遭遇的所有挫折愈加艰苦难耐。

我们发现,一些重要的推论产生于以下事实,即当出现俄狄浦斯倾向并随之萌发了性好奇时,会对自我产生困扰,而此时自我的发展是十分有限的,智力尚未发展的婴儿暴露在突如其来的麻烦和疑问面前。我们在无意识里遭遇的最令人痛苦的委屈之一就是,这么多来势凶猛的疑问却仅有部分是可以意识到的,而且即便是意识到的也无法用语言表达,因而继续未被回答。另一个雪上加霜的责难是,孩子无法理解字词和语言的意思。因此,孩童最初的问题早在开始理解语言之前就已经存在了。

在分析中,这种种委屈引发了相当多的怨恨。这些委屈可以单一或者联合引发对求知冲动的无数次抑制:例如,无法学习外语,甚至敌视说不同语言的人。它们也是语言障碍的始作俑者。在几年之后才显现的好奇心——通常是四五岁的时候——其实并不是这一发展阶段的起点,而是巅峰和终点,这也与我在一般的俄狄浦斯冲突中的发现相吻合。

早期的"不知道(not knowing)"感受有各种不同的联系。它很快地与由俄狄浦斯情境产生的无能为力感、虚弱感联系在一起。儿童更加强烈地体验到这种挫折感，因为他确实对性过程"一无所知（know nothing）"。男孩和女孩的阉割情结都会因为这种无知感而加重。

（pp. 187-188）

这里强调的无知痛苦与儿童的性未成熟相关，但毫无疑问，这种痛苦会经由儿童生活中不计其数的其他方面，而被他们体验与表达。感到自己渺小、无能为力和对事物无法理解的痛苦，正是儿童渴望理解的。克莱因向我们展示，暴怒被激发意味着对理解的渴望本质中就带有攻击性。

求知冲动和施虐之间的早期联结对于整个心智发展过程都非常重要。这一受俄狄浦斯倾向出现而启动的本能，起先主要关注母亲的身体，而母亲的身体会成为他今后全部性活动及发展过程的场景。儿童依然受到肛门施虐力比多的主导，驱使他希望"占有（appropriate）"母亲体内的一切。他因此开始对母亲体内有什么、长什么样子等感到好奇。所以，求知本能和渴望占有早早地就无比亲密地联结在一起，而与此同时，俄狄浦斯冲突的出现唤醒了内疚感。

（p. 188）

她接着描述，男孩和女孩在以下两者之间的关联上有所不同，即对母亲的早期认同及与之相伴的想要拥有自己的小孩，因此，他们的发展不同，求知本能的走向也有差异。

对孩子的渴望与求知本能这两者的融合使男孩能够对智力平面产生位移；他处于劣势的感觉随后被隐藏起来，转而由他拥有阴茎的优越感得到过度补偿，这种优越感也被女孩承认。这种对男性地位的夸张导致对男性气概的过度彰显。

（pp. 190-191）

第三章 求知欲：对理解的热爱及其抑制

> 小女孩的求知冲动初始于俄狄浦斯情结；结果她发现自己缺少一根阴茎。这种肉体的缺憾感造成了她对母亲的憎恨，但与此同时，她的内疚感使她将其视为一种惩罚。这使她在这个方向上感到沮丧，反过来又对整个阉割情结产生了深远的影响。
>
> （p. 193）

克莱因注意到，在儿童早期的性发展中，主导性焦虑的差异化深刻影响儿童的智力走向。在俄狄浦斯阶段发展至顶点时，所有儿童都要把对父亲和母亲的感觉理出个头绪，此时，男孩会担心阉割，女孩则会担心她的内部器官受损。克莱因指出，这让男孩更容易将自己的心智能量转向外部，通过理解外部世界的方式加上自己拥有阴茎的现实优势来"征服"世界；而女孩则倾向于沉浸在渴望成为母亲的种种不确定之中，因此会去想象她身体内部究竟会发生何事。虽然克莱因自己在其对早期俄狄浦斯冲突的解释中并未亮明该观点，但我们可以从弗洛伊德强调人类双性性欲的角度，来理解她所描述的每个个体都是在"男性"和"女性"这两个轨迹中发展其人格的。

早期性发展与俄狄浦斯情结的关联对智力发展有根本性的影响，会引发许多对儿童影响深远的问题——关于性差异的本质、代际差异、生命之源，还有如莫尼-凯尔在《认知发展》（Cognitive development，1968）一文中所描述的死亡事实。面对这些疑问，儿童要么像小汉斯和克莱因的许多小患者一样，反复纠结，有时带着强烈的焦虑，要么干脆逃避。这就带我们进入克莱因的下一篇重要论文《象征形成在自我发展中的重要性》（1930），文中有迪克的案例研究，这个孩子的焦虑令他的发展几乎完全停滞了。

在处理象征形成这个主题时，克莱因首先重申了她观察到的儿童早期无意识幻想中对母亲施虐的方面，以及这些幻想对前性器期俄狄浦斯发展的影响。以下是她关于婴儿对世界的无意识画面的小结：

> 小孩期待在母亲体内找到父亲的阴茎、排泄物和小孩，而且这些东西等同于可以吃的物质。根据儿童最早关于父母交媾的无意识幻想（或

"性理论"),父亲的阴茎(或他的整个身体)在交媾行为中与母亲合并在一起。因此儿童的施虐攻击是以双亲为目标的,儿童的双亲在幻想中被啃咬、撕碎、切碎或捣成碎片。这种攻击带来焦虑,儿童害怕自己会受到双亲共同的惩罚,而且因为口腔施虐内摄了客体,导致焦虑内化并指向早期超我。我已经发现,心智发展早期阶段的这些焦虑情境是影响最为深远且势不可挡的。我的经验告诉我,对母亲身体的幻想攻击中,有很大一部分是借由尿道和肛门施虐运行的,口腔和肌肉施虐的方式也很快加入其中。在幻想中,排泄物变形为危险的武器:尿床可以视为切割、戳刺、烧灼、淹溺,而粪便被等同于武器和导弹。在我已描述的这一时期的稍后阶段中,这些暴力的攻击方法会被施虐所精心设计的隐性攻击取代,此时排泄物等同于有毒物质。

(《象征形成在自我发展中的重要性》,1930,pp. 219-220)

这一危险事态导致个体对内和对外的高度焦虑。克莱因对此时发生的认同有两点看法。她的早期观点认为,所有事情(活动、兴趣爱好等)都可以成为兴趣和乐趣的来源,这些来源构成象征等同,而象征等同具有升华潜质,是象征化心智功能发展的基础。现在她又加入另一个观点,正是焦虑的早期形式发动了认同机制,"他被焦虑驱使并持续制造其他新的等同,构成了他对新客体感兴趣的基础以及象征化的基础"(p. 220)。

因此,象征不仅是所有幻想和升华的基础,更是主体与外部世界和广泛现实建立关系的基础。我曾说过,极端状态下的施虐以及与之同时发生的求知欲,这二者的对象都是母亲的身体,以及呈现在施虐者幻想中的母亲的体内世界。导向她身体内部的施虐幻想,构成了孩子与外部世界和现实之间最初也是最基础的关系。主体度过这个阶段的成功程度将取决于他接下来能够获取与现实相符的外在世界的程度……充分的焦虑是获得丰富的象征形成与幻想的必要条件;若要对焦虑的加工达到令人满意的程度,若要孩子可以顺利度过这一基本阶段,并且自我发展

第三章 求知欲：对理解的热爱及其抑制

达到成功的标准，那么自我必须有足够的能力来忍受焦虑，这一点至关重要。

（p. 221）

接着，克莱因陈述了她的患者——4岁迪克的临床案例，描述如下：

> 我将要详细呈现的这个案例是个4岁男孩，但他的词汇贫乏程度和智力水平，介于15—18个月大的幼儿水平。他几乎完全无法适应现实或与环境建立情感关系。迪克几乎没有什么表情，对母亲或保姆是否在场也显得漠不关心。他从一开始就很少表现出焦虑，即便表现出来，其程度也微乎其微，十分异常。除了一项特定的兴趣之外——这个我待会儿讲，他几乎没有任何兴趣爱好，也不玩耍，与环境毫无接触。大部分时候，他只是用一种毫无意义的方式简单地把一些声音连在一起，并不断地重复某些噪音。当他说话时，他通常会错误地使用贫乏的词语。而且，他不仅做不到让人理解他，还压根没有让人理解他的愿望。迪克的母亲甚至常常可以清楚地在这个男孩身上感觉到一种强烈的负面态度，表现在他常常做出与别人对他的期待完全相反的行为。例如，如果她让他跟着她念一些词，他会乱读，即使在其他时候他完全可以读对这些词。有的时候，他会正确地重复那些词，但是他会用一种机械的方式持续不停地反复念，直到周围每个人对听到这些词都感到疲惫厌烦……
>
> ……此外，当他伤到自己时，他会显得对疼痛极不敏感，并且不像一个普通小孩那样渴望安慰和安抚。他的手脚笨拙也是显而易见的。他无法握刀或拿剪刀，但值得一提的是，他能够相当正常地用勺子吃饭。
>
> 他的初次来访给我的印象是：他的行为和我们在神经症儿童身上所观察到的非常不同。他没有在保姆离开时流露任何情绪，接着十分冷淡地跟我进了房间。在房间里，他漫无目的地来回跑，好几次围着我转圈跑，就好像我是一件家具。然而，他对房间的其他任何摆设也完全没有兴趣。他来回跑动的动作看起来不太协调，他的眼神和表情显得僵硬、

疏离、缺乏兴致。

（pp. 221-222）

根据克莱因的记录，迪克的母亲在他2岁之前曾陷入严重的焦虑，因此他在生活中缺乏真正的亲情。直到他两三岁，在体贴的保姆和慈祥的祖母出现后，他的成长才大有进步。然而喂食依然十分困难，呼应了他在刚出生的那几个月里几乎饿死的惨痛经历。最困扰克莱因的事情是，尽管保姆和祖母都十分疼爱迪克，但迪克与她们"无法进行情感交流"（p. 223）。

克莱因认为迪克"缺乏客体关系"的情况源于他无力忍受焦虑，同时，他过早的生殖器兴奋让他在表达任何形式的攻击时都会引发焦虑。我们或许可以说，这种过早的生殖器兴奋与口欲满足被彻底剥夺有关。她继续写道：

自我已经停止了发展幻想生活以及建立与现实的关系。因为生命的开端虚弱无力，这个孩子的象征形成已经停滞了。早期的养育方式已经在迪克唯一一个兴趣上留下了它们的印记，而这个兴趣与现实是孤立且无关的，无法成为进一步升华的基础。这个孩子对周围大部分事物或玩具都不感兴趣，甚至连它们的目的或意义也不知道。不过，他喜欢火车和车站，门把手和门，还喜欢关门和开门。

（p. 224）

克莱因诠释，这些兴趣"与将阴茎插入母亲身体有关"，这是象征等同重现的证据。他的阴茎等于他父亲的阴茎，在他的感受中，两者都充满了对母亲的危险攻击。

此外，经证明，对破坏性冲动的防御是阻碍他发展的根本原因。他绝对无法实施任何攻击行为，而无能攻击的基调早已在他拒绝咬食物这件事上就清楚显示了。4岁时，他无法握住剪刀、小刀或其他工具，在几乎所有行动方面都明显地笨手笨脚。迪克的施虐冲动——与交媾幻想相关的冲动——直指他母亲的身体及其内容物，正是对这一冲动的防御，导致了他的幻想终止和象征形成的停滞。迪克下一步的发展失败，是因为他无法将他与母亲身体的施虐关系带入幻想。

（p. 224）

克莱因描述了和迪克建立分析关系有多么困难，这并不是因为他的语言贫乏，而是因为他在游戏中有大量抑制。除了极少表达想象，克莱因还观察到，迪克对于损毁的东西极其敏感。比如，他会说削下的铅笔屑是"可怜的克莱因夫人"。她形容这是"早熟的共情"，这个现象与她之后描述为"抑郁的"焦虑和内疚相关，但这在迪克的生命中过早出现了。这个观察与现今对自闭症儿童的临床观察吻合，迪克在接受治疗时尚未有这个诊断，但如今这个诊断已经被广泛接受，迪克是符合该诊断的。有些自闭症儿童看起来是由于自己和客体的牢固状态而陷入毁灭性的早年焦虑，并且备受折磨，这种牢固状态导致他们与外部世界的联系中断。这很像克莱因对迪克的描述。克莱因事无巨细地写下了迪克对事物萌生兴趣的能力，以及这种能力的变幻无常：

> 通过建立与物品和事物的象征关系，焦虑的加工处理过程被开启了。与此同时，他的求知冲动和攻击冲动也开始运作。每一次进步都蕴含着释放新鲜的焦虑感，并一定程度上离开原先已经建立情感关系的事物，这也因此成为焦虑的对象。接着，他会转向新的事物，攻击冲动和求知冲动也会随之被导入这些新建立起来的情感关系中。比如，迪克有时会完全避开橱柜，但会仔细检查洗碗池和电暖气片，再次对这些物体表现出攻击冲动。然后，他会再次将自己对新鲜事物的兴趣转回原先已经熟悉之后又放弃了的事物上。他再次对橱柜着迷，但这一次他对它的兴趣当中夹杂了更多的活动和好奇，以及一种更猛烈的攻击。他用勺子敲打橱柜，用叉子在上面又划又砍，还把水洒在橱柜上。他用一种生动的方式检查柜门的铰链，把门开了又关，还检查锁，等等。他会爬到橱柜里，询问橱柜不同部位的叫法。因此，在他的兴趣发展的同时，他的词汇量

也增加了。他不仅对物品本身越来越感兴趣，还开始对它们的名称感兴趣。现在，他能够记得先前听到但无视的单词，并且恰当地运用它们。

（pp. 227-228）

随着分析进行，他对保姆和双亲开始产生关爱的情感和正常的依赖需要。对其他人的兴趣让他有了沟通的欲求，这也引发了他的其他改变。

原先迪克缺乏让别人理解自己的渴望，现在这种渴望却变得很强烈。他努力让别人理解自己，虽然他的语言依然贫乏，但为了扩大词汇量，他贯注了许多热情。还有许多迹象表明他已经开始建立与现实的关系。

（p. 228）

在回顾与这样的孩子工作时所要面对的不寻常的挑战时，克莱因写道：

这些事实证明，即使自我发展得非常不完整，也足够用来建立与无意识的联结。从理论观点看，我认为注意到这点很重要，即便在这个如此极端的自我发展缺陷的案例中，依然可能仅通过分析无意识冲突来发展自我和力比多，而不必对自我施加任何教育影响。显而易见，倘若，连一个自我发展不完整的孩子，在他与现实没有建立任何关系的情况下，都能够经由分析家的支持承受住压抑移除，也没有被本我压垮，那么我们就没有理由担心神经症水平的儿童（即较不极端的案例）的自我会屈服于本我。还值得一提的是，迪克周围的人先前试图对他施加的教育影响没有起到任何成效。现在，受惠于精神分析的协助，他的自我开始发展，他越来越能够顺从这样的影响，而且，这种能力可以与被分析调动的本能冲动并驾齐驱并用于应对它们。

（p. 229）

她还补充道，儿童分析也可以用来研究儿童精神病。这当然是一项极为大胆的声明，但也的确在过去 50 年里启发了儿童分析研究的一个重要领域（Alvarez, 1992; Rustin et al., 1997）。

这里值得注意的是，克莱因关注的是焦虑对幼儿的复杂影响。一方面，焦虑具有创造性潜能，可以激发幻想与好奇。儿童对母亲身体的强烈渴望所产生的焦虑会与他的心智成长联系在一起，因为他不得不寻找一种方式来承载力量如此巨大的情绪体验。与此同时，如同克莱因在分析迪克中所展现的，过度焦虑会压倒自我并导致发展停滞。我们或许可以看见这一观点与她写于 1928 年的《俄狄浦斯冲突的早期阶段》一文中的观点之间存在内在联系，即对早期好奇的外在阻碍可导致剧烈的痛苦。当一个孩子渴望理解的欲念未能得到同情性的支持，将可能导致他在遭遇如此挫折时沉浸在愤恨之中，因为无知带来的痛苦与羞辱实在难以承受，体验起来好像是被人故意陷害一样。攻击性是这个孩子本能资源中的必要元素，但在上述第一种情况中会变得无法使用，取而代之的是意义缺失、被动以及缺乏人际关系。在第二种情况里，攻击被动员起来表达憎恨，在被视为充满敌意的世界中用来进行自我防卫，但无法用于参与创造性的活动中。

从克莱因尝试各种方式与小患者接触的实验中，可以明显看到她非常体恤幼儿，明白对一个幼儿来讲，要应对这些感受有多么不容易。正如她几乎是意外地发展出游戏分析法（有人也说是天才的意外），在她与迪克的工作中，迪克不会玩耍，她就调整自己的技巧，让自己的说话方式和向他展示他的感受的方式变得非常主动，完全脱离了分析家作为观察者应当保持冷静的理念。她描述的分析过程生动鲜活，在克莱因深入理解迪克并产生的强大引力下，迪克运用客体的能力也恢复了生机。有意思的是，当代某些对自闭症谱系儿童的分析工作（Tustin, 1972; Alvarez and Reid, 1999）回应了这一理念，即儿童迫切需要一个拥有鲜活心智的客体——这个人会提问、敢于做出诠释、坚守行为具有意义的信念，以及拒绝被重复性阻抗和回避推开。

完成这篇关于象征形成的论文后，克莱因继续撰写了一篇探究智力抑制的论文《论智力抑制理论》（A contribution to the theory of intellectual inhibition, 1931）。她使用了一个被她称为约翰的 7 岁男孩的分析材料。治疗已经进行了两年,约翰可以很直接地把遇到的困难告诉克莱因。这让我们可以鲜活地见到克莱因对一个比迪克更正常的孩子所使用的技术。在技术的帮助下,孩子可以自由地玩耍,在分析室里通过绘画和肢体动作来表达这种自由,并在克莱因的邀请下进行词语联想。以下是一段摘录:

> 这个男孩向我抱怨,说他无法区分某些法语单词之间的差别。学校里有一张画满各种物品的图片,用来帮助孩子理解这些单词。单词包括:poulet,小鸡;poisson,鱼;glace,冰。当被问到其中一个词的意思时,他总是会回答成另一个词的意思,比如,问他 poisson,他会回答冰;问他 poulet,他会回答鱼,诸如此类。他对此感到十分无望和沮丧,也说过他不要再学了之类的话。我用一般的联想方式从他那里获得了素材,但同时他也在治疗室里漫不经心地玩着。
>
> 我首先问他 poulet 这个词会让他想到什么。他躺在桌子上,两脚踢来踢去,用铅笔在纸上画着画。他想到了一只狐狸闯进了鸡窝。我问他这可能发生在什么时间,他没有说"在夜里",而是说"在下午4点"。我知道这是他妈妈外出的时间点。"狐狸闯进来咬死了一只小鸡。"当他说这句话的时候,他把画好的画剪掉了。我问他画的是什么,他说"我不知道。"我们看着这幅画,这是一个房子,屋顶被剪掉了。他说狐狸是从这里进房子的。他意识到自己就是那只狐狸,小鸡是他的弟弟,而狐狸闯入的时间恰好就是妈妈外出的时间。
>
> (《论智力抑制理论》,1931,pp. 236-237)

之后他们讲到鱼和冰,约翰的焦虑变得更加明显,然后分析就卡住了。第二天他报告了一个噩梦:

> 那条鱼是只螃蟹。他站在海边的码头上,那是他和妈妈常常一起去的地方。他准备要杀掉一只从水里跑到码头上的巨型螃蟹。他用他的小枪向它射击,然后用他的剑杀掉了它,过程不够麻利。当他杀掉了那只

第三章　求知欲：对理解的热爱及其抑制

螃蟹后，立马就有更多的螃蟹不断地从水里爬上来，他不得不越杀越多。

（p. 237）

对这个素材的分析和约翰的许多联想让克莱因向约翰描述了他对父母性关系的看法。她告诉他，他对父母有入侵性的攻击幻想，随之而来"越来越多的螃蟹"威胁到他，之所以产生这种偏执妄想焦虑，是因为他将自己的敌意投射到父亲的阴茎上，将它视为危险的、致命的。约翰松了一口气，因为克莱因理解他有多么恐惧母亲身体受伤，这让他备受煎熬。她接着评述道：

在这个分析小节里，当我们说完这些之后他开始画平行线，平行线的间距时而宽时而窄。这是最明显的阴道符号。然后，他把自己的小火车头放在纸上，沿着平行线走到车站，非常轻松快乐。现在，他觉得他能够象征性地与母亲性交了；在这次分析之前，母亲的身体是一个恐怖的场所。这似乎证明了我们在所有男性分析中可以确认的事情：对女性身体的惧怕，认为那里充满着毁灭，这可能是造成性功能障碍的主要原因之一。然而，这种焦虑也是抑制求知欲的一个基本因素，因为这种冲动的最初目标客体就是母亲身体的内部。在无意识幻想中，母亲体内被探索、调查，也遭到所有施虐武器——包括阴茎这个危险的进攻武器——的攻击。这是另一个在未来造成男性性无能的原因：在无意识里，刺穿（penetrating）和探索（exploring）在很大程度上是一个意思。基于这个原因，在分析完他涉及自己的和父亲的阴茎施虐焦虑之后——尖锐的黄色铅笔等同于灼热的太阳——约翰更有能力用符号象征自己与母亲交媾并调查她的身体了。第二天，他可以聚精会神、饶有兴趣地看着学校墙上的图片，并轻易地分辨每个单词了。

斯特雷奇（Strachey, 1930）指出，阅读的无意识意义是从母亲身体里取出知识，因此对掠夺母亲的恐惧是抑制阅读的重要因素。我想要补充的是，求知欲顺利发展的关键在于母亲的身体要被认为是健康的和毫发未损的。在无意识中，母亲身体象征着一个藏宝库，我们想要拥有的一切都只能从这里获得；因此，只要这个藏宝库未被摧毁，也不处于危险当中，宝库自身也不让人感到害怕，那么，从中获取心灵食物的愿望就更容易被实现了。

（pp. 240-241）

克莱因论证了对受损母体的无意识忧虑也会激起儿童对自己身体的焦虑：

如同在母亲体内进行破坏行为所产生的过度焦虑会抑制儿童的能力，以至于让他难以获取任何关于母体内在的清晰概念一样，如果一个人自己身体内发生了糟糕、危险的事情，所产生的焦虑也会以同样的方式压抑其对其内在的所有探索；这又是一个智力抑制的因素……

……但是，除此之外，我希望提醒各位关注的是，我们可以在分析中一次又一次地观察到，如果减少自我中涉及超我的焦虑，那么儿童熟悉其自身内在的心理过程并通过自我更有效地控制过程的能力就会不断增强，这两者之间是相关联的。

（pp. 242-243)

克莱因将性能力的隐性基础与自由释放求知本能联系在一起：智力上的发现意味着穿透事物，因此在无意识中等同于性交。她总结了对约翰的分析，将他性格上发生的各种变化与他的自我功能发展联系起来：

就前面的内容做一个小结：当约翰更有能力去想象母亲身体里面的状况时，他也更有能力去理解并欣赏外部世界，而当他减少抑制，更真实地去了解自己的身体内部时，他也能更深入地理解和更恰当地控制自己的心智过程；他的心智变得更清净且条理清晰。前者使他更能吸收知识，后者使他能更好地将获得的知识加以思考、整理、相互关联，也更有能力将知识再次传递出去，即反馈、准确阐述或表达——这都是自我发展的进步。这两种最根本的焦虑内容（涉及母亲的身体和他自己的身体)互为条件,在每个细节上相互作用。通过同样的方式,来自这两种来源的焦虑一旦降低,内摄与外射(或投射)这两种功能就会获得更大的自由度,使得这两种功能都能以一种更合适的方式发挥作用,而不那么具有强迫色彩了。

……施虐与焦虑成功降低,超我运作成功减少,因此,自我获得了更广泛的基础来发挥作用,这决定了来访者在接受外部世界的影响方面的改善程度,并且其智力抑制能得到逐步减轻。

(pp. 244-245)

这个案例研究特别聚焦在偏执性格(恐惧、不信任、神秘等)与智力抑制的关联。克莱因也十分简要地提到另一个重要关联,就是强迫性焦虑与"无法分别什么珍贵和什么不名一文"的关系,表现在不加筛选地囤积东西或知识碎片。克莱因认为,这种强迫性行为是基于一种焦虑,试图通过寻求"好"东西来抵消里面的"坏"东西,同时也为了保护自身不受来自外界的"坏"东西的攻击。在这里,我们可以看到她思路的转移,从偏神经症性的特征——比如约翰原先担心自己混淆词语,转向偏精神病水平的焦虑。事实上,她研究智力抑制基础时,涵盖了心智状态的整个范围,包括一般被视为智力障碍的个案,就像迪克那样。

这三篇论文代表了克莱因对儿童心智成长的持续关心以及她的重要观点,认为精神分析为儿童提供了一种方法,可以让他们摆脱封闭状况而进行创造性的思考,还可以培养独立的心智,这是她非常珍视的。在儿童精神分析中目睹他们的心智成长,这种经历格外动人。她的多篇论文都体现出这一点,在《儿童分析的故事》中相关篇幅更长。

当克莱因将注意力转向对躁郁状态的研究时,另一种对内在受伤母亲的焦虑出现了。约翰的求知冲动抑制,起因是惧怕幻想中的施虐攻击会招来报复,是迫害性恐惧造成的后果,但迪克对任何有受损迹象的事情都感到焦虑,这让她警觉,意识到个体可能会对受伤客体所经历的折磨产生强烈的痛苦感。在 1935 年《论躁狂 – 抑郁状态的心理成因》(A contribution to psychogenesis of manic-depressive states；见本书第五章）一文中，她拓展了这个思考，认为面对内在世界里的受伤客体所引发的绝望感可以严重阻碍心智，使其无法活跃地探索世界，无法学习、思考、发挥想象力。

克莱因认为求知本能具有核心的重要意义，这一观点的发展后来充分彰显在威尔弗里德·比昂（Wilfred Bion，1962a，1962b）阐释"思考（thinking）"的著作中。比昂把最根本的思考形式定义为一种试图了解自身和他人本性的尝试。因此，他的理论所阐述的现象恰恰就是克莱因在这几篇论文中探索的，只不过当他撰写论文时可以运用"投射性认同"这一概念资源了，这是克莱因在 1946 年的论文《关于某些分裂机制的笔记》（Notes on some schizoid mechanisms）中首次提出的。

当时，比昂与患有严重精神分裂症的成年病患工作，他试图理解他们。这或许延续了克莱因认为精神分析应当介入认知发展失败治疗工作的这一信念，正如她与迪克的工作。比昂创立了自己的理论，详细阐述了思考萌发的必要条件。究竟是什么让婴儿开启毕生之过程，试图与现实发生关联？他认为，婴儿通过躯体的、非言语的沟通方式，将他巨大的焦虑传递给母亲，投射性认同的理论能够帮助我们理解这个过程。母亲对婴儿的感受保持开放，因此能从婴儿的动作中接收到某些含意，并通过情绪性回应为婴儿的举止赋予意义。母亲试图理解婴儿，比昂将这个心智活动命名为"沉思（reverie）"。她对婴儿的理解让她以一种特别的方式回应婴儿，这个方式让婴儿的体验成型并且连贯一致。比如，饥饿带来的难受不仅通过喂食得到缓解，还因为它反复出现，让婴儿逐渐能够辨识出这种感觉与其他躯体状态的不同。婴儿的思考能力、辨别能力以及广义的理性思维能力，正是在这种被想到（母亲的沉思）、被母亲成熟的心智"涵容（contained，比昂的用词）"的体验中生长的。于是，婴儿摄入的不仅是食物和其他形式的婴儿照料，他也同时摄入了"富有意义"这一理念，这些意义正是在母亲般的回应中赋予的。

这个理论促使比昂提出，精神分析应当赋予求知本能与爱恨冲动同样重要的地位。已有大量文献探讨他的理论，以及该理论在我们理解心智、心理发展和临床技巧等方面的影响。世界各地某些被其引发兴趣的人，倾向于忽视比昂的思想其实发端于克莱因早年对弗洛伊德的元心理的延伸。不过仍有许多文献遵循弗洛伊德、克莱因和比昂乃一脉相承的理论传统。限于篇幅，本文难以在此详述，但可以举个例子表明克莱因的论文在多大程度上发动了对思想条件的研究，并且延续了弗洛伊德为探究人类理解自身的能力所奠定的根基，即"洞察力"对于心理健康的重要性。

成功捕捉这些散落观点的例证之一是莫尼-凯尔的两篇论文（Money-Kyrle，1968，1971），这两篇论文讨论了个体在面对现实的一些基本特征时会内心纠结，这些特征被他称为"生命的真相"。这个说法不仅包含还超越了这个短语本身所指的日常意思。莫尼-凯尔指出，如果我们想要成功地充分运用心智，就会面临三项任务。第一项任务是承认代际差别，而且，我们在婴儿时完全依靠父母的照顾。他遵循克莱因的观点，认为我们与第一个客体的关系至关重要，第一个客体就是乳房，即喂养我们的母亲，她维持我们的生命并保护我们不惧怕死亡。第二项任务是辨别性别差异，接受正是因为性别互补才有了父母交媾并制造出新生命。现代克隆技术可能从科学的层面上正在挑战这一观点，但研究内在世界的精神分析有证据证明，不管一个家庭的成员实际上如何构成，有一个理念会在人类每一个不同的发展水平上一再重复，即世界的本质是由两种不同的元素（可以称之为母性元素与父性元素）共同构成的。第三项任务是辨识出时间的线性，而且我们终有一死。

莫尼-凯尔对思考扭曲十分感兴趣，认为正是它使得我们可以逃避现实不去面对。思考扭曲包括：婴儿化的全能幻想，认为可以单性繁殖；相信时间是环形的，以此否认改变、衰老和丧失的真实性；以及各种各样的混淆，外在和内在、自体和客体。在这里，我们可以清楚地注意到，这些问题呼应了一些克莱因最关切的主题：对抗早年焦虑的婴儿化的全能防御；我们对内在客体质性的依赖；两性的差异化发展；以及起始于断奶并影响终身的丧失与哀悼。莫尼-凯尔的论文讨论了我们如何变得有能力去真诚地思考我们自己，像克莱因一样，他也承认，我们既有探寻和理解的冲动，也有极强的回避渴望，因为现实及其限制不可避免地令人痛苦。其中最大的限制就是死亡，这将带我们走入克莱因对哀悼的研究。

第四章

儿童分析技术

克莱因专门为这个主题撰写过三篇论文,分别关于幼儿、潜伏期儿童与青少年。三篇论文几乎囊括了她所有著作中的临床案例,并详述了其方法论的基本原理。多年之后,她也撰写了一系列成人分析技术讲稿,但尚未发表,预计很快能成书出版了。这三篇儿童分析文献被收录在克莱因的第一本著作《儿童精神分析》(*The Psycho-Analysis of Children*)中,该书出版于1932年,题献给卡尔·亚伯拉罕。该书的完成是一项重大成就,代表了克莱因作为一名儿童分析师从积累的大量工作经验中得出的临床与理论结论。书中用实用易读的方式描绘出儿童分析所需的场景设置,表明克莱因希望以此书来引导未来的儿童分析师以切实的方式工作,并激励他们好好运用她的这门手艺。在1932年,儿童分析依然是一个较新的领域,但也引起了非常资深的精神分析家的兴趣,并得到他们的支持,其中就包括弗洛伊德。毋庸置疑,克莱因肯定希望这本书被当成儿童分析取向的权威声明——这一领域由她发端于柏林(Frank,2009),后又继续在伦敦发展成形。克莱因撰写本书旨在为这一新领域提供奠基之作。她在伦敦受到了热情款待,一入境就有儿童个案纷至沓来,这势必让人有一种虚位以待的感觉。克莱因在给英文首版写的前言中充满了希望。当时,她受到来自学术界与心理治疗业内同行的慷慨支持达到顶峰。

本章将回顾这三篇论文。该书开头的几行字动人心魄,在此处引用十分恰当:

> 精神分析创造了一门崭新的儿童心理学。精神分析式观察教我们,儿童不仅会体验到性冲动和焦虑,也会体验到巨大的失望,即使是他们

生命的最初几年。相信儿童无性（asexuality）或童真无邪（paradise of childhood）已成了老皇历。这些从成人分析与直接的儿童观察中获得的结论，也同样在幼儿分析中得到确认与补充。

(《儿童精神分析》，1932，p. 3)

克莱因随即举出临床实例来说明她的观点——这绝对是她思考方式的特点，认为儿童内心深处的焦虑与强烈的内疚感相连，产生于俄狄浦斯沉迷（Oedipal preoccupation）衍生出的攻击幻想；另外值得注意的是，她列举的第一个个案，是一个从2岁9个月时开始做分析的孩子。因此，她立即宣称俄狄浦斯情结发生的时间相当早，这是她与弗洛伊德重要的观点分歧。不过，她也在书的一开头就明确表示，她的技术是扎根于精神分析的：

> 首先，婴儿心智与成人心智的显著差异让我意识到，应当采取何种方式诱发儿童的联想并理解其无意识。儿童分析的特性为我发展的游戏分析技术做好了铺垫。儿童通过玩耍和游戏，以一种象征的方式表达其幻想、愿望以及真实经历。在玩耍和游戏时，儿童运用了一种古老的、物种演化来的表达方式，这与我们熟悉的梦属于同一种语言；只有通过弗洛伊德理解梦的语言的方式，我们才有可能完全理解儿童的表达，象征只是其中一部分。如果我们希望正确理解儿童在分析中与其整个行为相关的玩耍，我们绝对不可以满足于撷取玩耍过程中的单一象征意义，虽然这些意义常常是显而易见的，但必须考虑到，如同梦的工作启用了所有机制与表达方式一样，应当将儿童玩耍的每一个要素纳入情境中，作为整体进行思考。早期儿童分析一遍又一遍地向我们展示，一个玩具或一个玩耍的动作可以有多种不同的含义，我们只有在考虑了它们更宽广的联系及其所处的整体性分析情境之后，才能推测和诠释它们的意义……

> ……儿童最为重要的表达媒介就是游戏。如果使用游戏技术，我们很快就会发现儿童对于游戏中的单独元素会产生许多自由联想，就像成

年人对其梦境中的单独元素一样。对训练有素的观察员而言，这些单独的游戏元素都是指示性标志；儿童一边玩耍一边说话，他说的所有事情都具有真诚的自由联想的宝贵价值。

（pp. 7-8）

她用以下的话来结束这一章的导言：

> 我将本章的主要内容简要小结如下。儿童心智在本质上较为原始，因此必须寻找一种特别适合儿童的分析技术，我们发现游戏分析是合适的选择。通过游戏分析，我们得以接触被儿童压抑在最深处的经验与固着，也因此能够对他的发展施加根本性影响。并且，这一分析方法与成人分析方法的差别纯粹是技术上的而非原理上的。游戏分析做的工作就是移情情境分析与阻抗分析，移除早期婴儿遗忘与压抑的影响，以及重现原初场景。游戏分析也同样符合精神分析方法的所有标准，它带来的结果也与成人分析技术带来的结果一样，唯一的不同在于技术步骤为适应儿童心智进行了调整。

（pp. 14-15）

分析要如何运用在幼儿身上呢？克莱因给了我们一个鲜活的片段来呈现儿童分析室里的场景：

> 分析室里有一张矮桌，上面摆放了不少简单的小玩具——小木头人（有男有女）、手推车、马车、小汽车、火车、动物、积木和房子，还有纸、剪刀和几支铅笔。即便是比较矜持的小孩，也起码会瞥一眼或者摸一下。然后，我通过他们的不同行为——是开始玩玩具，还是把玩具放在一边——以及对玩具流露出的基本态度，对他们的情结产生一个初步印象。

（p. 16）

随着章节内容的展开，我们会读到，儿童分析师需要找出各种关键的实际信息——在初次父母会谈中，询问孩子如何称呼他的身体部位、小便和大便等，以及涉及这些内容的任何特殊家庭用语；在心里准备好方案应对孩子太焦虑不愿意进入分析室的情况；还要决定孩子上厕所是否需要帮助。接着，克莱因描述了几个儿童案例的游戏来讨论技术。克莱因对诠释（interpretation）发生的位置和节奏非常确信，她的这个特点非常突出，以至于常常令读者感到震惊，因为她显得毫无保留。以下是她对这种胆大行径的辩护。

> 我呈现以上例子来证实我的观点。根据我的经验性观察，分析师不应该回避深度诠释，即使在分析刚开始时也是如此，因为最深层心智的素材会在后面的分析中重新浮现并被修通。我之前提到，深度诠释的功能仅仅是为了打开通向无意识的大门，降低已经被激起的焦虑，来为分析工作铺路。
>
> 我一再强调儿童有进行自发移情的能力。
>
> （p. 24）

于是，克莱因对儿童行为进行直接观察，然后用语言说出儿童对她和整个情境的回应，并将孩子的反应和他在生活中对父母亲的感受联系在一起。她指出，这种做法的目的在于，在分析设置中激发核心焦虑并经受住，让孩子感到被理解，并且觉得受到邀请去认识他的分析师，一个可以帮助他解决烦恼的人。

克莱因举了好几个例子来说明如何能在孩子身上完成这些。其中有一段描述特别有意思，描述的是克莱因的小患者露丝，她只有4岁3个月大，对她的分析刚开始。露丝有严重的焦虑，因此克莱因必须非常灵活。露丝拒绝单独进分析室，正好她的姐姐也在，于是克莱因邀请姐姐一起参与。正如克莱因希望的，露丝在姐姐的陪同下开始做游戏。但几周后的一天，姐姐因身体不舒服没来。克莱因决定抓住机会与露丝单独工作。于是发生了下面的事。

经过她父母的同意，我决定选择继续。保姆在分析室外把小女孩交给我后就离开了，尽管她又哭又闹。在这个非常令人痛心的情况下，我再次尝试安抚这个小孩，以一种非分析性的母亲般的方式，就像任何一个普通人会做的那样。我试图安慰她、逗她笑，让她跟我做游戏，但徒劳无功。当她看到自己被独自留下了，只好跟着我进了分析室，但进去之后我什么也做不了。她的脸色变得苍白，并厉声尖叫，释放出严重焦虑发作的所有信号。与此同时，我在玩具桌旁坐下，开始自己玩起来，边玩边对这个吓坏了的小孩描述我在做什么，渐渐地，露丝在一个角落坐下了。然后我突然有一个灵感，把她在上一次分析中制作的材料拿来当作游戏的主角。在这个小节的最后，露丝已经在水槽边玩了起来，并且给她的娃娃喂食，还把大罐的牛奶拿给娃娃喝，诸如此类。我也模仿她这么做。我让一个娃娃睡觉，然后告诉露丝，我得给娃娃拿些吃的东西，并问她该拿些什么吃的好。她停下尖叫回答我"牛奶"。我留意到她做了一个动作，她把两个手指伸向她的嘴巴（她有在睡前吸吮手指的习惯），但又很快拿开了。我问她是不是想吸吮手指，她说："是的，但得合适。"我意识到她想要还原每天晚上在家里发生的情境，就让她躺在沙发上，还按她的要求给她盖了一条毛毯。然后她就开始吸吮手指了。她的脸色依然苍白，眼睛也闭着，但她明显变得比较平静，也不哭了。同时我继续玩娃娃，重复她在前几次分析中做过的游戏……

与此同时，我开始对娃娃使用诠释——让露丝看到，在我跟娃娃玩的时候，娃娃会感到害怕，也会尖叫，接着给她解释娃娃害怕的原因——然后，我再把刚才对娃娃的诠释用在露丝身上，又把诠释重复了一遍。我以这种方式建立了一个整体性的分析情境。当我这么做的时候，露丝明显变得更安静了，她张开了眼睛，还让我把做游戏的桌子移到沙发旁边，叫我在她身边继续我的游戏和诠释。渐渐地，她坐起身来，越来越有兴趣地观看这个游戏过程，甚至开始主动参与进来。

（pp. 27-28）

在这个例子里，克莱因在与露丝对话时，明显使用了"置换（displacement）"技术，作为第一步，她将露丝强烈的担忧归因到娃娃身上。接着温和地解释了娃娃如此害怕的原因。她不仅仔细拿捏了在面对恐惧时儿童可以应付的节奏，还注意选择恰当的用词。"我用儿童的方式思考和说话，把他们的形象当成我的模特，模仿他们的一言一行"（p.32）。她指出，比方说，一个小男孩说他的玩具秋千"荡来荡去，上下碰撞"，于是她就用"碰撞"这个词来和他谈论父母的性交，发现男孩立刻就明白了。

克莱因建议，在幼儿分析所使用的游戏室里，除了有一些小玩具之外，还应该有其他设备可供玩耍。她认为应该要有一个小水槽和水龙头，还要有玩水的器具（盛水杯、海绵、布等）。她还描述了房间里的所有家具如何会被时不时地拉进游戏里，所以家具要便于移动。她会为儿童提供一些做手工或画画的材料——纸、卡片、铅笔、剪刀、棉线、小木头块，甚至小刀！孩子也被允许选带几样自己的玩具。这些设置的目的在于找到一种方式，让孩子能够尽可能自由地表达自己。整体而言，克莱因的个案大多在游戏中压抑禁锢，而不像当下心理治疗中常见的儿童个案那般不受控制。但她愿意不受束缚地寻找适合某个孩子的特定工作方式，以及她敢于尝试的意愿，都一一从她的笔下流露出来。

一旦小患者长大一点，假想游戏就会变成分析中的重头戏，就像厄娜的案例一样。厄娜是一个非常抑郁的6岁女孩，有严重的睡眠困扰，会强迫性地吸手指和自慰。克莱因发现，厄娜会在许多故事情节中给她布置角色，而每一个游戏的核心主题都是这个孩子与她——母亲的象征——之间的激烈竞争。厄娜的幻想和游戏内容都十分极端，在与这位疾患严重的孩子工作时，克莱因不得不对她的行为进行严格限制，明确她不可以对她的分析师进行身体攻击，但可以用其他途径表达她的毁灭性暴怒。克莱因将应对情绪爆发的恰当技巧归纳为三点：一、仅在现实必要的前提下限制孩子表达情绪的方式（例如，不可以让整间分析室淹水，不伤害分析师）；二、允许在分析室内表达毁灭性混乱冲动；三、分析师的任务是在分析小节中，结合早期发展障碍的情境，诠释孩子虐待和暴力行为的意义，并容忍孩子当下的破坏性。

第四章　儿童分析技术

当继续讨论潜伏期儿童分析时，克莱因首先谈到了，当童年早期的热情退去之后，儿童与其自身以及他人的关系会发生显著变化。当然，我们也许会注意到，当代社会为儿童早期发展所提供的文化环境较自由，对性的态度更为开放，家庭和教育也有了很大变化，因此"潜伏期"的含意也在不断调整。

> 对潜伏期儿童进行分析存在特殊困难。他们不像幼儿，后者充满栩栩如生的想象或表现出明显焦虑，使我们更容易了解和接触到他们的无意识。潜伏期儿童的想象十分有限，因为要和这个年龄的压抑倾向保持一致；同时，与成人相比，潜伏期儿童的自我尚未发育成熟，他们既对自己的心理疾病缺乏洞察力又没有治疗意愿，因此他们并没有开始分析的动机或持续分析的勇气……
>
> ……这个年龄的孩子既不会像幼儿那般做游戏，又无法像成人那样进行语言联想。尽管如此，我依然发现，若能从符合这种大孩子的本质的方式出发，去接近他们的无意识，就可以很快建立分析情境。幼儿依然会受到直接而强大的本能体验与幻想的影响，并把它们直接地呈现在我们面前；因此，在对幼儿的早期分析中，即便是在第一个分析小节中，我认为向幼儿诠释交媾表象和施虐幻想是合适的。而潜伏期的孩子已经开始将这些体验和幻想完全去性化，并将其改造成其他形式来表达。

（p. 58）

在童年后期，儿童的游戏更倾向于联结日常现实，并呈现出更多的压抑，正如克莱因对英格的游戏所描述的：

> 英格花了大量时间跟我玩一种办公室游戏，游戏里她是经理，发布各种命令，口述信件并让我写下来，与她自身严重的学习和写作抑制形成强烈对比。在这里很容易辨识她想要变成男人的渴望。有一天她放弃了这个游戏，开始跟我玩上学游戏。需要注意的是，她不仅觉得学习很

难，她还很不喜欢学校。这个上学游戏我们玩了很长时间，她在里面扮演女老师，而我扮演学生，她还叫我犯点错，这让我对理解她的学业失败有了重要线索。英格是家里最小的孩子，她觉得哥哥姐姐的优秀让她难以忍受（虽然表面上看起来她完全不在乎）。上学后她觉得旧景重现。在游戏中，她会把老师上课的场景表演得细致入微，这揭示了在她还很年幼的时候，因为迫不得已的原因，她对知识的渴望没有得到满足并且被压抑了。

尽管在现实中很失败，但英格可以在想象中扮演任何角色。就像在我之前描述的那个游戏中，她扮演的角色是办公室经理，这代表着她作为父亲角色所取得的成功；作为学校女老师，她拥有数不清的孩子，借此她把自己的角色从家中年纪最小的孩子转变为最年长和最智慧的人；在卖玩具和食物的游戏里，通过双重角色置换，她逆转了自己口腔挫折的体验。

（p. 63）

我们可以注意到，克莱因强调英格发现事物本质的欲望被封锁了，这对她造成了破坏性的影响。她无法表达对理解世界的渴望或感觉不到自己可以去探索现实，相反，她转向一种幻想，认为自己已经拥有了全部知识。

有时这个年龄的孩子可以把梦带到分析里，但其联想更容易通过肢体动作或游戏而非语言形式得到表达。分析工作对于儿童向成熟发展大有帮助，因此我们常常可以看见，潜伏期儿童逐步通过游戏从基于行动的沟通向使用纯语言表达迁移的历程。

这个男孩（9岁）在许多方面都表现得像是一个患有强迫症的成年人，有明显的病态忧思，且重度焦虑，主要表现为极其易怒和暴怒。我们的大部分分析工作是在玩具和绘画的帮助下进行的。我被规定只能在游戏桌边和他挨着坐，陪他玩的时间大大超过我的绝大多数儿童个案。有时候，我甚至得在他的指挥下一个人在游戏里做动作。例如，我得搭积木，把手推车推来推去，我的所有动作几乎都在他的指导下进行。对此他给出的理由是他的手有时会抖得太厉害，可能会没办法把玩具放到位，还会打翻和弄坏玩具。手抖是焦虑发作的信号。大多数情况下，我会按他的要求进行游戏，同时结合他的焦虑对这些行为（游戏里的）的意义进行诠释，通过这种做法可以提前终止他的焦虑发作。他对自身的攻击力的恐惧，以及他不相信自己有爱的能力，使他失去了所有希望，他认为自己无法使在幻想中遭受自己攻击的父母以及兄弟姐妹恢复到完好如初。因此，他害怕自己把垒好的积木和其他东西意外碰掉。他在学习和游戏方面受到严重抑制的原因之一是，他对自身的建构性倾向和补偿能力的不信任。

在焦虑得到很大程度缓解之后，维纳可以自己玩游戏，用不着我的辅助了。他画了大量的画并且对这些画产生了丰富的联想。在分析末期，可以主要通过自由联想对他工作了。他可以躺在沙发上——他更喜欢用这个姿势进行联想，像肯尼斯一样——叙述连续性的幻想，其中大部分是装置和机械发明。曾在他的绘画中呈现过的素材会在这些故事中重现，而且细节更加丰富。

（pp. 66-67）

克莱因在这一章中描绘的案例，其所涉范围大得惊人，这也证实了她丰厚的临床经验。许多例子呈现出她的分析技术富有想象力的弹性特质。她举过一个例子，是个非常封闭的 9 岁男孩，他的游戏方式单调乏味至极。她描写了她如何像陪一个很小的小孩玩一样地陪他玩，因为他极少把他的指令说出来；她还意识到，如果要跟他建立关系并避免重复他父亲的入侵性行为，她就必须保持沉默。她估计，如果进行诠释，只会激起他进一步退缩。这个男孩的语言抑制持续了很长一段时间，但渐渐地他开始能够用小纸条传递信息，并且对她喃喃低语，只要她说话时也保持轻声轻气，这么做可以保护他俩不被坏人谋害。克莱因意识到，这个男孩相信这样的坏人曾经出现过。

在这一章中，克莱因也提及了儿童分析师与个案父母的关系的问题。她是这么说的：

> 我指的是，分析师如何处理自己跟患者父母的关系。为了使工作进行，必须在分析师和儿童父母之间建立一种信任关系。孩子依赖父母，因此父母也应当被纳入分析范围；但因为父母并不接受分析，所以只能通过一般的心理学方法影响他们。在孩子父母与分析师的关系里存在一种特殊困难，因为这会触碰到他们自身的情结。孩子的神经症会令父母感到非常内疚，同时他们转向精神分析寻求帮助，对他们而言，必须通过接受分析来证明他们对孩子生病的内疚感。此外，向分析师暴露家庭生活细节是非常让人不舒服的。还必须看到，尤其是母亲这一方，（女性）分析师和孩子之间建立的信任会令她们十分嫉妒。
>
> （p. 75）

然而，区区几页之后，她就写到了儿童分析对家庭关系可能产生的良性影响：

> 儿童神经症的移除或减轻会对其父母产生良好影响。母亲应付孩子不再困难，这会降低她的内疚感并改善对孩子的态度。
>
> （p. 78）

克莱因也仔细考量了分析师与孩子父母直接接触带来的可能影响：

> 然而，基于我的个人经验，我并不对影响孩子的生活环境抱太大希望。更为稳妥的是寄希望于孩子自身发生改变，这样能使孩子更好地适应艰难的环境，并以更好的姿态去应对环境向他施加的任何压力。
>
> （p. 78）

这些建议的产生背景是，为孩子的问题来向克莱因求助的父母已经对精神分析十分熟悉，并且确实在智识上十分认同。虽然，从精神分析的视角看，在克莱因报告的案例中有不少属于过早结案的情况，但结案的原因通常不是父母不支持而是一些外部因素，比如搬家，这体现了克莱因多么善于精准把握与孩子父母的关系。对当时的家庭而言，在孩子每周的生活中安排几次分析的时间并非难事，许多家庭都有保姆可以把孩子送来。很少有母亲在外工作，这些情况都与当代生活方式差异巨大。虽然克莱因仅仅需要与孩子的父母会面几次，就可以顺利开展儿童分析工作了，但现在的儿童分析师和心理治疗师发现，除了回顾性会谈之外，还需单独安排几次常规的父母咨询。克莱因的著作中并未详述复杂的专业工作网络的建立，但这通常要求大量的联络沟通。不过，克莱因坚持，保障儿童分析会谈的隐私依然是基本原则。她注意到，父母（或孩子的其他重要他人）对于要在治疗过程中紧跟孩子的行为和关系发展轨迹，时常感到十分困难，经过反思，她对儿童分析师的首要职责提出了一条明智的忠告：

> 我认为，只要牢记，我们工作的至高目标在于，确保孩子健康而非获得其父母的感激，就可以安然放下对获得父母认可的所有期待。
>
> （p.79）

这番话在当下显得更加不合时宜了，因为当代公共卫生理念以密切追踪成效为重，而成效的评判权重又在家长和教师的手上。克莱因绝非不顾个案的发展，当她弄明白细节之后，她常常会把个案之后的发展轨迹也纳入个案报告。她致力于帮助患者理解外部现实的要求，当患者有进步时她会心满意足；但如果个案的问题就是如何给予他恰到好处的关注，那么克莱因就会首先关注如何在分析中保护孩子的私人空间，这是分析师必须要做的事。

在第三章，克莱因讨论了青春期孩子迎来的变化。文中呈现的个案年龄在 12—15 岁，只不过在过去的 80 年里，青春期年龄已经有所提前，因此，将克莱因的分析技术对应在更广义的青春期早期或许比较适用。

以下是她在这章的开场语：

> 对青春期孩子的分析工作与潜伏期相比有许多关键的差别。青春期孩子的本能冲动更为强烈，幻想也更加活跃，他们的自我有了其他现实目标，与现实的关系也变得不同。另一方面与幼儿分析相似的地方是，因为青春期的孩子再一次被本能冲动与无意识主导，所以他们的幻想生活也更为丰富。除此之外，青春期所呈现的焦虑与情感也比潜伏期更加剧烈，如同典型的幼儿焦虑复发一般。
>
> 把焦虑挡开或对其进行修饰，这本是幼儿主要的自我功能之一，然而，这一自我功能到了青少年期会发挥得更为成功，因为自我已经有了很大的发展。他已经发展出各种兴趣爱好与活动（体育运动之类），在很大程度上达到了掌控焦虑、对焦虑进行过度补偿，以及向自己和他人掩饰焦虑的目的。采取违抗与叛逆的态度是他达到目的的方法之一，也是青春期的特点。这增加了分析青春期孩子的技术难度；除非我们非常迅速地找到了解患者情感的途径——这个年龄的孩子情感非常强烈——主要表现在违抗性移情中，否则十分容易发生分析戛然而止的情况。
>
> （p.80）

她接着指出，初入青春期的青少年在许多方面的表现其实都延续了幼儿游戏中令他们着迷的事物主题：

> 青少年所呈现的素材与幼儿非常相似。青春期和前青春期的男孩对人和事的幻想与幼儿玩玩具是一样的。3岁9个月大的彼得用小推车、火车和汽车表达幻想，14岁大的路德维格则持续数月滔滔不绝地讲述各种汽车、自行车和摩托车等之间的构造差异；彼得把小推车推来推去，把它们相互做比较，路德维格则充满激情地关注哪部车和哪位驾驶员会赢得比赛；彼得会赞美某个玩具小人的驾驶技术，并让它表演各种本领，路德维格则不厌其烦地称颂他的体育偶像。
>
> （p.81）

第四章　儿童分析技术

较正常的青少年会趋于展现一个生动的充满冲突的世界，里面的人要么是受人尊敬的英雄（在克莱因的案例中是体育明星，换到现在可能会是流行文化明星），要么是他们鄙视唾弃的教师、亲戚，即那些所谓"不够酷"的人。较抑制的青少年就会维持一种退避状态，避开那些不舒服的感觉，虽然这在潜伏期很平常。克莱因指出，当潜伏期过早出现或是持续时间太久，比如持续好几年，就表明孩子存在严重的发展障碍。克莱因始终将她的观察置于对儿童发展正常模式的理解基础上，这一点非常重要。在介绍她的儿童个案时，她对个案的障碍程度都做了清晰评估，这是她的工作特点。有些儿童被评估为基本正常，可以通过精神分析获益，得到性格成长，并使其在关系中不易察觉的约束得到松动。而另一些儿童的神经症太明显，他们的生命被焦虑摧残，他们的困难成了父母最深切的担忧。

在讨论青少年分析技术时，克莱因举了几个例子，其中对性活动感到内疚和焦虑是个案的核心特征，不管是过去还是现在。以下是一个举例：

> 在分析14岁的路德维格时……我发现了……他对弟弟感到强烈内疚的原因。比如，当路德维格谈到他的蒸汽机需要维修时，他立刻联想到弟弟的发动机可能再也修不好了。他对这个联系表现出很抗拒，也希望分析小节快点结束，后来发现，其中的原因是他对母亲的恐惧——她可能会发现他和弟弟之间的性关系，他自己对发生的事情也还记得一些。这件事情给他留下了强烈的无意识内疚感，因为他年龄比弟弟大，身体比弟弟强壮，有几次是他强迫弟弟和他发生性关系的。弟弟患有严重的神经症。自从那之后，他觉得自己应该为弟弟的发展缺陷负责。
>
> （pp. 83-84）

令人震惊的是，关于自慰、性幻想以及与其他孩子的性活动的焦虑处于一种中心地位。或许，这个特征源于20世纪初期的儿童养育方式在性知识和自慰行为方面相对压抑。这也就意味着，为了帮助这些患者，克莱因必须深入思考男孩和女孩的性发展，而正是这样的思考引导她修正了弗洛伊德的某些理论假设。以下是她对青春期少女的理解：

> 我现在来讲一讲青春期少女的分析工作。月经初潮会引发少女的强烈焦虑。除了我们熟知的其他各种意义，还有一种含义，它是表示她的身体内部以及里面的儿童已经被完全摧毁了的外部可见象征。正因如此，比起男孩建立男性化特质，女孩若要发展出完整的女性化姿态，要花费更长时间，遭遇更多困难。女性发展比男性发展难度更大，这导致青春期女孩强化其男性化部分。有些女孩只发展自己的一部分，在青春期通常是开始强化发展其智力部分，而她的性活动以及人格则停留在潜伏期延长阶段，许多情况下可能会持续到青春期之后……
>
> ……即便是女性化姿态占优势地位的女孩也会在青春期感到焦虑，焦虑的表达也比成年女性更严重、激烈。
>
> （pp. 85-86）

克莱因接着用大量篇幅介绍她与艾尔丝的分析工作。艾尔丝开始接受分析时是12岁。克莱因觉察到艾尔丝十分不情愿来分析，也难以进行任何自由对话，于是她提议，她或许愿意画画。

> 在接下来几个月里，艾尔丝的大部分联想包含在绘画里——丝毫不含幻想成分——她会用圆规精确地画画。她的主要活动是对物品的各个组成部分进行测量和计算，这个活动的强迫性本质变得逐渐清晰。我在大量缓慢、耐心的工作之后，才发现这些部分的不同形状和颜色代表了不同的人。她测量和计算的强迫行为，经证实是源自一定要找出妈妈身体里面有什么东西、里面有多少小孩、两性之间的差异等冲动，这些冲动逐渐变成了强迫性思维。同样，在这个案例中，她整个人格和智力成长受到抑制的起因是，她强烈的求知本能在她很小的时候被压抑了。她的求知本能变成了对所有知识的反抗性拒绝。在画画、测量和计算的帮

助下，我们取得了重大进展，艾尔丝的焦虑程度也有了显著下降。

（p. 88）

艾尔丝可以开始谈论对学业失败感到绝望，也可以说出她因为相信所有的衣服都不合适以及她永远看起来都不对劲儿的念头而备受煎熬。克莱因继续说：

> 当艾尔丝的学习困难持续减轻时，她的整个个性发生了很大变化。她变得具有社会适应能力，能和其他女孩交朋友，还改善了和父母及兄弟姐妹的关系。现在可以说她是一个正常女孩了，她的兴趣符合她的年龄；她在学校也表现不错，受到老师喜爱。在家里，她变成了一个有点过分顺从的女儿，她的家人都对分析的成功感到完全满意，认为没有继续分析下去的理由。但我不同意他们的看法。很明显，13岁的她已经开始进入青春期的生理发育阶段，但她在心理层面仅是顺利过渡到潜伏期。分析通过解决焦虑感并降低她的内疚感，使她能够更好地适应社会，并且在心理上进入潜伏期。无论这些改变如何令人高兴，我眼前的艾尔丝依然是一个比较依赖的小孩，依旧过分地固着在母亲那里。虽然她的兴趣范围有所扩大，但她依然很难有自己的想法。她经常用"我妈妈说"这样的话开头。她想要讨好别人，原先毫不在意自己的外貌，但现在变得十分关注，渴望爱与关注——所有这些想法主要源于她渴望讨好母亲和老师。她想要在学校里的表现超过同学也是出于同样的目的。她的同性性欲占有压倒性优势，在她身上还看不见一丁点异性性欲冲动的影子。
>
> 目前正常推进着的后续分析，不仅在性欲方面，也在整个人格发展方面，给艾尔丝带来了重大改变。我们得以分析月经所引发的焦虑，这对艾尔丝非常有帮助……直到现在，她心理层面的青春期才正式开始。在这之前，她从未批评过母亲，也无法形成自己的观点，因为这象征着对母亲进行暴力的施虐攻击。对施虐的分析使艾尔丝获得了更大程度的自我依赖——与她的年龄相符，这一点在她的思考风格和行动风格中变

得显而易见。

（pp. 90-91）

克莱因以下述评论作为这个案例的总结：

> 我们从这个案例里看到，如果女孩无法处理过于强烈的内疚感，那么将不仅干扰她向潜伏期过渡，还会影响整体的发展进程。她以暴怒的方式呈现的情感被置换了；对她焦虑的修正也走错了方向。艾尔丝看起来是个不开心、不满足的人，但她既没有意识到自己的焦虑，也没有意识到她对自己的不满。我能够让她理解她是不开心的，让她看到自己感到受损和不被爱，而她对此感到绝望，也正因为感到无望，她没有动力去获得别人对她的爱，这些就是分析取得的伟大进步。

（p. 91）

她继续指出，要从事青春期儿童分析工作的分析师需要先理解成人分析技术，即使用自由联想和躺椅。实际上，她强调成人分析训练是为"更加艰难的儿童分析"做准备。一些精神分析学会继续实践了这一理念，在过去60年里，这个理念不断受到质疑和挑战。而在这段时间里，儿童分析训练已经成功开创出一条独立道路。鉴于克莱因在理解根植于早期生命的心理困难方面的理论优势，可以十分中肯地说，对儿童心智进行精神分析研究是一个绝妙的启程点。一些儿童也的确对精神分析方法表现出充分响应，比一些成年患者更愿意进入事物的情感核心。儿童分析师想要切实维护的是临床观察的核心地位与基于发展模型的精神分析理论的结合，而关注心智成长也可以与聚焦病理问题构成一种有益的平衡。

克莱因接着写了几章，是关于治疗儿童疑难杂症时的观察指标的。疑难杂症包括：进食障碍（克莱因称之为"饮食错乱"），睡眠障碍，恐怖症与过分羞怯，游戏抑制与肢体表达抑制，自伤和易遭意外，多动症（克莱因称之为"过度活跃和乱动"），抽搐，学习抑制，过度依赖物质占有和礼物，以及异常体弱多病。这份清单不仅证实了她广泛的临床经验，也证实了她关于早期焦虑和内疚在塑造心智方面的角色模型的一统性力量，同时惊人地预见了当代儿童和青少年精神卫生服务中遇到的困难。

克莱因也针对儿童的正常态、病态和健康提出了经过深思熟虑的几点建议。首先是一条特别针对儿童分析的提示：

> 最后，我想要请大家注意本案例治疗中所使用的技术。在治疗的第一部分，我使用了属于潜伏期的技术，在第二部分使用了适合青春期的技术。我已经反复指出，适合不同阶段的不同形式的精神分析技术之间存在关联性。我想强调的是，早期分析技巧是各年龄儿童分析技巧的基础。在最后一章，我已经说过，我对潜伏期儿童的分析技术是基于我在幼儿分析工作中研发出的游戏技术。但正如本章案例所展现的那样，早期分析技术对许多青春期个案而言依然必不可少；倘若没有足够重视青少年对行动化的需要和表达幻想的需要，没有小心调节他们释放出来的焦虑量，总而言之，如果没能掌握这门极富弹性的技术，我们就会注定失败。

（pp. 92-93）

接着是对健康发展的一种描写：

> 成人的神经症不能作为儿童的对比标尺，因为即使儿童再像一个正常的成人，都不一定没有神经症。因此，比方说，一个幼儿达到所有养育要求，并且不跟着幻想和本能行事，虽然实际上从表面上看，这个孩子完全适应现实，甚至他还几乎没有焦虑迹象——但可以肯定，这样的孩子不仅早熟，还十分缺乏魅力，甚至可以说是不正常。如果在这幅图景上再添上幻想的过度抑制（而幻想是发展的必要先决条件），我们就有充分的理由为孩子的未来感到担忧了。这个孩子所患的不是轻微的神经症，而是无症状的神经症；正如我们从成人分析中得知的，这通常属于

一种严重的神经症。

（p. 101）

她继续写道：

现在需要考虑的问题是：一个孩子如何表现出他的内心有足够好的适应能力呢？我们最喜欢看到的标志包括：这个孩子能享受游戏的乐趣，在幻想时能自由掌控，同时可以通过某些确定的指标来确认他能够及时适应现实，以及他与客体有真正好的关系——不会过分亲热。除此之外，另一个适应力好的标志是，求知本能的发展相对而言未受到严重干扰，其求知本能可以自由地转向多个方向，并且看不到强迫性神经症类型里典型的强迫特质和紧张感。我认为，出现某种程度的情感和焦虑也是发展顺利的先决条件。不过，以我的经验而言，以上这些和其他正向预后指标，都仅具有相对价值而非对未来的绝对保证。因为孩子的成长也常常有赖于无法预见的外部现实，顺遂或不顺遂。如果孩子在长大过程中碰到这些境遇，其儿童期的神经症是否会在成年期复发，也未可知了。

（p. 103）

还有：

成年人可能会经受神经症、人格缺陷、升华能力紊乱以及性功能障碍的袭击而无力对抗。而我一直努力呈现，婴儿神经症可以在生命早期通过多种细微但典型的信号被探测到，而治愈婴儿的神经症是对成人神经症的最佳预防。可以在童年期将后期发展成人格缺陷和障碍的隐患消除。儿童的游戏可以使我们深入他们的心智，并清晰地指示儿童的分析工作是否已经圆满完成，因为从游戏中可以看出孩子是否具备了将来的升华能力。在幼儿分析完成之前，他在游戏方面的抑制必须已经得到极大缓解，他对游戏的兴趣也符合他的年龄，兴趣爱好既深刻又稳定，并

第四章　儿童分析技术

且内容丰富。

分析工作的一个成果是，孩子从原先单一的强迫式游戏兴趣拓展到更广阔的范围，这个过程相当于兴趣爱好的延展以及升华能力的提升，这同样是成人分析的目标。通过理解儿童的游戏，我们可以估算出他们今后几年的升华能力，也可以确定分析是否可以有效地保护孩子未来的学习和工作能力不受抑制。

最后，儿童对游戏的兴趣加深，游戏质量和种类也有所增加，可以可靠地保证他们未来性心理的发展。

（pp. 104-105）

这是克莱因希望在小个案身上达成的目标。

克莱因的临床技术特点在于，企图接触儿童的深层焦虑，且越快越好，但这个特点容易被过分强调。在本章的记录中，克莱因十分敏锐地对儿童使用各种独特方式，不让焦虑泛滥，她会尝试各种方法让孩子开始信任她。尽管如此，克莱因及其同事与安娜·弗洛伊德所领导的团体在关于技术和根本理论问题上产生了巨大分歧，这些剑拔弩张的争议都以文献形式记录在《弗洛伊德—克莱因论战：1941—1945》（King and Steiner，1991）一书中，这些文献均来自英国精神分析学会在1942年10月到1944年2月召开的一系列会议的报告。

在接下来的几年中，精神分析技术有了长足发展。其中相关性最强的是比昂发展的心智早期形成理论，以及将母婴心智关系类比为分析师和患者的关系的新理解。通过母性接纳和沉思来涵容婴儿焦虑的模型，开启了对婴儿最早期的非整合形式经验的潜在理解，以及对在心智结构和现实意识都不起作用的精神崩溃状态的潜在理解。分析师开始认识到，这种涵容功能对于这些碎片化的经验是多么重要。在诠释对患者起作用之前，无法被思考的经验必须先被认出，了解心智对它们的承受能力，并通过分析师的思考活动转化。

比昂的理论拓展了对人类沟通早期形式的理解，这与儿童分析尤为相关，在转介来做分析的儿童人数不断增加的情况下，更是如此。原先克莱因的患者总体而言都在较为稳定的家庭里长大，而现在患者的生活境况十分糟糕，包括严重的创伤、丧失和贫困经历。而当今全球化进程导致的复杂性还在不断上升，儿童和青少年精神卫生问题随之急剧增长，包括相当严重的障碍[1]。

对于分析技术带来冲击的第二个主要理论性发现是，对反移情的重新理解。海曼（Heimann, 1950）认为，分析师的反移情有时并不像弗洛伊德和克莱因相信的那样，它不是分析师持续性个人议题的反映，而是对患者某一方面的无意识回应，这个观点的影响力很大。事实上，克莱因自己的投射认同理论（见第六章）对该新观点的诞生而言至关重要。

儿童和青少年分析技术依据以上这些观点进行了改革。分析起点依然是收集被分析设置所激发的焦虑，但应在何时对儿童做出何种诠释依旧不太清晰。一个大改变是，对先天缺陷和后天障碍进行区分（Alvarez, 1992）。而另一个改变是，允许分析师用自己的感觉去寻找理解儿童深层情绪状况的线索，尤其当分析师的精神痛苦程度极高时（Hoxter, 1983）。克莱因学派的分析技术如今已经广为传播，但其核心依然是关注焦虑，并重视用语言描述情感与内心世界。

---

[1] 直到近几十年，英国才可获取流行病学的数据资料。资料显示，儿童与年轻人群中患精神疾病的人数在1974—1999年翻了一番。5—16岁的男孩里，感到频繁的抑郁或焦虑的人数从每30人中有1位升至2位；女孩则是从每20位中有1位至2位。在2004年，在5—16岁的儿童青少年中，每10人就有1位（10%）获得精神疾病诊断，资料参见英国健康和社会保健信息中心（Health and Social Care Information Centre）的资料及格林等人的研究（Green et al., 2005）。2009年收集的数据显示，这一比例在1999年之后并未继续升高，但鉴于欧洲整体经济衰退，尤其年轻人的就业环境不佳，患病比例可能会再度升高。此议题可参见纳菲尔德基金会（Nuffield Foundation）的资料和哈格尔的研究（Hagell, 2012）。

第五章

哀悼以及抑郁位的发现和其对俄狄浦斯发展理论的影响

在克莱因对精神分析的贡献中,对丧失和哀悼历程的理解,可能是最广受引用与赞赏的。正如弗洛伊德在关于哀悼和忧郁症(melancholia)的论文中,所捕捉并整理出的一种能令人立即领悟的、关于人类体验的普遍情况,克莱因在1935—1940年发表的关于抑郁和哀悼的数篇论文也揭示了,迄今为止,我们的丧失反应仍然有神秘、不为人知的特征。弗洛伊德的思考,以他个人的丧亲和世界大战为背景,而克莱因的著作也有其背景,包括痛失亲人,以及20世纪30年代欧洲由于严重的经济萧条和法西斯主义兴起而深陷困境的影响。克莱因在论文中并没有提及这些,而是严密地聚焦在精神分析理论和临床观察上。但也许她的著作引发了某些强大共鸣,让读者仍然能觉察到她的个人丧失和当年困顿艰难的世道。

她开始探究抑郁状态时,将它与偏执和躁狂状态加以对比,并想要了解作为忧郁症基础的早期内摄过程,其重要性和本质为何,她强调自我具备更大的连贯性,以及婴儿心灵的内在客体将逐渐趋于整合的本质会促成关键的发展。

在偏执状态中,典型防御的主要目标是为了消灭"迫害者",而自我的焦虑占据着显著位置。随着自我变得更加组织化,内化的意象会更加接近现实,自我将更充分地将自己认同于"好"的客体。最初由自我所感受到的对迫害者的恐惧,现在与好的客体发生了关联,从此以后,保存好客体被认为与自我的生存具有了相同的意义。

与这一发展齐头并进的是一项最重要的变化:从部分客体关系,到与完整客体的关系。通过这一步，自我到达一个新的位置，并成为所谓"失去所爱客体的处境"的基础。只有在客体被当作整体来爱的时候，才能感到整体地失去它。

（《论躁狂－抑郁状态的心理成因》，1935，p. 264）

克莱因继续描述，关切客体的安全，除了如同亚伯拉罕所指出的，会影响内摄机制之外，也会影响主体对于内摄客体遭遇到什么的感受。那么要怎么保存和维护内摄的客体呢？克莱因将日益增强的、渴望内在好客体存在的愿望与恢复（restoration）的历程联系起来，她随后使用的词汇是修复（reparation）或补偿（restitution）。通过努力修复，个体会觉得，即使在破坏冲动下，好的客体和自体也都比较安全，但是有好客体的持续支持乃是最重要的。

现在已很清楚，为什么在这个发展阶段，自我会不断感觉自己因为拥有内化的好客体而受到威胁。它充满了焦虑，唯恐这些客体会死亡。在遭受抑郁折磨的儿童和成人身上，我都发现在其内部隐匿着对濒死或死亡客体（尤其是父母）的恐惧，以及在这种情况下自我对客体的认同。

从精神发展的最初开始，真实客体与那些安置在自我内部的客体之间总是存在着持续关联。正是因为这个原因，我刚刚描述的焦虑会使儿童表现出对母亲或者任何照顾者夸张的固着。母亲不在场会激起儿童的焦虑，唯恐自己会被交付给坏客体——外在的或内化的——不管是因为她的死亡，或是因为她以"坏"母亲的样子回来。

对儿童来说，这两种情况都意味着失去了所爱的母亲，我特别要强调的是，害怕丧失内化的"好"客体，成了唯恐真实母亲死亡之焦虑的恒久来源。另一方面，每一个提示了丧失真实的所爱客体的体验，都会激发害怕失去内化客体的恐惧。

（pp. 266-267）

第五章　哀悼以及抑郁位的发现和其对俄狄浦斯发展理论的影响

逐渐意识到内在和外在都需要好客体的存在，与此同时，也感受到自体对这个所需客体的敌意，这带来了危险：

> 在我看来，只有当自我已经内摄了完整的客体，并与外在世界和现实人物建立了更好的关系时，它才能够充分认识到，通过施虐，特别是通过其食人欲望而造成的灾难，并为此感到痛苦……
>
> ……于是，自我面对的精神现实是，它所爱的客体正处于一种消解（dissolution）的状态（破碎的），而这种确认所带来的绝望、悔恨和焦虑存在于许多焦虑情境的底层。在此仅举出其中的一小部分焦虑：关于如何用正确的方式，在正确的时间将这些碎片拼凑回去；如何选出好的部分，丢弃坏的部分；将客体重新组合起来后如何使其复活；以及，在做这项工作时，会受到坏客体和自己的恨意干扰，等等。
>
> （p. 269）

克莱因指出，在这个节点上，儿童面对这一修复任务时会感到不堪重负，但她也提出，我们的成熟之爱也发源于此：

> 自我意识到对一个完整的、真实的好客体的热爱，同时感到对它有着压倒性的内疚。基于力比多依恋——最初是对乳房，然后是对完整的人——而对客体产生完全的认同，和对客体（失去整合）的焦虑同时发生，与之相伴的还有内疚和懊悔，想要保持它完好、免受迫害者与本我伤害的责任感，以及预期将要失去它的悲伤。这些情绪，不论是意识的或无意识的，在我看来都属于我们称之为爱的感情的基本元素。
>
> （p. 270）

克莱因将这与偏执的心理状态做对照，由于内疚和懊悔带来的痛苦太深，个体会"猛然退回"到偏执状态，于是我们在这里开始领略到克莱因的理解，她认为个体会不可避免地在抑郁位和偏执位之间来回摆荡，日后比昂也采纳了这个观点。"心位"的概念表达了焦虑与防御间全面而复杂的相互作用,克莱因认为能用它来思考整个生命周期,而非将这些问题局限于儿童发展"阶段":

> 在我看来,偏执的特征在于,虽然他由于被害焦虑和怀疑,对外在世界和真实客体发展出非常强大和敏锐的观察力,但是这种观察以及他的现实感却是扭曲的,由于被害焦虑,他主要从别人是否为迫害者的角度来看待他人。当自我的被害焦虑增加时,就不可能充分而稳定地认同另一客体,以真实的样子来观察、理解,并具有充分的爱的能力……
>
> ……与抑郁位有关的痛苦将他猛烈推回偏执位。不过,虽然他已从抑郁位退却了,这仍是他曾经到达的位置,因此总有发生抑郁的可能性。在我看来,这一点解释了我们在严重的偏执症中常常会遇到抑郁情绪,并且在轻微偏执的情况中也是如此。
>
> 如果我们将妄想症与抑郁症在解体状态下的感觉相比较,我们可以看到抑郁症的特点是充满了对客体的忧愁和焦虑,他将努力重新团结成一个整体,而对于偏执狂,解体的客体更像是众多的迫害者,因为每一片都会再次成长为迫害者。
>
> (pp. 271-272)

克莱因提供了许多生动的临床实例来阐述这些观点,也因此对进食障碍、疑病焦虑和自杀有了更多的理解。以下是她对一位有躯体焦虑的患者的描述,他的躯体焦虑可以在梦中找到踪迹:

> 例如,X患者在童年时期曾被告知患有绦虫症(他自己从未见过这些虫),他将体内的这些绦虫关联到自己的贪婪。在对他的分析中,他曾幻想,一条蚕虫正在蚕食他的身体,并浮现出强烈的罹患癌症的焦虑。这个患有疑病症和偏执性焦虑的患者对我非常怀疑,除此之外,他尤其怀疑我和一些对他有敌意的人是同伙。这期间他梦见一位侦探逮捕

第五章　哀悼以及抑郁位的发现和其对俄狄浦斯发展理论的影响

了一个带有敌意和迫害性的人，并将这个人关入监狱。但后来这个侦探被证明是不可靠的，成了敌人的帮凶。这名侦探代表了我，全部焦虑都被内化了，并且与绦虫幻想有关。关押敌人的监狱是他自己的内在——实际上是他内在监禁迫害者的特殊部分。很明显，危险的绦虫（他的一个联想认为绦虫是双性恋）代表了对他有敌意的父母联盟（实际上正在性交）。

（p. 273）

她继续指出，全能的躁狂状态并不仅仅是从忧郁抑郁中逃脱出来，而且躲开了内在的、迫害的偏执性焦虑。躁狂带来的对精神现实的否认，促成一股否认外在现实的倾向。与此同时，躁狂状态也涉及强迫式地努力控制事物，特别是内在客体死去的恐怖，躁狂状态会将其否认。这些焦虑会导致躁狂地努力复苏，克莱因称之为"躁狂性修复"，与基于意识到破坏性冲动并担忧其后果的"修复"区分开来。躁狂状态的另一个特征是对客体的全面蔑视，剥夺它们的价值。克莱因认为，如果允许客体具有重要性，那么需要靠"修复"来克服抑郁。"克服"的理念是"修通"概念的变形，但它或许暗示着某种一劳永逸的成就，与弗洛伊德最初提出的要在分析中或整个生活中反复重新经历冲突的理念有所不同。也许这就是克莱因在她晚期关于这些主题的一些论文中——如《成人世界及其婴儿期根源》（Our adult world and its roots in infancy，1959）——选择使用"修通"一词的原因。

在这篇 1935 年的论文中，克莱因清晰地总结出了她所理解的正常婴儿发展图景：

在生命最初的两三个月中，儿童的客体世界可以被说成由敌对的、迫害的或是满足的片段及部分的真实世界所组成。很快地，儿童越来越能感知到完整的母亲，而这种更现实的感知会延伸到母亲以外的世界。（与母亲和外部世界有良好的关系，有助于儿童克服早期的偏执性焦虑，此事实为儿童最早期体验的重要性带来了新理解。从一开始，分析便强调儿童早期经验的重要性，但在我看来，只有当我们对早期焦虑的性质和内容，以及它的实际体验和幻想生活之间持续的互动有更多的了解时，我们才能充分理解为什么外在因素是如此重要。）但是，当这一切发生时，儿童的施虐幻想与感受正处于高峰，尤其是食人的那种。与此同时，现在儿童体验到对母亲的情绪态度发生了变化。对乳房的力比多固着发展为将她视为一个人的感受。于是破坏的感觉和爱的感觉被同时体验到，指向了同一个完整的客体，这会在儿童的心中引起深刻而困扰的冲突。

在正常的发展过程中，在四到五个月之间的节点上，自我要面对在一定程度上承认心理现实以及外部现实的必要性。因此，认知到所爱的客体同时也是被其所恨的；并且除此之外，真实的客体和想象中的人物，无论是外在或内在的，都是彼此息息相关的。我曾在其他地方指出，在幼童身上，与真实客体的关系和与非真实意象的关系共同存在，只是在不同的层面上，两者都有过分好与过分坏的形象，并且，在发展过程中，这两种客体关系相互交织、相互渲染的程度越来越高。在我看来，这个方向上的第一个重要步骤是，儿童开始认识自己完整的母亲，并且将她视为一个完整的、真实的、所爱的人。那么，抑郁位——我已在文中描述了这个心位的特征——就浮现出来了。这个心位受到"丧失所爱客体"的刺激与强化，这是当母亲的乳房被移开时婴儿一再体验到的，并且，这样的丧失在断奶期达到顶峰……

……婴儿在母亲的爱意中一再得到抚慰，这令婴儿的整体情境与防御和成人忧郁症患者相当不同。不过，重点在于，这些由自我与其内化客体之间的关系而产生的痛苦、冲突、悔恨和内疚的感觉，在婴儿阶段就已经开始活跃了……

在这个发展阶段，外在和内在的、所爱和所恨的、真实和想象的客体的统一似乎是以这种方式完成的，即统一的每一步骤都会再次导致意象的重新分裂。不过，随着对外在世界的适应增加，这种分裂发生的层面逐渐变得日益接近现实。它一直持续下去，直到对真实和内化客体的爱及信任已妥善建立起来。那么，矛盾情感——其在一定程度上是为了

第五章 哀悼以及抑郁位的发现和其对俄狄浦斯发展理论的影响

应付自己的恨意,以及对所恨的可怕客体的防御——将会在正常的发展中再次以不同的程度减弱。

随着对真实的好客体的爱意增加,一个人更加相信自己爱的能力,对于坏客体的偏执性焦虑也减弱了——这些改变导致了施虐的减弱,进一步使人有更好的方式来掌控、发泄攻击性。

(《论躁狂-抑郁状态的心理成因》,1935,p. 285-288)

如果婴儿"无法在内在建立起所爱客体",偏执和躁狂的焦虑便会占据主导地位,不过克莱因总结说,"婴儿期抑郁位在儿童发展中处于核心地位"。这是她关于儿童内在世界进化理论的基石,这源于她认为人类婴儿是与客体关联在一起的。

克莱因于次年写了短文《断奶》(Weaning,1936),读起来很有意思。此文是为里克曼(Rickman)编辑的《论儿童养育》(On the Bringing-Up of Children,1939)一书所写,也许是因为期待有更大的读者群体,尤其是母亲群体,克莱因的笔调更接近日常用语。这篇文章将她的理论结论与在日常家庭情景中观察到的儿童相结合。这一不同的面向需要不一样的论述语调。克莱因是这样解释早期分裂和部分客体以及它们的演变的:

这么说也许奇怪,为什么一个小孩的兴趣局限在一个人的一部分,而不是在整个人身上。我们首先必须谨记,这个阶段的儿童在身体和精神方面的知觉能力极其欠缺,另一个需要记住的最重要的事实是,幼儿只关心他立即的满足或是满足的缺乏;弗洛伊德称之为"快乐—痛苦原则"。因此,母亲那提供满足或拒绝满足的乳房在孩子心中充满了好与恶的特质。现在,人们称为"好"乳房的,会成为往后生活中感受到的好与有利事物的原型,而"坏"乳房则代表了一切邪恶与迫害的事物……

……在生命最初两三个月,婴儿的客体世界可以被描述为,包含了真实世界中令他满足的或带有敌意与迫害性的某些片段或部分。大约在这个年龄段,他开始将母亲和周遭的人视为"完整的人",随着他将母亲俯视自己的面庞与爱抚自己的双手,以及与满足自己的乳房联结在一起,他对她(以及他们)的现实知觉也逐渐产生,并且(当对"整体的人"的愉悦得到确认,而且对他们有了信心的时候)知觉"整体"的能力也就扩散到母亲之外的外在世界。

(《断奶》,1936,pp. 290-291)

她继续介绍内在与外在的相互作用:

在心智发展的最初阶段,在婴儿的幻想中,每一个不舒服的刺激显然都与"敌意"或拒绝的乳房相关,而另一方面,每一个愉悦的刺激则与"好"的、满足的乳房有关。因此我们似乎有两个循环,一个是仁慈的,另一个则是恶性的,两者都是基于外在或环境因素与内在心理因素的相互作用;因此,疼痛刺激在量或强度上的减弱,或对它们的适应能力的增加,都应有助于减弱恐怖幻想的强度,恐怖幻想有所减弱,反过来使儿童能够进一步更好地适应现实,又有助于减弱恐怖幻想。

对于适当的心智发展而言,非常重要的是,儿童应该要受到我刚才概述的仁慈循环的影响:当这件事发生的时候,他会得到很大的协助去建立母亲作为一个人的意象;这种对整体的母亲日益增长的感知,不仅显示出他在智力方面的重要变化,也体现出他的情绪发展。

(p. 290)

当克莱因重申,如果处理爱恨情感的早期冲突失败,则会成为抑郁症"最深远的根源"时,她再度说明了,如果能忍受内疚感,它"对儿童未来的心理健康、爱的能力以及社会发展具有长久的影响",并补充"我想指出,攻击性的感觉虽然导致儿童心智上如此多的困扰,但同时对其发展也是最有价值的"(p. 294)。克莱因思考的各个主要理念,皆展现了平衡的重要性质:爱与恨是并行的,就像内疚与修复一样;焦虑是一种痛苦的情感,也是对发展的一种刺激。

第五章　哀悼以及抑郁位的发现和其对俄狄浦斯发展理论的影响

内在好客体的最终功能，以及丧失它的威胁会令幼儿感到多么恐惧，皆被描述如下，并且与断奶这个渐进的过程相关：

如果儿童能够成功地在自己心中建立起慈祥而助人的母亲，那么这个内化的母亲被证明将给他带来终其一生最有帮助的影响。虽然这样的影响通常会随着心智的发展而在特质上有所改变，但它相当于真实的母亲对于幼儿生存所拥有的绝对重要地位……

……（因为）儿童对任何挫折的感受都非常敏锐……我们发现，当孩子想要乳房而它不在的时候，孩子会感到好像永远失去了它；由于对乳房的概念延伸到对母亲的概念上，失去乳房的感觉导致了完全失去所爱母亲的恐惧感，不仅意味着失去真实的母亲，也意味着失去内在的好母亲……

……断奶的真实体验会极大地强化这些痛苦感受，或者倾向于实质化这些恐惧；不过，由于宝宝不可能不间断地拥有乳房，而且会一再处于失去它的状态，人们可以说，从某种意义上，他处于一个持续被断奶的状态中，或至少朝着断奶的方向前去。尽管如此，实际断奶的时刻迎来了关键点，这时就无法挽回地完全丧失乳房与奶瓶了。

（p. 295）

在这里，克莱因的写作风格有点不同寻常，因为她将对婴儿的剧烈痛苦的温柔关怀，转化为描绘母亲如何能够并且应该帮助她们的婴儿。这就如同提供"专家"建议的冲动暂时跃居主角，而这与克莱因的分析信念相去甚远。下面是这种情况的一个例子，后面还有更多内容，包括关于推荐母乳喂养、喂食频率、安抚奶嘴的使用、如厕训练的方法，以及对婴儿性活动的态度等方面的建议。

母亲们往往没有意识到小婴儿也是一个人，其情绪的发展最为重要。假如母亲不知道如何诱导宝宝吸吮乳头，母亲和孩子之间的良好接触可能会在第一次或最初几次喂食的时候受到损害；例如，如果母亲没有耐心处理所遇到的困难，而是把乳头粗鲁地推进宝宝的嘴里，婴儿可能就无法对乳头和乳房发展出强烈的依恋，而变成一个难喂养的婴儿。另一方面，人们可以观察到，初步显现出这种困难的宝宝，在耐心帮助下可以发展成为好喂养的婴儿，就如同那些根本没有任何初始困难的婴儿一样。

(p. 297)

克莱因详细地想象母婴世界的能力，蕴含着她想以目前所理解的知识帮助婴儿的渴望，她认为心智的发展带来了巨大的心理需求。这篇文章的结尾令人欢欣喜悦，这可能是因为她以一种更为温和的方式，传递出了她内心里对父母的指令，也再度提及了她认为重要的事项，即婴儿照料中的改变必须是和缓的、渐进的：

我了解到，在古英语中，weaning（断奶）这个词不仅有 wean from "（脱离）"的意思，也有 "wean to（朝向）"的意思。套用这一词汇的两个意思，我们可以说，当个体真正适应了挫折的时候，他不仅脱离了母亲的乳房，还朝向了替代物——朝向所有带来满足的源泉，这些满足对于建立一个充实、丰富和幸福的生活而言是必需的。

(p. 304)

值得一提的是，虽然克莱因在许多论文中大幅书写婴儿与母亲乳房的关系，并且确信，婴儿被喂食的体验是其基本客体关系性质的核心，但她也反复明晰，她眼中的"乳房关系"也包括母亲的许多其他方面。毕竟，喂养孩子的是母亲整个人，吸吮乳房的宝宝被母亲怀抱着，可以看到母亲的脸（眼神接触特别重要），闻到母亲的肌肤与乳汁，感受到母亲的心跳和她身体的温度，并能听到母亲呼吸的韵律和她的声音。正如以上引述的段落所示，克莱因所用的乳房表示的是，婴儿与母亲整个身体和精神的关系。这种关系始于

第五章　哀悼以及抑郁位的发现和其对俄狄浦斯发展理论的影响

新生儿寻找乳头，但随着婴儿的发展而拓展，变得更丰富、复杂。这种更广泛的人（婴儿、母亲，当然也包含父亲、手足），是克莱因认为在分析中需要注意的整体移情概念的一部分。分析情境的所有方面一起拼凑出了整体图像，需要都加以关注。

克莱因在1940年的论文《哀悼及其与躁狂-抑郁状态的关系》（Mourning and its relation to manic-depressive states）中拓展了她对哀悼的理解。她提出，在随后的人生中，哀悼的早期体验（婴儿丧失与母亲的喂食关系）会在经历悲伤时再度苏醒过来，因此"正常哀悼"仰赖于个体是否成功地解决了婴儿期的抑郁位。她强调，这种丧失是双重的，不仅失去了外在客体，而且失去了居住在内在世界中的内化了的客体。她是这么描述内在与外在的相互作用的：

> 在与母亲的关系中，婴儿经历到的许多愉悦，对他来说都是充分的证据，证明了所爱的客体——不论是内在的还是外在的——没有受到伤害，也没有变成会报复的人。快乐的体验增加了爱与信任，并减少了恐惧，进一步帮助婴儿克服他的抑郁和丧失感（哀悼）。这使他能够通过外在现实来检验内在现实。通过被爱，以及他在人际关系中获得的快乐与安慰，他越来越相信自己与他人的好，也越来越感到他的"好"客体和自己的自我能够被拯救与保存，与此同时，他的矛盾情感，以及他对内在世界会被破坏的极度恐惧也会减轻。
>
> 对于幼儿，不愉快的经验以及缺乏愉快的经验，尤其是缺乏与所爱之人的快乐和亲密接触，会增加矛盾情感，减少信任和希望，还会明确对内在湮灭和外在迫害的焦虑；此外，它们还可能会减缓甚至永久地遏止，实现儿童内在安全感的长远良性历程。
>
> （《哀悼及其与躁狂-抑郁状态的关系》，1940，pp. 346-347）

克莱因在总结关于抑郁位的理论时，提出了一个崭新的、引人遐想的词汇，以代表对丧失的焦虑：

> 现在我建议，用一个词来描述对所爱客体的忧伤和关怀感受、对失去它们的恐惧以及对重新获得它们的渴望等，这是从日常语言中衍生出来的简单词汇——即对所爱客体的"苦思渴求（pining）"。简而言之，一方面是（"坏"客体带来的）迫害和对它的特定防御，另一方面是对所爱（"好"）客体的苦思渴求，它们共同构成了抑郁的心理位置。
>
> （p. 348）

"苦思渴求"的痛苦会引发躁狂的防御努力。对于先前理解的躁狂，克莱因在这里增添和强调了一个新的重点：

> 控制客体的欲望，从征服它和羞辱它，从超越它和胜过它获得的施虐满足，可能会猛烈地闯入修复的行动中（通过思想、活动或升华实现），以致这个行动所开启的"善意"循环会被打断。本来要修复的客体又变成了迫害者，反过来使偏执恐惧再度复活。这些恐惧增强了偏执的防御机制（以摧毁客体）以及躁狂的防御机制（控制它或将其保持在假死状态等）。进行中的修复因此受到干扰，甚至被终结——需要视这些机制的活跃程度而定。由于修复行动的失败，自我必须一再诉诸强迫性的和躁狂性的防御……
>
> ……在这方面，我想强调与蔑视和全能感紧密相关的胜利感，它也是躁狂心理位置的一个重要元素。
>
> （p. 351）

她将胜利感的意义，与躁狂状态中标志性的在理想化与蔑视之间的摆荡联系起来，然后继续说明修复冲动对儿童抑郁位的演变非常重要：

> 回头来看早期发展的过程，我们可以说，情绪、智力与身体成长历程中的每一步，都被自我用来作为克服抑郁位的手段。儿童成长中的技能、天分和艺术能力，都让他在精神现实上愈发相信自己的建设性能力，

第五章　哀悼以及抑郁位的发现和其对俄狄浦斯发展理论的影响

以及控制和掌握敌意冲动与"坏"的内在客体的能力。各种来源的焦虑因此得以缓解，导致攻击性减少，并反过来减少了他对"坏"的外在和内在客体的怀疑。自我的强化和对人有更大的信任，可以进一步统一它的意象——外在的、内在的、被爱的、被恨的，并且通过爱来进一步降低恨意，从而迈向整体的整合。

（p. 353）

自然地，这一段文字之后便是与正常哀悼历程的联系：

在哀悼工作的漫长现实检验过程中，会体验到痛苦，或许有一部分是因为个体有必要更新与外在世界的联结，因此要持续重新体验丧失，但除此之外，个体同时还感受到了内在世界有分崩离析的危险，因此有必要带着这份痛苦来重建内在世界。就像经历抑郁位的幼儿要在无意识心灵里挣扎着建立及整合内在世界那样，哀悼者也要经历重建和重整的痛苦。

（p. 354）

克莱因给出了一个生动的临床实例，通过分析一个突然失去幼子的女士做的梦，来探索如何修通构成抑郁位的两组主要感受。这个案例材料也用来展示内在世界的体验本质有多么具体。她随后加上了一段非常有趣的反思，思考哀悼在精神生活中更广泛的价值：

因此，在全然体验着哀伤，而绝望也上升至顶点时，对客体的爱意也涌现出来，哀悼者也会更加强烈地感觉到，内在和外在的生活终将继续下去，而丧失的所爱客体可以被保存在心里。在哀悼的这个阶段，痛苦会变得有建设性。我们知道，各种痛苦的体验有时会激发升华，甚至会引发一些人全新的天赋，在挫折和磨难的压力下，他们开始绘画、写作或做其他建设性活动。另一些人则以其他途径表现出建设性——更能欣赏人与事物，更能容忍与他人的关系——他们变得更加睿智了。在我看来，通过类似我们前面所探讨的哀悼历程的各个阶段，人们获得了这样的一种丰盈。也就是说，不快乐经验引起的任何痛苦，不论是什么性质，都跟哀悼有共同之处。它重新激活了婴儿期的抑郁位：遭遇和克服任何类型的逆境所需的心理工作，都和哀悼类似。

（p. 360）

她通过比较正常和不正常的哀悼来做结论：

> 正常的哀悼，以及与之相对的异常哀悼和躁狂－抑郁状态之间的根本区别在于：处于躁狂－抑郁状态的人无法完成哀悼的工作，尽管这些人的防御可能彼此截然不同，但存在一个共同点，就是他们无法在童年早期建立起内在的"好"客体，并在内在世界中感到安全。他们都没有真正克服婴儿期的抑郁位。相反地，在正常哀悼里，早期抑郁位会因为失去所爱客体而被重新唤起，并再度被修正，通过自我在童年时使用过的类似方法加以克服。个体在复建实际上已经丧失了的所爱客体时，同时也在内心复建他最初所爱的客体——归根结底是他的"好"父母，当真实的丧失发生的时候，他感到也有失去这些内在好客体的危险。通过复建最近失去的人的同时，在内心复建"好"的父母，通过重建濒临解体、处于危险之中的内在世界，他克服了自己的悲伤，重获安全感，实现真正的和谐与平静。

（p. 369）

克莱因借此着手阐明她的观点，即躁狂－抑郁疾病的根源在于早期发展的失败，这是一个尤其显著的范例，阐明了她如何透过与幼儿的分析工作，塑造出她的成人精神分析方法和精神分析基础理论。她工作的这一特征在她接下来要解决的议题中也深有体现。

在克莱因1945年的论文中，她开始将抑郁位的理论与精神分析的核心理

第五章　哀悼以及抑郁位的发现和其对俄狄浦斯发展理论的影响

念俄狄浦斯情结联系起来。她在这一节点的著作中更清晰地阐述，她的临床发现使她需要修正弗洛伊德对俄狄浦斯现象的观点，正如她对他的哀悼理论的若干方面所进行的修正那样。她将这篇论文定名为《从早期焦虑的角度讨论俄狄浦斯情结》（The Oedipus complex in the light of early anxieties），清楚地表明她认为在抑郁位的焦虑情绪这一新知识下，需要重新思考理论。其中最重大的变化在于，她此刻更大力地强调，爱意情感的力量在推动着儿童的性发展。克莱因提出两则儿童分析案例，为她修正后的观点打下基础：理查德是日后《儿童分析的故事》一书的主人公，丽塔在《儿童精神分析》的前面章节讨论。这两个儿童都饱受严重焦虑状态的折磨。

在理查德的案例介绍中，克莱因提取出一段因她短暂出访伦敦而缺席分析所引发的材料。这个事件使他失去了几次分析，又加上伦敦当时正在遭受空袭，他对克莱因的安危表现出了大量焦虑。当分析重新开始时，克莱因这样描绘他的痛苦状态：

> 我回来之后，发现理查德非常担忧和抑郁。在头一个小时内，他几乎没有看我，不是僵硬地坐在椅子上，不把眼睛抬起来，就是烦躁地走到隔壁的厨房或花园里。尽管他的阻抗明显，但他仍向我提出几个问题，我是否看到伦敦很多"坏掉"的地方？我在那里的时候发生过空袭吗？伦敦有雷暴雨吗？
>
> 他告诉我的头几件事情之一是，他讨厌回到进行分析的这个镇子，并说这个镇子是"猪圈""噩梦"。他很快走进花园，似乎在那里可以更自由地四处观看。他瞥见几株毒蘑菇，指给我看，颤抖着说它们有毒。回到房间后，他从书架上拿起一本书，特别指给我看一幅画，画的是一个矮小男人在对抗一个"可怕的怪兽"。
>
> 在我回来后的第二天，理查德带着极大的阻抗告诉我，在我离开时他跟母亲的一段对话。他告诉母亲，他非常担心自己以后要怀孩子，并问她会不会很痛。她就像以前一样，再度解释男人在生育过程中扮演的角色，然后理查德说他不想把性器放到别人的性器里：这会吓到他，整

件事都让他很焦虑。

(《从早期焦虑的角度讨论俄狄浦斯情结》, 1945, p. 347)

克莱因将理查德对父母性关系的攻击性情绪和无意识幻想，与他剧烈的恐惧联系起来，并接着指出，出于对母亲的深切情感，以及在移情中确实存在的对克莱因的同样情感，这份敌意使得他的内心充满挣扎。那么他是如何处理的？克莱因提出，其中一条出路是退行回口欲期，不再关注性器官，尽管效果着实有限。

理查德对自己的攻击性尤其是口腔虐待倾向的焦虑非常大，导致他与自己的攻击性产生了激烈的对抗。这种对抗有时是显而易见的。值得注意的是，在愤怒时，他会咬牙切齿、移动下颚，好像在咬东西。出于他口腔虐待冲动的强度，他觉得自己伤害到母亲的危险很大。即使他仅仅是对母亲或我说了一些无害的评论，他也经常会问："我伤了你的感情吗？"与他破坏幻想相关的恐惧和内疚塑造了他的整个情感生活。为了维持对母亲的爱，他一次又一次地试图克制自己的嫉妒和委屈，甚至否认那些看来非常明显的原因。

然而，理查德克制自己的恨意和攻击性，否认自己的委屈的尝试并不成功。过去和现在的挫折给他带来了被压抑的愤怒，在移情情境下，例如在回应分析中断给他带来的挫折感时，这些愤怒就清楚地显露出来。我们知道，去伦敦这件事让我在他心中成为一个受了损伤的客体。然而，我受伤不仅仅是因为暴露在炸弹的威胁之下，也因为我带给他挫折、激起他的恨意；结果他在无意识中感到袭击了我。这重复了先前的挫折情境，他因为幻想中对我的袭击，而变得认同了扔炸弹的、危险的、"坏"的希特勒-父亲，因此害怕遭到反击。于是，我转变为一个敌对的会报复的形象。

为了处理矛盾情绪，在生命初期将母亲形象分裂成好的跟坏的"乳房母亲（breast mother）"，这在理查德身上非常明显。这个分割进一

第五章 哀悼以及抑郁位的发现和其对俄狄浦斯发展理论的影响

步发展，变成"好"的"乳房母亲"和"坏"的"性器母亲（genital mother）"之间的分裂。在分析的这个阶段，他真正的母亲代表"好的乳房母亲"，而我则成了"坏的性器母亲"，于是我在他心中激起了跟这个形象相关的攻击性和恐惧。我已成为那个在性交中被父亲伤害的母亲，或是与"坏"的希特勒－父亲结为一体的母亲……

……当我在伦敦期间，理查德比以前更黏他的母亲。就像他对我说的，他是"妈妈的小鸡"，还有"小鸡们跟在妈妈后面跑"。奔向乳房母亲，是为了防御对性器母亲的焦虑，但这并不奏效。因为理查德补充说："但是，之后小鸡们还是要离开母鸡，因为母鸡不会再照顾它们，不再关心它们。"

（pp. 376-377）

理查德后来玩起了战舰舰队的游戏，克莱因从中发现他在流露出修复愿望时，形成了一种不同的防御。在代表他和母亲的船只发生碰撞之后，理查德重新排列船只，将母亲和父亲的船摆在一起，其余的船代表家庭的其他成员，"按照年龄排序"。

在这里，舰队游戏表达了他希望通过让父母相聚在一起，服从父亲和哥哥的权威，来恢复家庭的和睦与平静。这意味着需要克制嫉妒和恨意，他感到只有这样，才能避免陷入与父亲争夺母亲的战斗。如此一来，他便避免了他的阉割恐惧，并进一步保存了好父亲和好哥哥。最重要的是，他还拯救了母亲，让她免于在父亲和他的对战中受伤。

因此，理查德不但强烈地需要保护自己，抵御被敌手——他的父亲和哥哥——袭击的恐惧，而且强烈地关切着他的好客体。爱意的感觉，以及修复在幻想中已造成的伤害的渴望（如果他让步于自己的恨意和嫉妒，伤害会再度发生），带着更大的力量浮现出来。

然而，只有理查德压抑住自己的俄狄浦斯愿望，才能实现家庭平静与和睦，约束自己的嫉妒与恨意，并且保留下所爱的客体。压抑俄狄浦斯愿望意味着要部分退行回婴儿期，但这样的退行需要跟母婴关系的理想化紧密相关。因为他希望将自己变成一个没有攻击性，尤其是没有口腔施虐冲动的宝宝。要有理想化的婴儿，前提是也要有相应的理想化母亲，尤其是理想化的乳房：一个从来不会带来挫折的理想乳房，一对彼此之间只有纯粹的爱意关系的母亲和孩子。坏乳房和坏母亲，在他心里是和理想的母亲完全分开的。

（p.378）

克莱因用以下方式总结抑郁型焦虑对理查德的发展的影响：

这些恐惧导致他一次又一次地奔向乳房母亲。他唯有在由前性器水平主导的情况下，才能获得相对的稳定。由于焦虑和内疚感太强大，自我无法演化出适当的防御，让力比多的前进运动受到阻碍。因此，无法充分稳固性器组织，这带来强烈的退行倾向。在他发展的每一步都能看到固着和退行现象的相互作用。

（p.380）

修通这个退行趋势后，理查德的焦虑透过克莱因的解释有所调整，他变得更怀抱希望，较正常的俄狄浦斯竞争也浮现出来。

在玩舰队时，理查德指定了一艘船给我，另一艘给自己；我要坐我的船进行一段愉快的旅程，他也是如此。起初，他把他的船移开，但很快就将它转回来，把它紧靠在我的船旁边。这种船只的触碰，在以前的材料里，尤其涉及他与父母的关系时，一再地象征着性交。因此，在这个游戏里，理查德在表达他的性器欲望，以及他希望拥有的性能力……
……理查德认为他的好客体可以复原重生，这显示出，他相信自己可以更成功地应对自己的攻击性，也就能够更强烈地感受到自己的性器欲望。而且，由于他的焦虑减轻了，他可以将他的攻击性转向外界，幻

第五章　哀悼以及抑郁位的发现和其对俄狄浦斯发展理论的影响

想跟他的父亲与哥哥对抗，争夺母亲的所有权。

（pp. 381-382）

理查德在下一张绘画中声明自己不是画中的婴儿。他现在转而把自己看成一个男孩，而且有潜能变成一个雄壮的男人，他的攻击性具有创造性，而非破坏性。在下一次分析中，理查德的画展现出更多的内在情境，类似地，他的内在家庭关系现在也在友善情感的统领之下。

理查德在分析中变得能够面对心理事实，了解他爱的客体也是他恨的客体，而那个淡蓝色的母亲、戴着皇冠的皇后，在他心里跟有喙的恐怖大鸟联系在一起，这时他可以更加安全地建立对母亲的爱了。他爱的情感与恨的情感能够更加紧密地联系在一起，与母亲的快乐体验也不再与挫折体验相隔甚远。因此，他不再需要被迫一方面强烈理想化出一个好母亲，另一方面又塑造一个十分可怕的坏母亲图景。当他允许自己把母亲的两方面放在一起时，这就意味着坏的方面可以被好的方面所缓解。这个更加安全的好母亲可以保护他，抵御"怪物"父亲。这还意味着，此时的母亲不会因为他的口腔贪婪和坏父亲而遭受致命的伤害，这反过来令他觉得他和他的父亲都不再那么危险了。好母亲能够复活，因此理查德的抑郁也减轻了。

（p. 396）

讨论到 2 岁 6 个月的丽塔时，克莱因再次强调，丽塔与母亲之间强烈的冲突关系不仅来自迫害恐惧，而且包含抑郁性焦虑。丽塔的悲伤状态和持续询问自己是否被爱，都揪心地表明，她对自己是否可以被爱、能否反过来爱人，已快要绝望了。

一方面，她的母亲代表了一个恐怖而且会反击的人物。另一方面，她是丽塔不可或缺的所爱的好客体，丽塔感到自己的攻击性对所爱的母亲是一种危险。因此她极度害怕会失去母亲。这些早期焦虑和内疚感力量强大，在很大程度上导致丽塔无法再忍受由俄狄浦斯感受（对母亲的竞争和恨意）引发的额外焦虑和内疚了。在防御中，她压抑了恨意，并且以过度的爱来过度补偿，这必然意味着要退行回力比多发展的更早期阶段。

（p. 400）

克莱因提到，对母亲的恨意会给小女孩带来一种特定的焦虑。

丽塔对于母亲死亡的抑郁型焦虑，与害怕自己的身体被母亲袭击的迫害恐惧关联在一起。事实上，对女孩而言，这样的袭击不仅会威胁到她的身体，而且往往会威胁到她心里认为自己"内在"所包含的一切珍贵事物：她可能会有的孩子、好母亲跟好父亲。

女孩最根本的焦虑情境之一是，无法保护所爱的客体免受外在与内在的迫害……

……直到丽塔对父母双方的焦虑和内疚感都减轻之后，她才能允许自己想要从父亲那里得到一个小孩，并且允许自己在俄狄浦斯情境里认同母亲。

（pp. 405-406）

所以说，这两个案例探讨了爱恨冲突对男孩和女孩性发展的不同影响。克莱因给出了清晰的总结。

她再度阐述自己的理解，认为男婴及女婴在和母亲的喂养关系中，都有同样的满足和挫折体验，并且在发现母亲并不理想时，同样因为失望而将兴趣转向父亲，在阐述完上述理念之后，她指出：

由于焦虑和内疚的主宰，会过于强烈地固着在力比多组织的早期阶段，并且与之相应的，会有过度退行回早期阶段的倾向。结果，俄狄浦

第五章　哀悼以及抑郁位的发现和其对俄狄浦斯发展理论的影响

斯发展受到干扰，性器组织无法安稳建立起来。在本文讨论的这两个案例，以及其他个案里，当这些早期焦虑减轻时，俄狄浦斯情结就开始沿着正常的路线发展了……

……我的经验使我相信，在生命的一开始，力比多就与攻击性融合在一起，每一个阶段的力比多发展都深受攻击性衍生出的焦虑的影响。焦虑、内疚和抑郁感受有时会驱动力比多前进，找到新的满足来源，有时候则会加强对较早期客体和目标的固着，从而阻碍力比多的发展。

（p. 407）

在这之后她详述了两性的不同位置，并将其与攻击性、内疚感和抑郁位的问题联系起来：

这种在主要意象的不同方面之间的来回移动，显示在早期阶段，其正向与反向俄狄浦斯情结的密切相互作用中……

……早期的性器欲望和口腔欲望皆指向母亲与父亲。这也符合我的假设，即两性都天生地在无意识里知道阴茎和阴道的存在。对于男婴，性器感官是他预期父亲拥有阴茎的基础，依照"乳房＝阴茎"的等式，男孩渴望父亲的阴茎。同时，他的性器感官和冲动也意味着他想寻找一个开口来插入他的阴茎，即这些感官冲动会被引向他的母亲。相对地，女婴的性器感官则令她拥有接受父亲的阴茎进入阴道的欲望……

……因此，力比多发展的每一步骤，都受到修复驱力及其背后的内疚感的刺激和强化。但反过来说，带来修复驱力的内疚感也会抑制力比多的欲望。因为当儿童觉得自己的攻击力占主导时，力比多欲望让他觉得会给自己所爱的客体带来危险，因此必须被压抑。

（pp. 409-410）

克莱因认为，男孩关注的最深焦虑是对阉割的恐惧，而女孩则关心自己未来的生育能力、内部生殖器官的健全，以及想象中的婴儿的命运。当谈到双性恋时，克莱因请读者注意两性各自缺乏的元素：

> 女孩渴望拥有阴茎、成为男孩，这是她双性恋特质的表现，也是女孩天生的特性，就像男孩也天生具有想成为女孩的渴望那样。
>
> （p. 414）

在论文的最后部分，克莱因大胆地将她对经典理论的修正汇集起来，尤其是她关于俄狄浦斯情结早期阶段、超我早期发展，以及爱和修复冲动的重要性的观点。

> 现在我将总结一下我对这些重要议题的观点。依我所见，男孩和女孩的性发展和情绪发展，从婴儿期早期开始，就已经包含了性器感官和趋势，它们构成了反向与正向俄狄浦斯情结的最初阶段；其中以口欲力比多为主要体验，也混合了尿道与肛门的欲望和幻想。从生命最初的几个月开始，这些力比多阶段就一直相互重叠。正向与反向的俄狄浦斯倾向从一开始就有密切的相互作用。而在性器为首位的阶段里，正向俄狄浦斯情境达到顶峰。
> 　在我看来，男女婴儿都会感受到指向母亲与父亲的性器欲望，也对阴道和阴茎有无意识的知识。基于这些理由，弗洛伊德早期的术语"性器期（genital phase）"似乎比他后来的"阳具期（phallic phase）"的概念更恰当。
> 　两性的超我都在口欲期就出现了。在幻想生活和冲突情感的影响作用下，儿童在每一个力比多组织阶段都会内摄他的客体——主要是他的父母——并以这些元素建立超我。
> 　因此，虽然超我在许多方面与幼儿世界中的实际人物相对应，但仍有不同的组成部分和特征，反映出他内心的幻想图景。从建立超我开始，所有对他的客体关系有影响的因素，都会发挥一定的作用。
> 　第一个内摄的客体是母亲的乳房，构成了超我的基础。正如与母亲

第五章 哀悼以及抑郁位的发现和其对俄狄浦斯发展理论的影响

乳房的关系先于并强烈影响着与父亲阴茎的关系一样，婴儿与内摄母亲的关系，也会在很多方面影响超我的全程发展。超我的一些最重要特征，无论是爱的、保护的，还是破坏的、吞噬的，都源于超我的早期母性成分。

两性最早的内疚感都源于吞噬母亲的口腔施虐欲望，主要是想吞噬她的乳房（亚伯拉罕）。因此，在婴儿期就已出现内疚感。内疚感不是在俄狄浦斯情结即将结束时才出现的，而是从一开始就存在的因素之一，会塑造俄狄浦斯情结的历程，并影响它的结果……

……如我们所知，弗洛伊德得出的理论结论是，父亲和母亲都是儿子力比多欲望的对象（参见他关于反向俄狄浦斯情结的概念）。此外，弗洛伊德在他的一些著作里［包括他的案例，尤其是《5岁男孩的恐惧症分析》（Analysis of a phobia in a five-year old boy，1909）］，考察了男孩对父亲的爱，在他的正向俄狄浦斯冲突中的作用。然而，他并没有足够重视这些爱的感觉在俄狄浦斯冲突的发展和结束中发挥的关键作用。根据我的经验，俄狄浦斯情境的强度会减弱，不仅因为男孩害怕复仇的父亲会毁掉自己的生殖器，也因为他被爱和内疚感驱使，想要保存内在与外在的父亲形象……

……阴茎嫉羡和阉割情结在女孩的发展中扮演着重要角色。但是，这两者会因为正向俄狄浦斯欲望受挫而被大幅增强。虽然小女孩会在一个阶段认定她的母亲拥有作为男性特征的阴茎，但这个概念在她的发展中扮演的角色并不像弗洛伊德所说的那样重要。根据我的经验，弗洛伊德描述的女孩与阳具母亲关系中的许多现象，其实都出自女孩在无意识中认为她的母亲拥有她所爱慕及渴望的父亲的阴茎。

女孩对她父亲阴茎的口腔欲望，与她接受阴茎的最初性器欲望混合在一起。这些性器欲望意味着她希望从父亲身上获得小孩，而"阴茎＝小孩"的等式向她证实了这一点。想内化阴茎并从她的父亲身上获得小孩的女性欲望，必然先于令自己拥有一根阴茎的愿望。

虽然我同意弗洛伊德所说的，失去爱和母亲死亡的恐惧是女孩非常突出的恐惧,但我认为,害怕自己的身体受到袭击和所爱的内在客体被摧毁的恐惧,才是她主要焦虑情境的根本原因。

(pp. 416-419)

正如1975年出版的《克莱因全集》的注解中指出的,克莱因在这篇论文中更直接地道出她的发展理论和弗洛伊德的区别。给出的论述基本与1928年的论文《俄狄浦斯冲突的早期阶段》相同,但本文开头即提出大量临床实例,以一种完全不同的方式呈现了这些材料——也许她从英国精神分析学会的讨论(大论战)中所得的经验让她认识到,呈现临床证据对辩论的结果有着重要影响。克莱因和她的同道们在这些会议上提出的理念根植于临床工作,令许多有独立见解的学会成员印象深刻。克莱因渐渐痛心地意识到自己被反对者们视为非弗洛伊德派,这可能也有助于她能够更公开地澄清,弗洛伊德的原始构建与她现在所持观点之间的重要差异,不过她始终认为自己是忠于精神分析根源的。

在此时,克莱因已经明显地大举脱离了生理驱力的心理发展理论。对克莱因而言,起作用的动机力量是,婴儿从出生起就在与他人的关系中体验到爱与恨的情绪,最开始是对母亲的绝对依赖,之后则由此核心向外扩展。她发现了一种焦虑类群,将其汇集成抑郁位的概念,这使她能够清楚地描述爱与恨之间的核心冲突,以及由此产生的内疚感。她展现出,这决定了儿童内在世界的本质、性格的演变,以及他与他人的关系。

克莱因在她的临床思维中,经常将俄狄浦斯情结(由弗洛伊德所描述,后来经她修正)与她新提出的抑郁位概念联系起来,但对于她的后继者来说,这两个框架并不容易整合到一起。其实,弗洛伊德在《性学三论》(*Three Essays on the Theory of Sexuality*, 1905)或案例报告中提到的俄狄浦斯情结,与克莱因笔下的抑郁型焦虑及其引发的防御,氛围截然不同。临床工作者常感到困惑,发觉自己在两种理论之间来去,难以理解它们之间的相互关系。

第五章　哀悼以及抑郁位的发现和其对俄狄浦斯发展理论的影响

当代克莱因学派分析师出版的文集《俄狄浦斯情结新解》*（*The Oedipus Complex Today*, Steiner, 1989），阐述了当代对俄狄浦斯情结的理解，书中引用了临床经验并呈现克莱因模型的持续理论进展。比昂的思想背景在书中也有清晰体现。布里顿在论文《缺失的联结：俄狄浦斯情结中父母的性》（The missing link: parental sexuality in the Oedipus complex, Britton 1989）中，非常出色地将这两个范式融合在一起。他认为，能够与现实相联系的基础是承认父母之间的关系。俄狄浦斯幻觉使自体能够防御这一认知，却不幸地阻碍了修通与双亲的竞争关系，同时阻止了布里顿所称的俄狄浦斯三角的闭合。这个三角意味着观察与被观察的能力，成为母亲和父亲之间联结的见证者，并通过觉察到被他人看见而实现客观性。这也是心理空间感的前提，此乃思维发展的必要条件。如果父母的性交被视为破坏性的，心智的发展会受到极大的损害。布里顿认为，早期的母性容纳是成功修通早期俄狄浦斯情结的先决条件。过早（相对于儿童的心智能力）觉察到父母性交可能是灾难性的。它威胁到儿童对母亲仍然脆弱的联结，从而激起生存恐惧和精神病水平的焦虑。俄狄浦斯幻觉则是略为晚期的发展，是当婴儿能够哀悼失去独占母亲的联结时才会发生的，当然这也很痛苦。汉娜·西格尔在《俄狄浦斯情结》一书的导读中指出，三角空间也指在家庭里给想象中的新生儿留出的空间（Steiner, 1989）。

费尔德曼的论文《俄狄浦斯情结：于内在世界及治疗情境中的展现》（The Oedipus complex: manifestations in the inner world and the therapeutic situation, Feldman, 1989）探讨了俄狄浦斯挣扎对思维发展的影响。能够想象一对具有创造力的父母伴侣可以促进思维发展，破坏性的父母性交意象则会损害或抑制思考。他因此提出，无意识幻想中俄狄浦斯伴侣的性质，不仅影响思维的潜能，而且会影响思维的质量。结合客体（combined object）这一在克莱因学派中较为晦涩的概念，也通过临床实例得到了阐明，并区分出面对两种不同类型的结合父母时，其痛苦会引发的不同问题。这两种父母中

---

* 本书中文版已由中国轻工业出版社引进出版。——译者注

的一种是，具有创造力的父母伴侣，这样的结合能够让他们彼此在一起，也能够彼此分开；而另一种截然不同的情况是，这对伴侣的结合被体验成胶合在一起的、滴水不入的，这意味着彻底拒绝去觉察被排斥的他人。费尔德曼还提出这样一个事实，心灵投射父母模式是双向的，儿童会将内在父母投射给父母，父母也会将自己内在的父母意象投射给孩子。

奥肖尼西（O'Shaughnessy，1989）的论文探讨了"隐形的"俄狄浦斯情结，也就是说，在临床情境中似乎不存在三角结构的情况。她认为这种隐形遮蔽了一种绝对无法忍受的局面——当被排斥的感觉和被"排挤出去"的感觉占据了主导，这种无法处理的体验就会导致隐形。儿童由于被称为客体破碎（fracturing of objects，一种特殊的极早期分裂的形式）的状态，以及在面对一对夫妇时，没有好的内在客体可以求助，而无法忍受落单和分离。

在此引用这几篇论文，不仅因为它们很好地说明了，在克莱因1945年发表的论文之后，理论和临床实践的持续发展，而且因为它们在帮助理解本文所表述的概念整合上做出了极大的贡献。

第六章

分裂、偏执－分裂位及投射性认同的概念

1946年，克莱因重新思索人类心智发展的最初阶段，她曾在早期论文中写到的许多幼儿分析案例上研究过这一主题。她顺利地将某种类群的焦虑和防御命名为抑郁位，并理解到这发生在出生后的半年至一年里，也就是情绪上更为整合的阶段之后，这更刺激她去重新理论化这一阶段之前的、更早期的婴儿心智历程。她现在将生命开始时更偏执和分裂的焦虑聚集在一个关于偏执－分裂状态的统一概念中。这个概念将人类心灵现象描绘得更加完整，并且如同抑郁位的理论阐明了躁狂－抑郁状态和强迫状态那样，它也能与成年人的严重精神疾病有力地联系在一起。她提出，精神障碍的根源在于婴儿早期的正常焦虑和防御，但如果发展停滞，则有可能变成严重疾病的起源。

克莱因关于早期自我发展的论述有几个特点，包括她认为婴儿经验的特色是缺乏凝聚，具有整合倾向［并与失整合（disintegration）倾向交替］。她同意温尼科特强调此种最初的状态是未整合状态（unintegration），她的同事埃丝特·比克（Esther Bick，1964，1968）之后提出，对婴儿而言，很重要的恐惧是会坠落得粉身碎骨的恐惧，她描述了为应对这种非常早期的焦虑而被动员起来的防御。克莱因的主要论点涉及自我在处理焦虑方面的功能，她把分裂、投射和内摄的过程描述如下：

> 我认为，我们有理由假定，我们从后期的自我所得知的某些功能，从生命一开始就已经存在了。其中较为显著的是处理焦虑的功能。我认为焦虑源于有机体内死本能的运作，感觉如同湮灭（死亡）的恐惧，以迫害恐惧为表现形式。对破坏性冲动的恐惧似乎可以立刻附着在客体上——或者说，它被体验为对不可控制、过于强大的客体的恐惧。原始

焦虑（primary anxiety）的其他重要来源是出生创伤（分离焦虑）以及身体需求受到的挫折；而这些经验从生命初期就被感觉成是客体造成的。即使这些客体被感觉为是外在的，但通过内摄，它们成为内在的迫害者，从而强化了对内在破坏性冲动的恐惧。

由于个体迫切需要处理这些焦虑，迫使早期的自我必须发展一套基本的机制和防御。一部分的破坏性冲动被投射到外界（死本能的转向），而且，我认为，它会附着在第一个外在客体，即母亲的乳房上……

……在挫折与焦虑的状态下，口腔施虐和食人欲望会增强，于是婴儿感觉他已经将乳头和乳房咬碎吃掉。因此，在小婴儿的无意识幻想中，除了将好乳房和坏乳房加以区分外，还有令他受挫的乳房（在口腔施虐中被袭击）被感觉成了碎片；那个满足他的乳房（在吸吮力比多的主导下被摄入）被感觉为完整的。它成为第一个内在的好客体，并且在自我中表现为一个焦点。它抵抗分裂和消散的过程，营造凝聚力与整合，而且有助于建立自我。然而，婴儿对于内在拥有一个完整的好乳房的感觉，可能会因挫折和焦虑而被动摇。结果，好乳房与坏乳房的分离可能难以维持，而且婴儿可能感觉到好乳房也变成了碎片……

……婴儿在无意识幻想中分裂了客体和自体，但这种幻想的效果非常真实，因为它导致了感情与关系（以及后来的思维过程）真的被切断隔绝……

……从生命一开始就有内摄和投射，并且被自我所使用，以便达成它的主要目标。正如弗洛伊德所描述的，投射源于死本能被转向外界，我认为通过将危险和坏东西排除，它有助于自我克服焦虑。自我也使用内摄好客体这种防御来对抗焦虑。

（《对某些类分裂机制的评论》，1946, pp. 4-6）

在这番说明中，克莱因将婴儿最早期的焦虑，即害怕因失去支持性的好客体而死亡的恐惧，与死本能的存在联系起来，死本能与生本能是并存的。关于死本能概念的意义和临床价值，精神分析一直争论至今，但对于克莱因

第六章　分裂、偏执－分裂位及投射性认同的概念

而言，将弗洛伊德的本能理论与她强调的早期客体关系相整合，是至关重要的。她希望声明，她所理解的早期投射过程，延续、拓展自弗洛伊德关于人类心灵的本能基础的观点。不过，她认为婴儿最初觉察到的客体——母亲的乳房——可以被死本能衍生的恐怖力量所投射，这个观点是新颖且独树一帜的。个体将可能危及自体生存的危险驱逐出去，与此并行的是，个体也会纳入母亲的照顾中所有美好、滋养的方面，这令婴儿感受到安全与平静。由于绝对依赖外在客体，因此分离焦虑也极为重要。克莱因此处提到的是出生时与母亲身体的分离，从栖居于内过渡到生活在外。本章稍后会讨论的投射性认同概念，也与内外差异、觉知到自体与客体的分离有密切关系，因为投射性认同概念描述的是一种无意识的幻想，这种幻想抹消了分离，把自体的某些方面投射进母亲体内。

当然，关注分离所引起的焦虑，也在依恋理论（Bowlby，1969，1973，1980）的发展中，以及在当代对不同种类的依恋（例如，Main，1995; Fonagy，2001）的广泛注意中，起到了重要作用。后者是指用正式的研究方法，跟踪精神分析对早期母婴关系的某些细微之处的理解（Fonagy and Target，2003; Mayes et al.，2007）。

婴儿迫切需要将威胁生存的事物投射出去，在这之后，婴儿就必须将包含恐怖事物的坏客体和他所依赖的好客体隔离开。克莱因在此阐明了她对分裂的早期防御的理解，即将好、坏彻底分开。她认为，为了维持客体的分裂，婴儿会理想化好客体（乳房），保护它不会被可怕的坏客体（乳房）迫害。克莱因继续呈现，这第一个客体的分裂也会涉及自我的分裂，并描述这个分裂的过程具有全能性质，她认为这是早期防御机制的核心，类似后来的发展阶段中压抑的角色。对心理功能运作中的全能方面的论述，强调了这样一个事实，即我们探索的是无意识幻想领域，自我还不成熟，不足以面对现实要求，因此需要这些无意识幻想；要面对现实要求，则需要觉察到自己需要依赖他人以及这种认识所衍生的焦虑感。在全能思维中，心智面对事物可以发明一套自己的版本。

带来挫折和迫害的客体与理想化的客体被远远地分开。坏客体不只是与好客体分离，它的存在也被否认了，就像引起挫折的整个情境与挫折引起的坏感觉（痛苦）都被否认了。这一过程与否认精神现实有密切关系。只有通过强烈的全能感，才有可能否认精神现实——这种全能感是早期心智的基本特征。全能地否认坏客体的存在以及让人痛苦的情境，在无意识中等同于被破坏性冲动所消灭。不过，被否定和消灭不只是情境或客体，在遭受这种命运的还有客体关系；因此，自我的一部分（对这一客体有了感觉的部分）也被否认和消灭了。

因此，在幻觉性满足中，发生着两个相互关联的过程：全能地变出理想客体和情境，以及同样全能地消灭坏的迫害客体和痛苦情境。这些过程都建立在客体与自我的分裂之上。

顺带一提，在这个早期阶段，分裂、否认和全能所扮演的角色，类似压抑在以后的自我发展中扮演的角色。

（p.7）

克莱因重申了她先前提过的观点，婴儿幻想中的口腔、尿道和肛门的袭击，表达的是婴儿想要努力占有他所渴望的母亲身上好的方面，以及通过将自身坏的方面排放到母亲体内，来消除自体的坏的方面。接着，克莱因开始定义投射性认同这个新概念。她一开始将其联系到婴儿的有敌意的投射，随后又补充，在投射爱的感觉时也有类似的过程。她的论点是，这些早期、实在的投射过程是正常婴儿阶段绝对必要且自然的方面，帮助我们理解婴儿的第一份客体关系，此后的所有发展都源于此。然而，如果这些投射"过度"了，则会危及心理健康。克莱因认为投射是投射进母亲的体内，凸显出无意识幻想具备的身体实在性。在这种背景下，她详细说明了婴儿如何根据自身的生理经验以及与身体运作有关的无意识幻想，去幻想母亲身体内部的景象。在描述完婴儿贪婪的口欲袭击之后，她继续写道：

第二种袭击源自肛门与尿道冲动，这种袭击意味着排出体内的危险

第六章 分裂、偏执－分裂位及投射性认同的概念

物质（粪便），并将它们放进母亲的体内。和这些有害的排泄物一起，在恨意中被排除的，是自我分裂掉的部分，这些部分也被投射到母亲身上，或者更应该说是投射进母亲体内。这些排泄物和自体坏的部分不仅用来伤害客体，也被用来控制和占据客体。只要母亲容纳了自体的这些坏的部分，她就不会被感知成一个独立的个体，而是被感知成那个坏的自体。

对自体某些部分的恨意现在大多被导向了母亲。这导致了一种特别的认同形式，这种形式的认同建立了"攻击性客体关系"的原型。我主张将这种过程定名为"投射性认同"。当投射主要来自婴儿想要伤害或控制母亲的冲动时，他便会感觉母亲是迫害者。在精神障碍中，这种将客体当作"被自体怨恨的部分"来认同，导致了患者对他人的强烈恨意。就自我而言，当自我过度分裂，并且将自身的碎片驱逐到外在世界，将会在相当程度上令自我弱化。因为在心智中，情感与人格中的攻击成分，和力量、潜能、强度、知识以及许多其他所渴求的品质紧密相关。

然而，不是只有自体坏的部分才被排除与投射，自体好的部分也是如此。此时，排泄物具有礼物的意义；自我中代表好的某些部分，也就是自体中具有爱的部分，与排泄物一起，被排出并投射到他人体内。这种投射为基础的认同方式，同样对客体关系有重大影响。将好的感觉和自体好的部分投射到母亲体内，对婴儿能否发展出好的客体关系并且整合其自我，具有根本的重要性。然而，如果过度地执行了这个投射过程，就会感到人格中好的部分都流失了，母亲因而变成自我理想（ego-ideal）；这样的过程也会导致自我的弱化和贫瘠。很快地，这样的过程会延伸到他人身上，结果可能是过度强烈地依赖这些人，因为他们已成为自己的好部分的外在代表。另一个结果是害怕丧失爱的能力，因为他所爱的客体，感觉上主要是被当作自体的代表来爱的。

因此，自体的某些部分分裂并且投射进客体的过程，对于正常发展与异常的客体关系都是非常重要的。

（pp. 8-9）

克莱因也对内摄历程做了几乎对照的说明，强调了相同的部分，也就是内摄了的好客体能够为成长中的自我提供核心，但过分依赖摄入外界的好，又会危及自我的生命活力。克莱因的理论揭示，自体与客体之间可能会出现复杂的混淆。在考虑到投射性认同的概念之后，混淆状态就变得比较容易理解了。

值得留意的是，克莱因也提出各种形式的涉及过度使用分裂和投射性认同的困扰（人格解体、类分裂失整合、过度退缩、偏执、幽闭恐惧、某些形式的发展失败），与正常发展形态形成对比。有趣的是，当代所强调的儿童发展的主要成就是"韧性"和"情绪调节"，其实早已呈现在克莱因关于心智正常演变的图景中。

> 在正常的发展中，婴儿体验到的失整合状态是暂时的。伴随其他因素，来自外在好客体的一次又一次的满足，帮助孩子度过类分裂的状态。婴儿克服暂时性类分裂状态的能力与其心智的强大弹性和韧性有关。如果自我无法克服分裂与随之而来的失整合状态，并且这种状态频繁而持久地发生，那么在我看来，这种状态应该被视为婴儿精神分裂症的迹象。我们在婴儿出生后的最初几个月中就可以观察到这种疾病的一些迹象了。成年患者的人格解体与精神分裂的解离状态，似乎是退行回婴儿的这种失整合状态。

（p. 10）

投射性认同涉及自体的分裂，也涉及失去部分的自体，而失去的部分则好像寄居在客体内部并成为客体的一部分，在认识到这些之后就会发现，从特质上讲客体关系是自恋的。这个理念不好掌握。这涉及，认识到某些与他人的关系，其本质上并非基于对差异和分离的认识，而是通过投射过程来塑造的，而这会阻碍对他者属性（otherness）的觉知。克莱因呈现了这种自恋形式的客体关系，不仅导致自体将客体感知成危险的来源，并试图通过控制行为加以处理，而且会将客体感知为，因为其容纳了攻击性而应当承受内疚感。你可以回想学步儿在自己被撞痛时会愤怒地责怪家具：这是桌子的错。成人身

第六章　分裂、偏执－分裂位及投射性认同的概念

上也可以看到类似的情况，在遇到故障时，会把气出在电脑或其他工具上。

同样值得一提的是，近代极其重视在母婴关系受到干扰时，及时开展早期干预，而克莱因对于婴儿早期发展的叙述早有先见之明。据她所述，风险在于，婴幼儿失整合的状态表明他没有调节情绪的能力，这可能会成为导致心智失能的关键特征。如果得不到帮助，这样的婴儿只能独自面对超过他心灵承受能力的巨大焦虑。这种情况可能源于婴儿本身的焦虑水平特别高（克莱因认为这有时具有先天体质基础），或者源于母亲无法给予宝宝有帮助的回应，又或者是两者的混合。如果我们考虑母婴在母亲怀孕期间和婴儿出生阶段的各种经验，以及在婴儿出生最初几个月母婴配对获得的支持程度会带来的关键影响，就不难与这些论点产生共鸣。不过，克莱因此处主要关注的是婴儿和母亲的焦虑如何交会，以及当婴儿自身的焦虑和敌意特别强烈时，会引发什么样的问题。

投射性认同可以主导并对关系产生广泛的影响。克莱因在进一步讨论分离焦虑时，说明了这一点：

> 把自体分裂的部分投射进另一个人，这根本性地影响了客体关系、情感生活和整体人格。为了说明这个论点，我选择两个相互关联的普遍现象作为例子：孤独感与对分开的恐惧。我们知道，与人分开时产生的抑郁感受，它的一个来源是，个体恐惧客体因遭受攻击性冲动而被破坏。不过更确切地说，应是构成这种恐惧基础的分裂与投射过程。在客体关系中，如果攻击性元素占主导，并且被分开的挫折强烈激活，个体便会感觉自体分裂的部分被投射到客体中，用一种攻击与破坏的方式控制了这个客体。与此同时，内在客体与外在客体一样，被感知为处于同样的破坏危险当中，自体的一部分也被感知成留在了外在客体里面。其结果是自我的过度弱化，感觉没有东西可以支撑自我，于是产生相应的孤独感。这个描述适用于神经症个体，但我认为在一定程度上，它也是一个普遍现象。

（pp. 13-14）

我们在此看到一个实例，它呈现出克莱因的一个观点，她认为，个体与生活中的他人的可被观察的关系，与其内在世界的结构始终紧密相连。当然，这也正是她坚信精神分析治疗能够带来改变的原因：如果分析能够影响内在客体关系的样貌，那么个体与他人关联的能力就能开放地变化与发展。

在文章的后半部分，克莱因思考了偏执–分裂位和抑郁位的相互关系。她如此概括了她的整体观点：

> 在出生后的6—12个月，婴儿在修通抑郁位的目标上取得了重要进展。然而，类分裂的机制仍然有效，虽然其形式有所修改，程度也较轻，而且早期焦虑情境也在这一修改过程中有了重复的体验。迫害状态和抑郁位的修通过程，会一直延伸到儿童期的最初几年，并在婴儿神经症中扮演重要角色。在这个过程中，焦虑的力道减弱了；客体变得不那么理想化，也不那么可怕，自我变得更加统一。所有这一切都与日益增加的现实知觉以及对现实的适应有着相互关联。
>
> 如果偏执–分裂位没有得到正常发展，并且出于内在或外在原因，婴儿无法应付抑郁型焦虑的影响，就会出现恶性循环。因为如果迫害恐惧以及相应的类分裂机制过于强大，自我就无法修通抑郁位。这迫使自我退行到偏执–分裂位，并再次增强了较早期的迫害恐惧和类分裂现象。因此，这为日后各种形式的精神分裂症埋下了基础；这是因为，发生这种退行的时候，不仅分裂位上的固着点被强化了，而且存在更严重的失整合的危险。另一种结果可能是增强了抑郁的特征……
>
> ……个体总是会在偏执–分裂位和抑郁位之间来回摆荡，这是正常发展的一部分。因此，这两个发展阶段之间没有截然区分的界限；此外，调整是一个循序渐进的过程，在一段时间里，这两个心位的现象在某种程度上是相互交织和相互影响的。

（pp. 15-16）

关于两种基础心智结构的理念，在之后的克莱因学派思想家眼中，都对

第六章 分裂、偏执－分裂位及投射性认同的概念

于理解个体在整合过程中的持续挣扎,以及心智如何回应新体验的挑战,极具解释力。比昂将此视为一种连续体,他认为,一般人在与世界产生关系时,会在更偏向于偏执－分裂位或抑郁位的状态中不断摇摆。有时候,克莱因会暗示,抑郁型焦虑可以取代早期婴儿时期的偏执－分裂型恐惧,这意味它们存在先后顺序,但是,她在此文以及其他地方提供的临床实例都充分表明,她在实际分析工作中碰到的是来来回回的摇摆。她写到一个患者,在她向患者说明了他对分析师传递出强烈的敌对态度之后,这个患者开始用一种沉闷的声音说话,表达出他感觉不到情感,而当他的焦虑源被理清之后,克莱因为他情绪上的再次大幅变化感到震惊。他从暂时失去情感的状态中恢复过来,谈到他感到难过,还感到饥饿。克莱因对这一序列的评论如下:

> 饥饿的感觉表明,在力比多的支配下,内摄过程被再次启动了。虽然当我第一次解释他害怕自己的攻击性会毁灭我时,他的反应是立即将自己人格的一部分暴力地分裂和湮灭,但是现在他更充分地体验到了悲伤、内疚和害怕丧失的情绪,以及这些抑郁型焦虑的一些缓解。焦虑情绪的缓解令分析师再次代表了他可以信任的好客体。因此,将我作为一个好客体进行内摄的欲望得以显现出来。如果他能够重建内在的好乳房,他就能强化并整合他的自我,而且较不害怕自己的破坏冲动;事实上,他可以因此而保存自己和分析师。
>
> (p. 20,脚注1)

> 我已经一再发现,对导致分裂的特定原因进行解释,会带来综合进展。这些解释必须仔细处理当时的移情情境,当然包括与过去的联系,并且必须包括导致自我退行至类分裂机制的焦虑情境的细节。依照这些路线的解释所产生的综合结果,会伴随着各种各样的抑郁和焦虑。渐渐地,这种阵发性的抑郁——随后有更大的整合——使得类分裂现象减少,以及客体关系发生根本性变化。
>
> (p. 21)

这令她反思类分裂患者相当成问题的明显缺乏焦虑和情绪的特征。她认为这种心智状态的根源，其实恰好是极为强烈的焦虑：

> 类分裂的患者只是表面上缺乏焦虑。因为类分裂的机制意味着将情绪分散，其中也包括焦虑情绪，但这些被分散的元素仍然存在于患者体内。这类患者具有特定形式的潜在焦虑；通过分散这种特定方法，焦虑维持着潜伏状态。患者感觉到失整合、无法体验情绪、丧失了客体，实际上这些等同于焦虑。当有了综合的进展时，这一点会变得更清楚。患者体验到极大的缓解，这源于他体验到内在和外在世界不仅更能结合在一起，而且重新恢复了生机。回过头来看，在这些缺乏情绪、关系变得模糊而不确定，并且感到失去了人格的某些部分的时刻，一切似乎都已经死亡。

（p. 21）

克莱因总是把焦虑放在其心智发展理论的中心，是生存焦虑推动婴儿进入了第一段重要关系。至此，她已经相当清楚地阐明，主要焦虑及被动员起来保护自体的防御，其形式和性质形成了偏执－分裂位和抑郁位的核心。与自我和他人关系的形式，以及情绪的类群都清晰可辨，这确实让这些概念在临床精神分析上富有成效，也让精神分析理念超出咨询室，有了更广泛的应用。

克莱因在论文《论认同》（On identification, 1955）中，进一步补充了投射性认同，并将之与个体在生死本能之间的挣扎联系起来。这更加丰富了这一概念的临床意义。她先回顾了之前阐述的投射过程，即在无意识幻想中，不仅将自体破坏性的和坏的部分分裂出去，也会分裂出去好的和爱的部分，并重申这些投射出去的部分，通常会在发展过程中重新整合回来。而她现在思考的是，一旦内化了与原初客体的良好关系，个体与世界的关系会发生什么变化？克莱因认为，在好的内在客体的支持保护下，"意味着有生机、爱与被爱的整合"逐渐增长，反之，由分裂导致的混乱和失整合则表明内在好客

第六章 分裂、偏执－分裂位及投射性认同的概念

体的缺席。她写道：

> 我认为一个稳固建立起来的好客体，意味着对该客体有稳固建立起来的爱意，从而给自我一种丰饶充盈的感觉，允许力比多往外流出，并且将自体好的部分投射到外在世界，而不会有枯竭的感觉。自我也能够感觉到，它可以重新内摄之前给出去的爱，并且摄入其他资源的好品质，于是自我因为这一完整过程而更丰富了。换句话说，在这种情况下，在给出与摄入、投射和内摄之间存在一种平衡。
>
> 此外……感到自己容纳着未受伤害的乳头和乳房（虽然并存着乳房被吞噬、变成碎片的无意识幻想），会带来如下影响，分裂与投射主要不是与人格的碎裂部分有联系，而是与自体更凝聚的部分有联系。这意味着自我没有暴露在因为分散而导致的致命弱化之下，并因此更能够反复地抵消分裂的效果，并且在其与客体的关系上实现整合与综合。
>
> 相反，掺杂着恨意而被摄入，因而被感觉成具有破坏性的乳房，成为所有坏的内在客体的原型，驱使自我进一步分裂，并成为其内在死本能的代表。
>
> （《论认同》，1955，pp. 144-145）

克莱因在探讨朱利安·格林（Julian Green）1950年的小说《如果我是你》（*If I Were You*）的段落中呈现了，小说中的英雄如何大量地、实在地将部分的自己投射出去，损耗了自己的生命力与对自己的认识，且严重干扰了他与他人相处的能力。她指出，在小说的结尾里，英雄最终安详地死去，这描绘的是重新整合的过程。在这之前，主角一生都无法原谅父母客体的过错，不断寻觅与好客体重新接触，但痛苦未果。然而，要实现这样的重新整合，靠的只能是去面对根本的早期焦虑，而不是逃避。

投射性认同的概念，同样被证实在临床和理论方面具备继续发展的潜力。例如，比昂的思考理论（Bion，1962a）详细阐述了克莱因在论述投射性认同时，所隐含的两种不同的意义：其一是它的正向用途，强调其在母婴前语言

沟通中的功能，以及它乃是婴儿必须依赖的方面；另一个是在某些情况下，它被用于摆脱自身不想要的情绪，并用敌意手段控制客体。投射性认同的沟通潜能，让人们可以更加完整地关注到投射接收方所受到的影响。宝宝的母亲，或是患者的分析师，他们是否在心灵中创造了空间，用以对这些投射进行注记、思考和再赋予意义呢？如果人们需要投射出焦虑，却没有任何会回应的心灵可供投射，那么，就无法将无形的巨大焦虑（比昂术语中的"无名恐惧"）转化为有意义的、能诉诸言语的事物。

对最初客体关系的拓展图像也修正了反移情的理念。总体而言，克莱因对分析师的反移情反应持怀疑态度，认为它们可能证明了分析师自身存在问题，与对患者的理解无关。海曼对反移情现象的重新思考（Haimann，1950），也包括了患者通过投射性认同进行沟通，而分析师对此予以无意识响应，并且（透过认同）被体验成分析师自己心智的一部分。这种看法也是投射性认同成为临床实践中可被识别的现象之后所带来的另一种发展。前述的克莱因引文中，提到了她认为极为重要的"此时此刻"临床技术，这些在比昂、海曼和许多其他作者所描述的更多层次的理解中，得到了更充分的研究。

最初，投射性认同是个十分令人费解的概念，后来却催生出庞大的文献讨论，也证实它超越了精神分析中许多激烈的理论冲突。克莱因的许多理念常常招致拒绝，但这个概念却例外地畅行无阻，成为许多当代精神分析理论的核心。最近编撰的《投射性认同：一个概念的命运》（*Projective Identification: The Fate of a Concept*，Spillius and O'Shaughnessy，2012），呈现了在不同的精神分析背景下，这个概念在理论和临床上的丰富发展景象。在编者导读中，斯皮利厄斯（Spillius）利用维尔康姆信托（Wellcome Trust）的克莱因档案库中未发表的材料，阐述了克莱因本人对于投射性认同的观点，展示出她一直根据自己的分析实践探索着这个概念。这份文档资料凸显出克莱因的理论贡献具备深厚的临床基础。在斯皮利厄斯执笔的章节中引用的临床案例，可以补充我们在此提出的观点，并让我们有机会了解克莱因思考事情的方式。

这本书探讨了投射性认同概念的"命运"——在过去70多年来，它一直用于精神分析思考,这期间都发生了什么。不论投射性认同概念在初见时显得多么混淆复杂,它的繁衍力都十分惊人,而且看到这个理念激发了诸多分析师极具创意的独立思考,就是一大乐事。我们几乎可以说,当越来越了解"认同"的潜在局性限(倾向于附和权威而不是提出新东西),也就开启了朝新方向探索的自由。因此,克莱因不仅是许多精神分析思想和实践的创始人,也是后代杰出思想家的灵感来源。当好的理念遇上开放的精神,它的命运确实就是为更多好的理念提供了空间。因此,在能思考的社群中,求知本能(epistemophilic instinct)可以展现出来。

第七章

《儿童分析的故事》之独到价值

在《儿童分析的故事》(*The Narrative of a Child Analysis*, 1961)中,我们可以读到克莱因与儿童患者工作的众多方面,也可以领略到她的临床观察与理论发展之间的关联是多么复杂深奥。如何解读克莱因分析技术的基本原理可谓众说纷纭,这本书同样明确回答了人们产生分歧的原因。大众普遍认为,克莱因不关心儿童生活的外部现实,过度关注破坏攻击,做诠释的方式粗暴直接,只重视移情关系。此书有效地驳斥了这些观点。不过,克莱因在书中描述了受困扰儿童的内心动力,也略带残酷地分析、探索了焦虑的源头。因此,我们不难理解为何有许多读者难以接受。儿童早期的强烈情绪特别骇人,尤其对于那些不常接触它们的人而言。每个人都曾是孩子,但是,能够轻松接触自己早年情绪生活的人却寥寥无几。实际上,为人父母后,我们必然要与这些确实存在的情绪再次相遇。而且,我们在自己的人生中也可能经历某些困扰,它们会与我们的孩童时期交相呼应。尽管与克莱因写作的时期相比,21世纪人们养育孩子的方式以及对孩童心智能力的了解都已迥然不同,但是许多人依然拒绝承认儿童有着强烈的焦虑。

这本书在精神分析业内的阅读率不算高。不过,克莱因在书中详细描述了分析过程中的几乎所有会谈。而且,在呈现会谈材料后,她又以批注的形式对材料进行了后续反思,得出了新的思路。这在当代要求实证的潮流下十分可贵。书中共涵盖了93次会谈,复印了个案的许多画作。几乎所有的会谈都做了详细记录,即使克莱因认为某些记录相对简略或不太完整,它们依然呈现了会谈的大量内容。克莱因在前言中讨论了记录的准确程度,她承认自己可能会在事件发生的顺序和当时确切的用词上犯错,但她反对在会谈中做笔记或录音,因为这些做法都会损害分析框架。她总结道:

> 因为上述种种原因，我确信，如果在每节会谈后尽快记录，就能最好地逐日描绘分析中发生的事情，从而体现分析的整个过程。因此，我相信……在这本书中，我真实展示了我使用的技术和临床材料。
>
> （pp. 11-12[1]）

这段四个月长的分析发生在非常特殊的背景下。1941 年，第二次世界大战方起，克莱因移居到苏格兰的皮特洛赫里。她的患者是位 10 岁的男孩理查德。理查德非常神经质，十分害怕其他孩子，甚至因此无法上学。战争爆发加剧了他的焦虑。他疑病般地担忧自己和母亲的健康，常常郁郁寡欢。他是家中的第二个男孩。他的哥哥则与他完全相反，生活得轻松自在。理查德一直是个敏感脆弱的孩子。克莱因见到他时，他有着明显的甚至偏执的焦虑，以及严重的抑制，但言语表达和艺术才能却超越同龄人。他最喜欢与成年女性相处，这无疑在一定程度上让他从一开始就对克莱因怀抱希望，相信克莱因可以帮助他。工作日，理查德和母亲住在克莱因住所附近的旅馆内，周末便返回他们一家的战时住所，远离伦敦。克莱因租赁了一处房间，用作游戏室，不过要与当地的女童子军共用。因此，房间里有很多女童子军的活动痕迹，例如书本、图片、地图。那里也没有等待室，因此理查德有时会在前来治疗的路上遇见 K 太太（指克莱因），会谈结束后看着她锁门，与她一起走回村里。这些都让分析设置变得不同，克莱因也一定有些难以适应，但是，这也证明了她有着灵活的心智，能够根据环境调整技术。彼时，克莱因撤离伦敦，放下了那里的临床工作，这无疑让她有了充足的时间，得以详尽记录与理查德的会谈。

患者和分析师都一直忧虑着战况。理查德非常了解英军的命运和伦敦的空袭，也为此忧心忡忡。他们都不知道自己要在皮特洛赫里待多久，也不知

---

[1] 最近，在塔维斯托克诊所主持的青少年抑郁研究（Trowell，2007，2011）和 IMPACT 研究（Goodyer et al.，2011）中，与青少年一起工作的精神分析临床研究者决定，同时使用传统的过程记录和录音来记载治疗会谈。研究发现，录音对临床进程的干扰和破坏并没有先前预期的那样严重。

第七章 《儿童分析的故事》之独到价值

道重归故土时伦敦会变成什么样。对于克莱因来说，暂时失去家园和建立好的一切一定激发了她过去辗转流离的复杂记忆。至于理查德，战争这样的外部事件使他在分析中呈现的内部冲突变得真实恐怖。这些深刻的经历，理查德超乎寻常又生动的沟通能力，以及他在分析中的热忱投入，必定是克莱因决定在生命最后数月耗费大量时间将此书付梓的重要原因。这本最后的遗作记载了克莱因于1941年所做的工作，以及她在1958—1960年的反思，其中许多地方都呼应了其理论发展晚期的观点。因此，该书在其一生的著作中占据着特殊地位。

不论是时代背景还是著作本身，这本书都是独特而空前的。它如此细致地描述了临床材料，势必会在一定程度上让该书的内容带有特异性——直接指向特定的时间和地点，某位分析师与某位患者之间开展的工作。这意味着，除了分析师在理论和技术上的重大发现，读者还能够在书中接触到分析中正在进行的对话，患者和治疗师各自的声音，并且被激起的对治疗双方的强烈认同。成人在读这本书时，常常会被触动，渴望自己在孩提时也能得到分析。这是因为，读者们欣赏克莱因对理查德全心投入的、富于想象的理解，也赞叹在克莱因的引导下，理查德的心灵和整个人都获得了成长。理查德能够轻松触及分析过程中所必需的心理材料，这同样令人印象深刻。相反，成年人在分析中会面对层层复杂的、失功能的防御，而且只能痛苦地意识到人生中已然遭受的损害。

克莱因把自己后来的反思作为会谈备注添加到了书中，这些内容以另一种笔触向我们介绍了她的思想——在备注中，克莱因就像是另一位理论家，观察着自己思想的发展历程；同时，作为一名分析师，她也能辨析自己当年每时每刻的见识和理解存在着怎样的长处和局限。

这本书的独特之处不仅在于它提供了完整的临床记录，还在于从其他方面看，它也是独一无二的。无人能够想象弗洛伊德对小汉斯的间接分析可以重现一次，同样的，要复制这场在兵荒马乱时期进行的、每周五次、持续数月的儿童分析也是不可能的。不过，这本书中的某些独到之处却能够启发当代在类似环境下开展的分析工作。我们可以在书中看到这样一个孩子：他时常与家庭分离，身处在全人类为存亡焦心之际，因战争的凝重气氛而觉察到死亡迫近。在治疗期间，理查德还需要应对父亲的重病。克莱因把这大千世界、家国际遇的意义与它们给理查德带来的内心波澜（也就是对他来说的个人意义）联系到了一起。这绝佳地彰显了她的观点：人类心灵不断活跃地投射、内摄，这带来了内心世界的持续发展，因此，内心世界总是与自身之外的世界保持着动态关系。

《儿童分析的故事》让我们有机会回顾克莱因曾使用的技术，以及她的思想随时间的发展历程——不管是她与理查德一起进行分析工作的短短几个月，还是晚年回顾材料付梓的那段更漫长的岁月。

内容节选的介绍

为了方便读者理解我们的讨论，在这里我将概述一下书中的分析过程，展现克莱因的几处会谈记录和她后续的反思。

克莱因一开始的目标是建立分析情境。为了达到这个目标，她关注着理查德的焦虑，把这种焦虑看成需要去探索、理解而非消除的东西。她带领理查德走进他那充满着具象化无意识幻想的内心世界。彼时，克莱因正在心中酝酿着心理位置理论。她认为，心理位置是一系列焦虑和防御的集合，它决定了个体对待客体的核心态度。在《儿童分析的故事》中，她写道"克服抑郁位"，意思是容忍抑郁型焦虑。克莱因也强调"苦思渴求"这种体验，这是分离时产生的痛苦焦虑，个体因为在无意识中攻击了客体，从而担心客体的状态。苦思渴求包含了罪疚、悔恨和孤独的感受。克莱因对孤独感的兴趣也是深刻而持久的。

克莱因认为，游戏室象征着母亲的身体。在她的理解中，理查德的好奇心是具有侵入性的（想要控制客体），但同时也关乎他对了解事实真相的渴望（求知本能）。他非常难以承受强烈的抑郁型焦虑——在分析过程中，他最先担心的是母亲的病情，这种焦虑又因父亲的重病而变得更加严峻，也使他渴望寻求帮助。他通过画画，让克莱因知道自己心中发生着什么，而战争这种象征意象也使他能够呈现出那些困扰着他和禁锢着他的内心冲突。克莱因还给理查德准备了一些小玩具,好让他能借此进一步沟通。理查德使用了这些玩具,甚至经常带来自己的舰队,扩展游戏的范围。

克莱因从一开始就处理俄狄浦斯议题,而且直截了当地谈论理查德对父母、哥哥和克莱因的好奇、嫉妒和嫉羡。渐渐地,理查德更深层的、更受困扰的疑病和偏执感受能够获得分析了。分析工作使他内心的迫害感获得了缓解,而且,伴随着抑郁型焦虑,他真诚的修复愿望也更多地浮现出来。

或许因为这段分析有时间限制,后期许多会谈的节奏都非常快。克莱因给理查德诠释了大量复杂的材料。有时,我们会看到,理查德的洞察力明显增长了,也更能容忍自己的本性和现实。他越来越能够理解,比如,他自身的敌意投射进客体和他的贪婪所造成的破坏性后果。虽然这段分析短暂又快速,但很明显,理查德确实得到了某些修通,而且,他也从克莱因身上内化了探寻和理解的能力。

内容节选

克莱因强调儿童分析中言语化的重要性

其他时候也是这样,虽然我并不总直接做针对性的工作,但因为理查德对幻想的压抑减弱了,所以他能够获得明显的放松,也更能通过象征化的方式表达幻想。平常玩游戏的时候,孩子一般意识不到自己乱伦和攻击的幻想与冲动,然而,仅仅通过象征性地表达它们,他就能感受到解脱。这就是游戏对孩子的发展为何如此重要的原因之一。在分析中,我们应当致力于接触被深度压抑的幻想和渴望,帮助孩子意识到它们。不过,重要的是,不论幻想是被深深压抑着的,还是接近意识层面的,治疗师都应当能够向孩子说明他的这些幻想的意义,把它们转化成言语。我的经验告诉我,这么做能很好地满足孩子的无意识需求。有些人觉得,如果把孩子的无意识乱伦和攻击渴望以及他心中的指责转换为具体的言语，便会伤害孩子或者孩子与父母之间的关系，我对此不敢苟同。

（第8次会谈，p.47）

理查德象征性表达和即刻移情的能力

理查德早到了几分钟，在门口等K太太。他看起来迫不及待地想开始会谈。他说他想起来自己也经常担心别的事情，而且补充说这件事与他昨天谈过的事情完全不同，差了十万八千里。他害怕太阳和地球可能会相撞，太阳会烧光地球。木星和其他行星当然也会毁灭。但是，地球是唯一有人生活的行星，它是如此的重要和宝贵……他再次看向地图，叹息希特勒对世界所做的一切是多么可怕，他带来了如此多的不幸。他觉得希特勒大概正在房间里幸灾乐祸，为别人的苦难而自豪，还喜欢看别人被鞭笞……他指着地图上的瑞士说，瑞士是一个小小的中立国家，完全被庞大的德国"裹挟"着。还有个小国叫葡萄牙，是我们的朋友。（他顺便提道，自己每天会读三份报纸，听收音机里的所有新闻。）勇敢的小国瑞士，不管是德国的还是英国的飞机，只要它们飞进她的领土，她就会勇敢地把它们射下来。

K太太诠释道，"宝贵的地球"是妈妈，上面生活的人类是她的孩子，理查德希望他们成为自己的盟友。因此，他才提到了葡萄牙这个小国和其他行星。太阳和地球相撞指的是父母之间发生的事。"差了十万八千里"实际上近在咫尺，就在父母的卧室里。被毁灭的行星代表他自己（木星）和母亲的其他孩子。如果他们妨碍到父母，就会被摧毁。

（第2次会谈，pp.23-24）

理查德的第一幅画：分析式对话的本质

K太太带来了铅笔、蜡笔和一本簿子，把它们放在桌上。理查德迫不及待地询问它们是干什么用的，他能不能用来写字或画画。K太太说，你可以想怎么用就怎么用。

理查德还没开始画第一幅画，就反复问K太太会不会介意他画画。

K太太诠释道，他似乎害怕画画会伤害她。理查德画完了第一幅画，又重复了先前的问题，然后突然意识到他在下一层纸上画出了印子。K太太诠释说，他担心笔画出的印子，因为他担心自己画画是在做什么破坏性的事情，实际上他画的确实是与战争有关的东西。理查德画完头两幅画，停了下来。K太太问他，这两幅画是关于什么的。理查德回答道，有一场攻击行动正在进行，但他不知道谁会先攻击，是鲑鱼号还是U型船。他指着U102号说那个10是他的年龄，而U16号是约翰·威尔森的年龄（约翰·威尔森是当地的一个男孩，年纪比理查德大，也是克莱因的患者，有时候理查德会提到他）。当理查德意识到这些数字的无意识意义时，他十分惊讶。而且，当他发现画画可以表达无意识想法时，也对此产生了浓厚的兴趣。

K太太指出，这些数字也意味着，德国U型船代表了他和约翰，对英国带有敌意和威胁。理查德大吃一惊，他因为这个诠释而困扰不安。但是，沉默片刻后，他认为K太太的解释确实是对的。他说，尽管如此，他肯定并不想攻打英国，因为他非常"爱国"。

K太太诠释说，英国代表了他的家庭，他已经意识到自己不仅爱他们，想要保护他们，也想要攻击他们（自我的分裂）。从画中可以看出，他与约翰结盟，约翰有一部分代表了他哥哥。但是，由于约翰也在接受K太太的分析，因此，每当理查德对K太太产生敌意，就像他对家人那样时，约翰就成了他的盟友，与他一起对抗她。

（第12次会谈，pp. 56-57）

沟通的模式：玩耍与画画交替进行

理查德把小玩偶分成了很多组：两个男人放在一起，第一节车厢里有一头牛和一匹马，第二节车厢里有一只羊。然后，他把小屋子排成"村庄和车站"，让火车绕着村庄跑，驶进车站。但是，他预留的空间太小，火车撞翻了屋子，他又把屋子立起来。他把另一辆火车（他称之为"电力"火车）推过来，结果又是一次碰撞。他变得非常沮丧，用"电力"火车撞翻了所有东西。玩具被撞成一堆，他说这是"一团糟""一场灾难"。最后，只有"电力"火车还屹立不倒。

K太太诠释了前面的一些材料，认为它们体现了孩子与父母之间的性竞争，然后，她写道：

> 最终，这一切都以"灾难"收场。K太太也诠释了他的恐惧，他害怕这场分析可能最终成为一场灾难，而这会是他的错，就像他觉得自己伤害了妈妈一样。K太太也说起了那只不得不被毁灭的、被安乐死的狗，说起他曾提到奶奶的死……
>
> ……理查德对K太太的诠释赞叹不已。他十分惊讶自己的想法和感受可以在游戏中显现出来。
>
> K太太诠释说，理查德意识到他的游戏可以表达感受，也意味着是K太太让他清楚地了解了自己内心的一切。这向他证明这场分析和K太太是好的、有帮助的。她现在代表了好妈妈，即使在他认为自己要负责的"灾难"发生后，她依然能够帮助他。
>
> 理查德问K太太，最后发生的事是不是意味着他自己就是那个"电力"火车，是不是表示他是所有人里面最强大的。K太太提醒道，当他在第二幅画中用大U型船代表了自己时，他是家中最大、最强壮的人。
>
> 理查德停顿了一下，然后把玩具推到一边，说自己"玩腻了"。他开始非常细致地、兴致勃勃地画画（第六幅图）。他说这里有很多小宝宝、海星，他们"怒火中烧"，而且十分饥饿。他们想要接近那株海草（海草还没画），所以就把章鱼拖走了。接着，理查德决定要给纳尔逊号画上舷窗。

（第14次会谈，pp. 65-66）

内化好客体

理查德在前往游戏室的路上遇到了K太太。他很高兴K太太有房屋的钥匙。昨天发生的小事故（游戏室无法使用）让他觉得游戏室似乎再

第七章 《儿童分析的故事》之独到价值

也不能用了。他带着感情说:"亲爱的老房间,我非常喜欢它,很高兴能再见到它。"他问 K 太太他们这样见面多久了。

K 太太回答说三个星期半。理查德十分惊讶,他说他感觉要久得多,似乎已经有很长一段时间。他心满意足地坐下来,玩着船舰,说自己很开心。

K 太太诠释说,他害怕失去"老房间",这代表他害怕 K 太太会死去,因而失去她。她提起第 9 次会谈,她和理查德必须一起去拿钥匙,然后理查德告诉她他梦见了一辆被遗弃的黑色轿车,而且一边讲一边将电暖炉打开又关掉。当时 K 太太指出,这意味着他害怕 K 太太和妈妈死去。现在,他说自己害怕失去老房间,这也表达了他对奶奶去世的哀伤。重新走进这间房子对他来说意味着 K 太太还会活着,而奶奶也复活了。

理查德放下手上的船舰,径直看向 K 太太,轻声又坚定地说道:"有件事我是知道的,你会是我一生的朋友。"他还说,K 太太是如此友善,他十分喜欢她。虽然她对他做的事有时让他很不舒服,但他知道她这么做是为了他好。他说不出原因,但他就是有这种感觉。

K 太太诠释道,她刚刚向他解释,他害怕她的死亡,也为他的奶奶感到哀伤。这种解释让他觉得奶奶还活在他的心里,是他一辈子的朋友,而且,K 太太也会以这种方式一直存活着,因为他可以把她放在心里了。

(第 21 次会谈,pp. 93-94)

克莱因在关联婴儿期早年焦虑时使用的技术

K 太太诠释时,理查德把灯打开了,他说看到房间亮了,自己非常开心。他表示房间现在看起来是多么美好,之前太恐怖了。接着,他又再次把灯关上,然后说他以前在晚上感到非常害怕。保姆必须坐在床边陪他,直到他睡着。他也常常半夜惊醒,大喊大叫,直到所有人都来到自己身边。这是四五年前的事了,他补充道,现在不这样了。但他说这些话的语气一点也不令人信服。

K 太太诠释了理查德打开灯后的放松感——他曾反复体验到的恐惧

减轻了,因为 K 太太在陪着他,也因为他可以想开灯就开灯,而且,他还可以跟她谈论他的所有恐惧。K 太太因此代表了最好的保姆或妈妈,他希望晚上自己一个人的时候她们可以陪在他身边。不过,这些恐惧不完全是过去的事,它们现在还经常出现。在他的游戏和言语中,它们都有所表现。

理查德提到,今天他的妈妈比昨天好些了。K 太太诠释道,昨天会谈中的很多材料都在谈论他害怕被下毒或者自己有毒,所以,他觉得妈妈嗓子疼代表妈妈也被下毒了。理查德同意这或许是他的感受,但他立刻加上了一句话:"不过是贝西下的毒。"(贝西是理查德和母亲居住的旅馆的厨娘。)

K 太太提醒理查德,他说过自己在照顾妈妈,却没有说是怎么照顾的。理查德欲言又止,最后说他帮妈妈从药店买了点东西,是一种用鼻子闻的东西。他又接着说,可能是什么有毒的东西。K 太太问是不是装在瓶子里的。理查德说是的。K 太太诠释道,当他生气或者嫉妒时,他会觉得自己是有毒的。虽然他很想帮助妈妈,但他觉得自己无能为力。于是,他从药店买来的瓶子在他心中变成了毒药。

(第 28 次会谈, p. 133)

克莱因的批注 II

分析师唤醒了理查德早年的夜晚焦虑……他记起自己还小的时候,保姆会坐在床边直到他睡着。这件事他没有忘记,但直到现在才提起。有意思的是,这次会谈的分析激活了他早年的焦虑、渴望和冲动,而这段记忆就在那次会谈中重现了。这也让我想到分析中出现新记忆的问题。在我看来,新记忆的价值就在于让咨询师能够深入探索最初构建这些记忆时患者的体验和情绪。如果没有做到这一点,分析中出现的记忆就失去了它的重要性。对心灵深处的探索会带来早年内外情境的生动重现,我称之为"感受式记忆"。

(第 28 次会谈, pp. 135-136)

第七章 《儿童分析的故事》之独到价值

理查德的成长

理查德心事重重但态度友善。他给 K 太太看他的新帽子，问她喜不喜欢。他之前曾提到他的旧帽子太小了，而且帽舌也破了。他问 K 太太他的"混搭"怎么样——夹克、灰色短裤和领带。他的妈妈觉得不好看。K 太太诠释道，帽舌破了代表他的生殖器受损了。他希望生殖器变好、长大，但他不知道长大了的阴茎与他身体的其他部分，与他这个人，能否协调。这就是他所说的"混搭"。他希望代表了好妈妈的 K 太太可以给他成长的信心，也就是说，允许他长大成人，拥有性欲，而他觉得他自己的妈妈不相信他可以做到。

理查德回复道，他刚刚跟 K 太太说话时，就想到她会这样解释。K 太太问他觉得这个解释正确吗？理查德肯定地回答："噢，是对的。"然后他有点尴尬又下定决心地说，昨天晚上，他的生殖器变得特别红，让他感到十分困扰。

K 太太问他是不是做了什么让它变红了。理查德回复说他抓了它，但平常有些时候，它自己就变红了。K 太太诠释说，之前他画过一幅画，在那幅帝国图画里，红色代表的是他自己。她说道，红色也代表了他受伤了的、破了的生殖器，是他自慰弄坏的。他不仅为此困扰，而且十分担忧。她问理查德，当他摸或抓他的生殖器时，他想到了什么？理查德没有回答，但也没有否认他自慰了。

（第 36 次会谈，pp. 171-172）

理查德运用画画

然后，理查德画了第 35 幅画。他先画了一艘船。这艘船原本该是潜水艇，但他划掉了英国国旗，它就变成了一艘 U 型船。他在船下涂鸦，说自己正在轰炸 U 型船，而船后面的那个小人影就是希特勒，自己也在轰炸他。在纸张下边缘也有一个"隐形"的希特勒被他轰炸着，就躲在那些涂鸦的后面。理查德指着说，这是他的脸、肚子和腿。他说自己画的时候还没有意识到这些涂鸦是希特勒，但现在他看出来了……K 太太诠释说，理查德又一次觉得他的涂鸦是在轰炸。她接着说道，理查德现在好像能更坦然地用他的粪便攻击了：这些进攻更直接、更明确地指向了坏的希特勒-父亲，这样他就能防止伤害到好的爸爸和妈妈。但是，那个"隐形"的希特勒也代表了他内在的坏希特勒。

理查德肯定地同意了这些诠释："确实是这样。"

（第 47 次会谈，p. 224）

理查德决定画一座小镇，接着就画了第 37 幅图。他说他也想好好"建造"这座小镇，但是他画得太差了。他提到小镇中应该有两条铁轨，这样就不会发生事故了。它们在图的左边汇合，就像"X"那里的火车站一样。然后，他画了一些房屋和一条马路，他把马路命名为阿尔伯特路。他说他挺喜欢阿尔伯特这个名字的，因为这让他想起阿尔弗雷德，他是保罗（理查德的哥哥）在部队里的年长朋友。他是个很不错的伙伴，既是保罗的朋友，也是理查德的朋友。在画面左上角他写下了"缓冲器（buffer）"这个词。他说一定要有缓冲器。此外，他还在画面右侧加了一个平交道口、一条弯道（对火车来说很危险）和一条旁轨。

K 太太指出，这幅画的意味跟第 36 幅画是类似的——他、爸爸和保罗同意平分、共享妈妈的爱。车站是妈妈，从车站延伸出来的两条铁轨代表平分、共享妈妈的爱。缓冲器是为了努力避免碰撞。货场与之前的护航队一样，会喂养他们所有人。对他来说，阿尔弗雷德代表了比保罗更好的哥哥，不会与他竞争。除这些外，那个弯道也意味着妈妈内部有危险的东西，主要是他、父亲和保罗互相争斗造成的。他想要很好地"建造"一座小镇，而且后悔自己画画不够好，这表明他渴望重建受伤的妈妈和给她小宝宝，他也想重塑自己的内在，让自己的内在变得更安全。

理查德画着刚刚说的画，专注而满足。他再次表示自己很开心。虽然他的感冒已经完全好了，但他还是反复吸着鼻子，说他现在没什么鼻涕了。

第七章 《儿童分析的故事》之独到价值

K太太诠释道，他仍然担忧自己体内的毒会造成危险。鼻涕代表了有毒的和被下毒的东西。他通过吸鼻子，来弄清楚毒是不是还在。

（第47次会谈，pp. 226-227）

朝向整合

理查德迟到了几分钟，但他似乎并不在意。他提到自己会坐大巴回家。这次会谈中大部分的内容都在谈论大巴。他的心情和昨天也很不同。一部分原因是他要回家了。他那周非常想家。此外，他还告诉K太太，他已经写信给妈妈让她另做安排，他觉得她会这么做的。然后他一直在说大巴可能会太挤。他还说他问过了，他知道他坐车时值班的会是那个漂亮的乘务小姐。每当大巴太拥挤的时候，她就会说："买半票的站起来"。另一个他喜欢的乘务小姐没那么漂亮，"当然也不丑"，她不会说"买半票的站起来"，不过她值班的是下一班车。很明显，虽然理查德担心自己可能要站着回家，但他也喜欢跟漂亮的乘务小姐坐在一辆车上，因为他反复说她非常漂亮，他喜欢看着她。K太太诠释说，虽然她并不完全像"好"妈妈一样是"浅蓝色"的，但他依然喜欢她。

理查德又重复道，她非常漂亮，然后愉快地说，不，她不是"浅蓝色"的，她是"深蓝色"的。她的制服实际上是深蓝色的。好可惜！她是个如此漂亮的女生，却不得不戴帽子、穿衬衫、打领带。他有次看到她穿着一般女生穿的衣服，她真的是漂亮极了。然后他补充道，K太太刚刚说她不完全是"浅蓝色"的，他知道K太太是什么意思。K太太是在说她不完全是好的，也不完全是坏的。他走开，去水龙头接了些水喝，然后坐在桌边。

K太太诠释道，他喜欢那个漂亮的乘务小姐，但又害怕大巴过于拥挤。这也意味着他既喜爱又怀疑K太太。最近，他觉得路上来来往往的人都要来找K太太，她也因此像大巴那样"太拥挤"了。

（第77次会谈，pp. 393-395）

克莱因的批注 I

漂亮的乘务小姐不得不穿制服，这让理查德感到惋惜。这说明，他希望他的母亲，现在是分析师，能够保持女性特质，也就是说，内在没有包含她的丈夫（爸爸）。男性制服代表了内部的男性客体。在他心中，只有乳房－妈妈才能让他感觉到母亲是她自己，没有混杂进父亲。他对女性生殖器感到恐惧和厌恶，是因为他觉得那里面有男性的生殖器。这些感受是阳痿和性功能障碍的重要成因。

（第 77 次会谈，pp. 398-399）

分析结束带来的威胁

理查德画了第 66 幅画……K 太太诠释说，理查德挣扎在对她的爱与恨之间。他努力让自己觉得她是好的。他在纸的上方画了代表 K 太太的小人，在旁边写着"可爱的 K 太太"。然而，他并不真的觉得她可爱，因此没有给她画胳膊和头发，也明显不想把她画得漂亮。她要离开他去见其他患者，见她的儿子和孙子了，他为此而恨她。

理查德坚持说，K 太太在图画上很可爱，因为她的肚子是爱心形的，而肚子中间的那个箭头代表着爱。（他脸红了，频繁地把手指放进嘴巴里。从他的表情可以看出，他的内心挣扎不已，他恨着又想要控制恨意，既感受到偏执型又感受到抑郁型焦虑。）他问 K 太太会不会因为离开而难过。她是不是要去陪她的儿子？她应该不会住在伦敦市中心吧，是吗？理查德突然意识到自己说了"心"这个字，他面露惊讶，指着图画说："但是，这就是那颗心啊。"

K 太太诠释道，她的心代表了被轰炸的伦敦，伤害它的不仅有爱（箭头），还有炸弹。理查德想爱 K 太太，但她要离开他了，他害怕自己可能变成希特勒，会去轰炸她。这让他更害怕 K 太太会死，他自己会孤独，也让他为她的离去而更加悲伤。

（第 80 次会谈，pp. 412-413）

第七章 《儿童分析的故事》之独到价值

这些材料可以引申出很多有趣的议题。首先，人们常批评分析技术不科学，认为诠释是无法证伪的，但是，这本书中有如此详尽的临床材料，足以让我们探讨这种争议。在第3次会谈中，克莱因诠释了理查德对父亲的贪婪、敌意和攻击，也解释说因此他才害怕动物园里的那只可恶的猴子爸爸，理查德随之感到了焦虑，并开始关心克莱因的钟（第1次会谈时，克莱因的手表停转了，她就把这个钟带进了游戏室）。他问克莱因那个钟在哪里？他评价说那是个不错的钟，自己喜欢看着它。

> K太太把钟从包里拿出来。她指出，理查德感到担心了，他之所以想看钟是因为他想离开。理查德说，不是这样，他不想走，但他想确保自己会按时离开，因为会谈结束后他要跟妈妈一起散步。而且，他喜欢这个钟的样子。K太太诠释说，他很焦急，想要看到妈妈还好好的，没有被他贪婪的攻击伤害到，还爱着他。
>
> （p.30）

K太太进一步把这个诠释联系到理查德对她的移情关系上。在后面的批注中，她讨论道，理查德分裂出他的敌意，以此保留他与母亲、与治疗师之间的好关系。她明确表明，自己欣赏理查德对她最初评论的更正。

两次会谈后，钟的主题再次出现，这次是在会谈的末尾。克莱因提到了理查德与父亲之间的俄狄浦斯竞争，他想要取代爸爸，跟妈妈在一起，取代K先生，跟K太太在一起。他想要成为他喜欢的那幅画中的"迷人的小知更鸟"，也就是说成为妈妈、K太太喜爱的宠物。理查德回应说自己曾经喂养过一只知更鸟，但后来它飞走了，没有再回来。随后，他看向时钟，想要知道会谈时间是不是到了。克莱因说他想要离开，不再回来，因为她说他想与她有性关系，他不喜欢她这么说。理查德拒绝了这个解释。不过，他同意他确实希望时间到了，可他并不想在会谈结束前离开。克莱因在批注中谈论道，这里混杂着他的阻抗和想要与她维持良好关系的愿望。

我们可以明显看到，克莱因在评论当时发生的事情时，注意到了一种微妙的平衡：她发现，理查德对她的态度混杂着恐惧与合作。于是，她进一步描述了他对父母的爱与敌意。如果我们从时间老人（Father Time）的角度去思考理查德为何关注克莱因的钟，这个分析或许还能进一步加深。在第三次咨询中，时钟肯定代表了他与好父亲之间的连接。不像那只可恶的、吓人的猴子，好父亲会支持、保护他与母亲之间的好关系。当理查德的内心焦虑在分析情境中暴露出来时，K太太带进会谈里的时钟也能帮他与外部现实保持连接。他因此能够身处由各种时间和空间界定的世界里，而不至于活在没有时间的无意识幻想世界中。在第5次会谈中，时钟代表好父亲的情况再次凸显出来。他谈到飞走的知更鸟，这可以理解为他想要逃离，也可以理解为他认识到了自己婴儿期俄狄浦斯欲望的不切实际，认识到自己依附在世界中的可靠结构上。时间和代际差异是令人沮丧的现实，我们可以全能式地想要忽视它们，但它们也确实是安全感的源泉，是对抗混乱的堡垒（Money-Kyrle，1968，1971）。

这段节选以实例证明克莱因细致记录了自己诠释后理查德是如何反应的，也向我们展示了克莱因所采用的方法如何创造出了空间，使他们能够进一步探索彼此之间互动的意义。在很多精神分析著作中，读者会觉得诠释工作的每个出发点都被囊括了，也会隐隐约约觉得分析师好像是全知全能的，但是，这本书细致、海量地描述了理查德的反应和克莱因的后续反思，也鼓励读者有自己的解读。因此，克莱因的书既向我们展现了她对待工作的科学态度，也给他人提供了研读、评价的材料。约瑟夫（Joseph，1989）所写的有关分析技术的论文就继承并发展了克莱因的这种思考风格——关注分析师诠释后患者的反应。

书中可以引申出的另一个议题是：克莱因如何在十分特殊的情况下灵活、周到地维持设置。

克莱因租用的游戏室可以通向一间小厨房和室外。理查德曾在各个时间段去过这些场所。克莱因会跟着他，比如，与他一起看着窗外来往的行人，理查德经常会讨论这些路人。当理查德难以操作某些事情时（例如扭开厨房里紧闭的水龙头），克莱因也不介意协助他。理查德带来其他玩具时，她会让他玩。当她忘了带什么东西时,她会道歉。理查德提出的许多问题,甚至问她在治疗期间重访伦敦的情况,她都会一一作答。人们通常认为克莱因学派的技术是刻板僵化的,但这本书中我们看不到这种情况。其实,克莱因每时每刻都在思考各种事件带来的影响,有时,她也会觉得自己做了错误的决定。

令人印象深刻的一处是,她答应把某次会谈改到周日。这次(第33次)会谈的记录十分精彩:理查德越来越能够接纳自己有攻击性,例如,他生动地描述了与其他男孩的各种争斗,其中既有真实的,也有想象出来的。而且,他表示自己很享受分析,喜欢这次特殊的周日会谈。克莱因诠释说,他想要独占妈妈,又担心爸爸不允许。她(p.161)写道:"理查德非常喜欢我的解释。"有意思的是,理查德让克莱因给他的画标上日期。这也许跟确定时间地点的重要性有关,也关乎着内在世界中父亲的角色。

此后不久,克莱因会见了他的母亲。理查德的母亲说他在那次会谈后有了巨大的改变:在家中,他有了许多的攻击性,但也更友善、更好相处了。在第33次会谈中,理查德自己也向克莱因讲述了他的变化:

> 他说,虽然这个星期天他没法回家,但他早上醒来的时候非常开心。他觉得分析工作确实给他带来了好处,也感到自己勇敢多了。
>
> (p.157)

克莱因写道,"他说这些话的时候语气相当肯定"。克莱因没有专门推测这次周日会谈对理查德来说意味着什么,但她对理查德善意的态度一定是造成他改变的部分原因。理查德之前生病了,有几次会谈没来,现在周末又没能回家,她一直在陪伴他,与他共同处理各种各样的失落。我们最能够明显看到的是克莱因慷慨地关心着理查德。甚至可以说,理查德之所以能够对自己友善,正是因为他内化了克莱因如此温和的形象。在第15次会谈后,克莱因做了如下反思:当小孩子们在玩建设性的游戏时,如果他们觉得自己能力欠缺,以至于阻碍了游戏中付出的努力,他们便可能对自己感到绝望和愤恨。她能够体会游戏中的混乱、"灾难"或僵局给孩子们带来的痛苦,这既让他们害怕自己的破坏性冲动，也让他们感到无助，觉得自己无法涵容这些力量，把事态变好。得益于在这些方面的共情力，克莱因能够敏锐地提供孩子们发展所必需的支持。她发现当上述情况发生时，理查德经常被"孤独、焦虑和罪疚"击垮。外在的混乱代表了他内心的惨状，他会更加一股脑儿地把这些混乱摧毁。克莱因在职业生涯早期与儿童患者一同工作时发现了早年超我，而她的工作目标就是缓解早年超我的残暴程度。

第三个有意思的议题是克莱因与理查德在同胞关系方面做的工作。最近，有些精神分析论著者强调同胞的作用，认为精神分析理论忽视了如此重要的一块，这本书驳斥了他们的指摘。早在第2次会谈的批注中，克莱因就强调了儿童与家庭外围成员之间关系的重要性，例如（外）祖父母和同胞。她认为，这些承载爱的重要人物能够增强内在好客体的成长，因为他们不会像父母那样引发强烈的俄狄浦斯冲突。换句话说，克莱因重视儿童的同胞关系中充满爱的部分。第10次会谈中，理查德十分担忧父母形象之间会爆发冲突。（现实中，理查德的保姆与家中的厨娘数次争吵，最终保姆离开了他们家。）克莱因与他讨论，当成人之间争吵时，他感到害怕，他需要一个小弟弟或小妹妹来帮助他，也就是说，帮他分担焦虑。她还说，当他对同胞心生攻击或嫉妒时，他会害怕同胞们反过来对付他。由此，我们可以看到，克莱因既关注传统弗洛伊德学派所强调的同胞竞争，也重视同胞关系中的正向潜能。同样地，她也能够体会在家中没有更小的孩子带来安慰的情况下，最年幼者会有什么样的感觉。

在第12次会谈中，她与理查德讨论了他对哥哥保罗的感觉。理查德曾画过一幅画，他们探讨了他的愿望——超过父亲和保罗，更多地占有母亲。克莱因指出，当理查德想要让妈妈离开保罗时，他会觉得自己必须弥补保罗。她在批注中澄清道，这可能是兄弟间同性情感的基础。他们也谈论了理查德身为最年幼者的感受——一方面他觉得保罗更年长、更聪明，因此更受母亲喜爱，另一方面，理查德又安慰自己说他是妈妈的小宝贝。理查德又一次确认K先生已经过世，但实际上他早就知道了这件事，他还问克莱因自己是不是她最小的患者。克莱因指出，理查德想当她特别的小宝贝。克莱因与理查德一起就真实和想象的同胞关系进行工作，这其实有迫切的理由，因为他主要的症状就包括憎恨、害怕其他孩子，难以忍受与他们实际接触，并为此感到孤立和寂寞。

我们可以从克莱因的语调中看出她对理查德的态度。从第1次会谈起，她就以十分认真、直接的态度对待理查德，认为"他知道他为什么要来找她——他在面对一些困难，想要获得帮助"（p.19）。克莱因如此尊重他的智力，又如此认真地对待他的问题，理查德立刻就进入了状态，他说自己害怕街上的男孩，不敢出门，憎恶学校，而且满脑子都是战争的事。他谈到希特勒进攻波兰，看着墙上的地图说K太太是奥地利人，希特勒也是。克莱因进一步询问了他的担忧，这明显是为了开启并释放他对母亲健康和安全的焦虑。理查德接着提到一个可恶的流浪汉，他觉得他可能会晚上过来绑架妈妈。克莱因立刻开始谈论父母的性关系，说理查德担心这种关系可能会伤害妈妈。理查德的反应带着震惊，但他也表现出了浓厚的兴趣。在会谈末尾，他表示自己喜欢"谈话和思考"。

克莱因假定这个男孩能够投入深度的精神分析体验中，这成为她所用技术的核心。在数月的分析中，他们之间有过许多非常成人式的对话，话题包括理查德内心发生的事，他们之间的关系，以及外部的事件。例如，当理查德知道克莱因打算前往伦敦时（第38次会谈），他要她保证一听到警报就去避难所。克莱因确实做了这样的保证。而且，当理查德说想给她写信时，她也同意给他地址。理查德还说，如果克莱因死了，他会去参加她的葬礼。他想让K太太告诉妈妈：如果她死了，谁能接替他们的分析工作。克莱因也答应他会给他妈妈提供其他分析师的名字。

几周后，我们发现，理查德对分析过程有了了解。他说，K太太的裙子让他想到了探照灯。然后，他又说道："你也是在探照，不是吗？"在他们的后续对话中，我们可以清楚地看到：理查德既渴望被理解，又害怕被分析式的探照灯照出点什么。在第69次会谈中，他们深入讨论了理查德对上学的担忧。理查德问K太太会不会让他妈妈送他去大一些的学校？"这样他受不了。他还是很害怕比他大的男孩。如果他一直担惊受怕，他会生病的"（p.349）。

他们谈论了理查德想要找家教，或者是去小一点的学校。不过，理查德伤感地补充道，他其实连家教都不想找，甚至一点也不想学习。这样彻底的坦白令人动容。克莱因的回应既考虑到了理查德的焦虑程度（她说，既然他这么害怕，她不会建议他去大一些的学校），也强调他可以继续向前发展，改变他的心理状态。她说，"或许他可以看看明年的情况怎么样，可能与之前相比，他会更喜欢与孩子们相处的"（p. 350）。

这些对话体现了克莱因在儿童分析工作中所坚信的观点：发展过程是自然而然又坚韧稳固的，但在心理层面上，它又是错综复杂的。而她的工作就是致力于促进发展，让她的儿童患者们能够在投入生活的历程中，更好地应对干扰和阻碍。在开始写作《儿童分析的故事》前，她刚完成《嫉羡和感恩》（1957）。她在这篇文章中特别提道：破坏性的嫉羡可以通过理解而得到改善和控制。此洞见让她更坚定地对分析工作满怀希望。这正是她工作的基本态度。理查德表示自己现在更有勇气了，这尤其呼应了克莱因勇敢的分析态度。

第八章

嫉羡和感恩

1957年,克莱因出版了这本小书。这是她对精神分析做出的一项极为重要的贡献——克莱因在书中独到地论述了早年客体关系中嫉羡与感恩的重要性,认为这些情绪自婴儿期起就普遍存在,而且会贯穿一生。本章将辅以原著内容节选,呈现出她的主要观点,再进行一些拓展讨论。

这本书引发的种种分歧和评论远多于她的其他著作。克莱因的理论关乎婴儿早期嫉羡情绪的破坏性潜能,以及这种情绪的先天素质。她的读者因此划分成两个阵营:有人认为她揭示了嫉羡在人类最早的人际关系中的动力机制,这具有十分重要的临床实践和理论意义;也有人公然谴责她的观点,认为婴儿和小孩子不可能有嫉羡的感受。

实际上,克莱因在书的标题中暗示了这样的看法:嫉羡与感恩这两种情绪之间是平衡的。但是,人们过于重视嫉羡现象,反而忽视了克莱因最初的观点。最近,有本论文集收录了一些重要的当代分析师对该书的评述(Roth and Lemma, 2008)。他们明显更关注嫉羡和克莱因理论中的负面内容,很少强调感恩这一现象。因此,当读者们看到书的题记和正文第一段时,常常会惊讶地发现,克莱因竟如此饱含感激之情。在题记中,她深情地感谢了朋友及同事对其写作的贡献[包括洛拉·布鲁克(Lola Brook)、艾略特·雅克(Elliott Jacques)和茱蒂丝·费(Judith Fay)],而在下面摘录的前言节选中,她也概括了亚伯拉罕(她的第二任分析师)和弗洛伊德给她的启发。

克莱因理论的出发点

多年来,我一直对人们熟知的两种态度——嫉羡和感恩的最初源头感兴趣。我最终得出的结论是，嫉羡是从根本上破坏爱和感恩的最强有力的因素，因为它影响着所有关系中最早的关系，也就是与母亲的关系。一些精神分析文献已经证明：对个体所有的情绪生活而言，母婴关系都有着基本的重要性。我认为，通过进一步探索了在此早年阶段可能产生很大干扰的一种特定因素，我在婴儿发展和人格形成上的发现因此得以增添了某些重要的东西。

我把嫉羡看成破坏冲动的口腔施虐式和肛门施虐式表达。它从生命伊始便开始运作，有先天基础。这些结论中的一些重要方面与卡尔·亚伯拉罕的著作有共通之处，但也蕴含着某些不同。亚伯拉罕发现，嫉羡是一种口腔特质，但是，他假定嫉羡和敌意在较晚的时期才开始运作，也就是他所说的口腔施虐阶段。这是我与他观点不同的地方。此外，亚伯拉罕虽未提到感恩，但他曾把慷慨描述为一种口腔特征。他认为肛门元素是嫉羡中的重要成分，而且强调它们是口腔施虐冲动的衍生物。

亚伯拉罕认为，在口腔冲动的力量中存在着先天因素。我赞成这个基本观点。亚伯拉罕还提出，躁郁症的病因与口腔冲动相关。

总之，亚伯拉罕和我自己的工作都更深入、更彻底地彰显了破坏冲动的重要性。1924年，亚伯拉罕撰写了《精神障碍视角下的力比多发展简史》(A short history of the development of libido, viewed in the light of mental disorders)。虽然《超越快乐原则》(Beyond the Pleasure Principle)已于四年前出版，但亚伯拉罕在文中并未提到弗洛伊德的生死本能假说。不过，他探讨了破坏冲动的根源，并且以一种超越前人的方式更明确地理解了心理失调的病因学。在我看来，尽管他没有使用弗洛伊德的生死本能概念，但是，他在该方向上的洞见依然是其临床工作的基石，尤其当他分析他的第一批躁郁症患者时。我认为，亚伯拉罕的早逝让他没能意识到自身发现的全部内涵，也没能领悟到这些发现与弗洛伊德双本能理论之间的必然联系。

亚伯拉罕去世三十年后，我的书《嫉羡和感恩》即将出版。我的工作让人们越来越全面地认识到了亚伯拉罕的种种发现的重要性，为此，我深感满足。

（《嫉羡和感恩》，1957，pp. 176-177）

这里我们看到，克莱因清楚地表明了其理论的基本出发点：嫉羡感会损害宝宝对母亲的爱的关系。她认为这类感受有先天素质基础，也就是说，它们是天生的或先验的，而且会表达为对母亲身体的口腔式和肛门式攻击幻想。她强调，嫉羡和感恩的变迁根植于生死本能的运作中，恨和嫉羡在生命最初几个月就已经存在。她继续描述了自己对幼年儿童的分析如何给她提供了新的理论素材。接着，她又引用了弗洛伊德的《分析中的构建》（Constructions in analysis）里的一段长文，讨论了精神分析与考古学之间的类比。然后，她继续写道。

最初的客体关系

我的经验告诉我，只有先洞察婴儿的心理并追踪他们的后续发展，才能够理解成人人格的复杂与深奥。也就是说，分析过程会从成人期回溯到婴儿期，然后经过一些中间阶段，再重回成人期，但是，根据主要的移情状况，这一过程也是前后反复进行的。

我认为，婴儿的首个客体关系（他与母亲的乳房和母亲之间的关系）有着基本的重要性。我也就此得出结论：这个最初的客体会被婴儿内摄，如果它能以相对安全的方式根植在自我中，那么就能给令人满意的发展打下基础。以上观点贯穿了我的所有著作。先天因素促成了最早的联结。在口腔冲动的主导下，婴儿会本能地觉得乳房是营养的来源，从更深层的意义上说，它也被觉知成了生命的来源。婴儿不仅在身体上，也在心理上贴近着令人满足的乳房。出生过程使婴儿丧失了出生前与母亲的一体（unity）状态和随之而来的安全感。如果一切顺利，那么，这种心身贴近感就能在某种程度上复原他的这些丧失。复原的实现主要仰仗于婴儿的能力——能充分地贯注于母亲的乳房或乳房的象征物奶瓶。

如此这般，母亲就变成了婴儿爱的客体。另外，婴儿出生前曾是母亲的一部分，或许这让他天生就感觉到外面有什么东西能满足他的所有需要和渴望。好的乳房被摄入，成为自我的一部分。最开始，婴儿位于母亲体内，现在，婴儿自己体内有了母亲。

虽然出生前的状态无疑蕴含着一体感和安全感，但是，这种状态有多安定必然取决于母亲的心身状况，甚至也可能取决于胎儿身上某些尚未探明的因素。因此，我们或许可以这样看待人类对出生前状态的普遍渴求：它部分体现了人类对理想化的强烈欲望。如果我们从理想化的角度研究这种渴求，就会发现，它的来源之一是出生所激发的强烈迫害焦虑。我们可以推测，这种最早形式的焦虑可能会延伸、附着到未出生婴儿的不愉快体验上。它们与婴儿在子宫内的安全感一起，共同预示了与母亲之间的双重关系：好乳房和坏乳房。

当婴儿与乳房形成最初的关系时，外部环境发挥着重要作用。如果生产困难，尤其是出现并发症（例如缺氧）时，婴儿便难以顺利适应外部世界，他与乳房之间的关系也将始于艰辛。这种情况下，婴儿体验新的满足感来源的能力将受到损害，他也因此无法充分内化一个真正好的原初客体。除此之外，孩子是否被充足地喂养和抚育，母亲是否完全享受对孩子的照料，或者母亲是否内心焦虑、心理上难以哺乳，种种这些因素都影响着婴儿接受母乳和内化好乳房的能力。

即使是愉悦的哺育也不能完全取代婴儿出生前与母亲的一体状态，因此，婴儿与乳房之间最早的关系中必然会出现被乳房挫败的部分。而且，婴儿之所以渴望乳房永不枯竭、持续存在，绝不仅仅因为他对食物的渴求和力比多欲望。即使在发展的最早期，婴儿也渴望持续获得母亲爱的证据。从根本上说，这种渴望正是源于焦虑。婴儿挣扎在生与死的本能之间，然后是破坏冲动带来的自体毁灭和客体毁灭的威胁。这些都是他与母亲最初的关系中所包含的基本方面。因为婴儿的欲望也意味着乳房（很快便是母亲）应该消除这些破坏冲动，驱散迫害焦虑造成的痛苦。

第八章 嫉羡和感恩

愉悦的经历和无法避免的积怨共同增强了天生的爱恨冲突（实际上是生死本能之间的冲突），这让婴儿觉得存在着一个好乳房和一个坏乳房。最终，丧失又重获好客体的感受成了早年情绪生活的一大特点。我刚刚说天生的爱恨冲突，意思是爱和破坏冲动的能力在某种程度上是先天素质带来的，虽然它们在不同个体身上的强度不同，而且从一开始就与外部情况相互作用着。

（pp. 178-180）

得益于对"婴儿心智"的研究，克莱因描绘了婴儿自身天资（先天因素）与母亲心身状态之间的交互作用。她动人地写道，婴儿之所以能在外部世界找到一个他爱的母亲，很可能是先天因素以及出生前与母亲身体合一的感觉促发的。她认为，假如生产困难或者母亲在新生儿处遭遇了问题，那么婴儿便可能被激发灾难般的焦虑。她写道，婴儿认为母亲应当带走他所有的痛苦体验，当这种至高全能的理想化母亲幻象破灭后，婴儿会感到失望，心生"无可避免的积怨"。

我们可以注意到，在这些选段中，克莱因铿锵有力地阐述了自己的观点。确实，与她更早期的众多论文相比，阅读和理解《嫉羡和感恩》这本书要容易得多。其中有些语句读来唇齿生香、不绝于耳，例如："好的乳房被摄入，成为自我的一部分。最开始，婴儿位于母亲体内，现在，婴儿自己体内有了母亲。"她在脚注中首次提到了一个便于记忆又被大量引用的短语——"感受式记忆（memories in feelings）"，从而把无意识的语言与分析过程中可能要做的工作联系在了一起。

婴儿感受这一切的方式比语言所能表达的要原始得多。当这些前语言的情绪和幻想在移情情境中复苏时，它们会以"感受式记忆"的形式出现（我是这样称呼它们的）。在分析师的帮助下，这些记忆会被重构，转换成词语。同样的道理，在重构、描述早年发展阶段的其他现象时，我们也必须使用词语。实际上，如果不使用意识领域中的词语，我们就无法翻译无意识的语言，把它们带进意识中。

（p. 180）

虽然只是脚注，但这一至关重要的段落阐释了克莱因的观点——早年的婴儿期经验如何在分析关系中得到表达。我们可以看到，她认为，出于职责，分析师必须"倾听"这些交流，寻找词语来描述婴儿掌握语言之前的那些现象。

克莱因的临床技术中最引人注目的一个方面就是，她深切热衷于用言语描述婴儿的层层体验。"感受式记忆"这个短语高明地凝缩了切实可见的临床现象，因而在精神分析论著中获得了十分广泛的引用。

嫉羡、嫉妒和贪婪

克莱因接着讨论了嫉羡（envy）、嫉妒（jealousy）与贪婪（greed）之间的区别。因为婴儿深深依赖着母亲那"永不枯竭的耐心、慷慨和创造力"，这三种力量才得以出现。克莱因最关注的重点在于这些情绪会妨碍内部好客体的建立，因为挫折会让婴儿觉得：母亲为了满足自己或别人而牺牲了他，造成了他的痛苦体验。当婴儿对好客体的希望和信任减少时，他幸福快乐的能力也会受到损害。

> 我们要区分嫉羡、嫉妒和贪婪。嫉羡是一种愤怒的感受——另一个人占有、享用着自己所渴望的东西，而嫉羡的冲动就是想夺走它，或者毁掉它。此外，嫉羡指向的是主体与另一个人之间的关系，它可以被追溯到最早的与母亲之间的排他关系中。嫉羡是嫉妒的基础，但嫉妒牵涉到与至少两个人之间的关系。它主要指的是主体觉得本该属于自己的爱被对手夺走了，或者有被夺走的危险。人们通常对嫉妒的概念是，某位男性或女性觉得别人抢走了他或她的爱人。
>
> 贪婪是一种贪得无厌的强烈渴求，其索取程度远远超出了主体所需

要的,也远远超过了客体能够且愿意给予的。在无意识层面上,贪婪的主要目的在于彻底掏空、吸干并吞噬乳房,也就是说,它的目标是破坏性地内摄,而嫉羡不仅试图以这种方式掠夺,还想把坏东西(主要包括坏的粪便和坏的自体部分)放进母亲内部,首先是放进她的乳房里,以此毁坏并摧毁她。这在最深层意味着摧毁母亲的创造力。这一过程源于尿道和肛门施虐冲动,我在其他论文中已将此视为自生命伊始便存在的投射性认同的破坏层面。贪婪与嫉羡的关系十分紧密,因此我们很难划出一条严格的分界线,不过,这两者间的一个基本差异在于:贪婪主要与内摄息息相关,而嫉羡则与投射相关。

(p. 181)

随后,克莱因进一步提出她的论点:母亲用来哺育的乳房是婴儿嫉羡的第一个客体。这种婴儿期嫉羡"以一种特定的动力激发了"婴儿的幻想——施虐地攻击母亲的身体。她把关注点转向了剥夺造成的悖论式影响。在此,克莱因从新的理论视角重新解读了她之前描述的对母亲身体的施虐式攻击幻想(见《儿童精神分析》,1932)。现在,贪婪和破坏冲动被联系到了毁坏欲望上,根植在嫉羡里。克莱因引用了《奥赛罗》的故事,提示我们日常用语中就有"反咬喂食之手"的说法。

如果我们考虑到剥夺会增强贪婪和迫害焦虑,而且婴儿心中幻想着一个永不枯竭的乳房,这个乳房是他最大的渴望,我们就能理解为什么即使哺育不足,嫉羡依然会产生了。婴儿似乎感到,当乳房剥夺他时,乳房就变成了坏的,因为它把好乳房具有的种种好东西都留给了自己,例如乳汁、爱和照料。他觉得乳房刻薄吝啬,因此对它又怨恨又嫉羡。

(p. 183)

克莱因的洞见颇有价值。它让我们理解了为什么当孩子能够得到非剥夺性的关系时,早年的严重剥夺仍会让他无法从新的关系中获益。

移情中的嫉羡

接着,克莱因从分析中的移情关系发展角度,描述了这种原始形式的嫉羡和对它的防御所具有的临床意义。

心怀嫉羡的患者会为分析师的工作取得了成效而感到怨恨。如果他觉得他的嫉羡式批评毁坏、贬损了分析师和分析师给予的帮助,那么,他就不能把分析师充分地内摄为好客体,也无法真正信服地接纳、吸收分析师的诠释。我们通常会在不那么嫉羡的患者身上看到真正的信服,它意味着为自己收到的礼物而感恩。心怀嫉羡的患者也可能对贬低他人的帮助感到内疚,从而觉得自己不值得从分析中获益。

毋庸置疑,患者会因为各种原因批评我们。这些批评有时是合理的。但是,如果患者已经觉得分析工作有帮助,却又需要贬低分析工作,这就是嫉羡的表达。假如我们从早年发展阶段的情绪状态开始,一直追溯到最原始的阶段,我们便会在移情中发现嫉羡的根源是什么。偏执患者身上的破坏性批评尤为明显。即使分析工作让他们获得了某些缓解,他们也会沉浸在蔑视分析师工作的施虐快感中。这些患者的嫉羡式批评相当直接,另一些患者的嫉羡式批评虽同样重要却并未表达出来,甚至处在无意识中。就我的经验而言,我们在这类个案处遇到的进展缓慢也与嫉羡有关。我们会发现,他们对分析是否有价值保持着怀疑和不确信。这里发生的情况是,患者把自体中嫉羡和敌意的部分分裂出来,一直向分析师呈现着自己觉得更能接纳的其他部分。然而,被分裂的部分必然会影响到分析进程。只有达成整合,人格获得了完整,分析才会最终奏效。也有些患者让自己变得浑浑噩噩,以此来避免批评。他们的迷惑不仅代表了一种防御,也在表达着不确信——不知道分析师是否依然是一个好的形象,或者患者的敌意批评是不是让分析师和他的帮助变坏了。我会把这样的不确信追溯到一种迷惑感上,这种感觉的起因是婴儿与母亲乳房之间最早的关系发生了紊乱。由于偏执和分裂机制的力量，以及嫉羡的刺激和推动，这类婴儿无法成功地分隔爱与恨，也因此无法成功地隔开好客体与坏客体，他们更容易在其他关系中对什么是好什么是坏感到迷惑。

因此，就负性治疗反应的影响因素而言，除了弗洛伊德发现的和琼·里维埃（Joan Riviere）后续补足的那些方面，嫉羡以及针对它的防御也扮演着十分重要的角色。

在移情情境中，嫉羡和它造成的态度会阻碍好客体的逐步建立。如果最早发展阶段的好食物和原始好客体没能被接纳和吸收，这种情况就会在移情中重复，分析进程也会受损。

（pp. 184-185）

克莱因告诉我们，通过细致的分析移情，我们便可以理解患者身上那些婴儿式的感受：乳汁（诠释）来得太快、太慢或太迟，或者喂养中断了。这些例子让我们对她的临床技术有了极其生动的感触，也向我们展现出，克莱因细致观察了分析情境所激发的婴儿式感受。得益于这些观察，她才能够与患者谈论他们情绪生活中仍处在无意识里的方面。

婴儿期的嫉羡和感恩

克莱因继续描写道，婴儿渴望从乳房处获得满足，同时，他也十分盼望摆脱迫害焦虑，要求母亲带走所有这些痛苦。克莱因反思了母亲焦虑对婴儿体验的影响，这让她进一步思考了过度挫折和溺爱造成的破坏后果，也描述了适度挫折对于发展现实感和创造力的重要作用。克莱因十分强调创造升华的重要性。后续的分析师们发展了这一观点，尤其典型的是汉娜·西格尔对艺术创作的看法，以及温尼科特对游戏的重视。

实际上，一定量的挫折之后再满足，或许会让婴儿觉得他已经可以应对自己的焦虑了。我也发现，婴儿未被满足的（在某种程度上也是无法被满足的）欲望，能极大地促进升华和创造性活动。如果婴儿身上不存在冲突，假设这种情况真的出现，那么，他的人格就无法变得丰富，自我也很难发展得强健。因为，创造力的基石恰恰是冲突与克服冲突的需要。

（p. 186）

克莱因十分强调婴儿享受哺育关系的重要性，不过，嫉羡能够轻易毁掉这种享受。她把享受与感恩的发展联系在一起，认为感恩可以"缓和破坏冲动、嫉羡和贪婪"。她又继续对比了两种婴儿的不同，一种婴儿怀疑自己是否拥有好客体，因而容易焦虑、贪婪和不加鉴别地认同，而另一种婴儿已经能建立好的内在客体。

有的婴儿因为嫉羡，没能安全地建立一个好的内在客体。与此相反，也有的孩子有很强的爱和感恩的能力，他与好客体之间发展出了深厚的关系。于是，他便能承受暂时的嫉羡、憎恨和积怨状态（这些状态也会出现在被爱的、哺育良好的孩子身上），不致遭到根本性的伤害。因此，这些负面状态是短暂的，婴儿会一次又一次地重获好客体。这作为一种必备要素，既决定了好客体的建立，也给稳健的自我奠定了基石。在发展过程中，与母亲乳房的关系成了个体热爱他人、坚持价值观和献身理想的基础……

……感恩的沃土是婴儿最早阶段出现的情绪和态度，那时母亲是婴儿唯一的客体……

……只有爱的能力获得充分发展，婴儿才能体验到彻底的享受。正是享受构成了感恩的基础。弗洛伊德曾说过，婴儿吸奶时的极乐感是性满足的原型。在我看来，不光是性满足，此后一切快乐的基础都是这种极乐感铸就的。它使个体能够感到与另一人合二为一。这种一体感意味着被彻底理解，它也是所有快乐的爱情和友情关系中必备的。在绝佳的情况下，被理解甚至不需要言语来表达，这表明它源自前语言阶段与母亲之间最早的贴近感。婴儿若能够彻底享受与乳房之间的首个关系，这种能力便会成为从多种来源体验愉悦的基石……

……对乳房彻底满足意味着婴儿觉得自己从爱的客体处收到了一个独特的礼物，他想要保留这个礼物。这便是感恩的基础。感恩与对好形象的信任之间是紧密联系的。首先要具备的能力包括，接纳、吸收爱的原初客体（不仅仅把它当作食物来源），不让贪婪和嫉羡干扰太多的所有能力；因为贪婪式的内化会扰乱个体与客体之间的关系。个体会觉得自己在控制、消耗，从而伤害着客体。然而，如果个体与内外客体有好的关系，那么想要保留、宽宥客体的愿望便会占据主要地位。

（pp. 187-188）

克莱因还补充道，感恩在以下所有方面都发挥着重要作用，包括：修复能力、一切升华过程，以及慷慨的各种表现。她对比了这种良性循环和嫉羡表现出的重重问题，也就是说，嫉羡"毁坏、伤害了生命之源——好客体"。或许有人认为，嫉羡实际上是钦慕的另一面，只有当我们能够感激和倾慕时，嫉羡才开始出现。但是，克莱因似乎同意乔叟的看法。她引用了他的观点，说嫉羡是七宗罪之首，因为它会袭击一切让人崇敬的东西。"无疑，嫉羡是最重的罪过。因为其他罪过都各自只违抗一种美德，但嫉羡对抗着所有美德和所有良善"（*The Parson's Tale*）。

早期自我的形成

随后，克莱因立刻回顾了她对早期自我的理解：

我相信，自我从出生后一开始就存在了，虽然此时它的形式相当原始，很大程度上缺乏凝聚力，但是，在最早的发展阶段，它就已经承担了一系列重要功能。或许这种早期自我可以大致对应弗洛伊德所说的自我的无意识部分。虽然他并不认为自我从一开始就存在，但是，在我看来，他给有机体加上了自我才能承担的功能。我的观点与弗洛伊德不同，我认为，被内部死本能摧毁的威胁是最原始的焦虑，正是自我在一定程度上把威胁转换到了外部，它为生本能效力，甚至可能是应生本能之召而运作的。弗洛伊德把这种对抗死本能的基本防御归因于有机体，而我将这个过程视为自我的主要活动。

（pp. 190-191）

她接着概括了自己的观点：婴儿挣扎在生死本能之间；整合过程中会出现两极并存；分裂自体和客体是必备的防御；早期嫉羡的破坏力在于它会干扰原始的分裂过程，妨碍建立强健稳固的好客体，而这样的客体是自我得以凝聚的核心。她也强调好客体与理想化客体之间的区别——理想化意味着破坏冲动和迫害焦虑依然如困兽般蠢蠢欲动。我们可以清楚地看到，克莱因认为，自我的成长与婴儿的原初客体关系和稳定程度之间有着至关重要的联系。

如果在客体的两个方面之间存在着很深的裂隙，这就意味着被分隔的不是好客体和坏客体，而是一个理想化的客体和一个极度坏的客体。分裂的程度如此深，界限如此分明。这表明破坏冲动、嫉羡和迫害焦虑的程度十分强烈，而理想化的主要目的便是防御这些情绪。

如果好客体深深扎根下来，裂隙的性质就完全不同了，自我整合和客体合成这一至关重要的过程才能运作起来。于是，爱可以在一定程度上缓和仇恨，抑郁位才能被修通。最终，对好的、完整的客体的认同被更安全地建立起来，这会给予自我力量，让它能够保持它的身份认同，持续感到自身拥有美好和良善。它也变得不太容易不加鉴别地认同各种客体（不加鉴别的认同是脆弱自我的一个特征）。此外，婴儿在充分认同好客体的同时，也会感到自己拥有属于自身的美好和良善。然而，假如发展出现问题，投射性认同太强烈，自体分裂的部分被过度投射进客体，会造成自体与客体之间的强烈混淆，以至于客体也代表着自体。与此紧密联系在一起的是自我的虚弱化和客体关系的严重紊乱。

（p.192）

然后，克莱因继续写道：

> 有些人能带着比较安全的感受建立起好的原初客体。即使好客体有缺点，他们也能保持对它的爱。但是，对于另一些人来说，理想化是他们爱的关系和友谊的特点。没人能完全符合期望，因此，这种理想化很容易破灭，爱的客体可能会频繁地变成另一面。之前还被理想化的人常常随后就被感知成了迫害者（这表明，理想化是为了对抗迫害而产生的），他的内部被投射进了主体的嫉羡和批评的态度。尤为重要的是，个体的内部世界也发生着类似的过程，于是，他的内部世界就包含了一些极其危险的客体。所有这些都导致了关系中的不稳定。这是自我虚弱的另一个方面，此前，我曾从不加鉴别地认同的角度谈论过这一点。

（p.193）

早期嫉羡和内疚对性发展的影响

强烈的嫉羡感造成了早期迫害形式的内疚。此时，克莱因再次谈到了她的抑郁位理论。这表明，克莱因一直反思着自己对最初心理过程的整体理解。她回顾了自己最初从十分年幼的孩童身上观察到的内疚和迫害感，提出如果我们太死板地划分偏执和分裂状态，就会忽视一种婴儿无法应对的早期内疚感。克莱因在此专门探讨了，对哺育着自己的母亲（乳房）的无意识嫉羡会造成何种后果。但或许，我们也要注意到，她的描述也有助于我们理解当婴儿面对十分抑郁的母亲，或者严重剥夺和虐待的环境时，他们的心理状态是怎样的。如果没有体验到好的外部客体，婴儿就无法发展出自体凝聚感，也无法相信自身是良善的。克莱因认为，这种情况会激起婴儿尚不成熟的性器兴奋，引发口腔冲动和性器冲动之间的混淆。这个观点十分重要。临床工作中，我们会在早年遭受严重逆境的众多儿童身上看到性欲化状态。事实证明，克莱因的观点能够帮助我们理解这种现象。

在分析过早性欲化现象时，如果仅仅止步于剥夺造成了见诸行动，就可能有些肤浅。克莱因把情感剥夺（广义上也涉及喂食、养育和口欲行为）与过早性欲化联系在一起，深化了有关的理论。在某些儿童身上，过早性欲化是个严重的问题，例如那些经历了原始家庭的失败养育后被收养或寄养的孩子（Boston and Szur，1983; Rustin et al.，1997）。

> 过度嫉羡会阻碍口欲的充分满足，从而成为一种刺激元素，增强婴儿的性器欲望和倾向。这意味着婴儿过早地转向了性器满足，导致口腔关系泛化，性器倾向沾染了太多口腔积怨和焦虑。我常坚称性器感觉和欲望可能从出生起就开始运作了。例如，很多人都知道男婴很早的时候就能勃起。但是，当我说这些感觉过早出现时，我的意思是，在本该口腔欲望最强烈的阶段，性器倾向妨碍了口腔倾向。此刻，我们要再次思考早年发生的混淆所造成的影响。这种混淆会表现为口腔、肛门和性器冲动及幻想之间分界的模糊不清。虽然力比多和攻击的各种来源之间有交叠是正常的，但是，当交叠过度，婴儿不能在适宜的发展阶段充分体验相应占主导地位的倾向时，那么他后续的性生活和升华机制都会受到不良影响。以逃离口欲为前提的性器欲是不安全的，因为口腔享乐受损后带来的怀疑和失望会延续到性器欲中。而且，性器倾向侵占了口欲本该具有的首要地位，这会逐渐损坏性器区域获得的满足，也经常导致强迫手淫和滥交，因为缺乏原始享乐会给性器欲望带来强迫元素。正如我在某些患者身上看到的那样，缺乏原始享乐也可能使性感受进入所有活动、思维过程和兴趣中。婴儿对首个客体持有矛盾的感受，有些婴儿会逃进性器欲中，以此防御对该客体的怨恨和伤害。我发现，过早开始的性器欲可能与早期出现的内疚密切相关，这也是偏执－分裂个案具有的特点。

（《嫉羡和感恩》，1957，pp. 195-196）

克莱因在该段中沿用了弗洛伊德最初的婴儿发展阶段模型——口腔主导先于性器主导。她提出了一个最重要的观点——正常的发展顺序被扰乱可能造成严重的破坏。克莱因认为，足够充分的早期分裂十分重要，如果未能达到这点，造成混淆状态，就会产生严重的问题。不管是好坏之间的混淆，还是口腔冲动与性器冲动之间的混淆，都会给建立稳定的客体关系带来困难，当然这两种混淆也可能同时发生。克莱因还把上述看法与弗洛伊德所描绘的正常心理发展阶段联系到了一起。

随后，克莱因继续把这些内容与她的偏执-抑郁位理论整合到一起，她尤其对比了早期的迫害内疚和稍晚的内疚。稍晚的内疚是因为担心自己伤害了好客体。这种形式的内疚更容易被希望缓和。她讨论了自己对破坏性嫉羡的新看法，以及她此前对偏执性焦虑和抑郁性焦虑的划分，详细阐述了以上两者之间的联系。《嫉羡和感恩》中讨论的嫉羡形式是指向原初客体的十分早期的无意识嫉羡，理解了这一现象，我们对偏执-分裂心理状态的认识也就增添了重要的一笔。抑郁位包含了对客体的关怀，它的基础是日渐信任好客体和自体好的方面，此时的内疚是另一种形式。

这种希望的背后是，婴儿越来越能在无意识中认识到，内在和外在客体并不像它在分裂状态下给人的感觉那样坏。爱缓和了恨，客体也借此改善了婴儿的心灵。婴儿不再强烈地感到客体在过去已经被摧毁了，而且，客体将来被摧毁的危险也减弱了。由于客体没有受伤，因此，不管是现在还是将来。婴儿都会觉得它没有那么脆弱。内在客体获得了一种约束和自我保存的态度，它身上这种强大的力量是其超我功能的一个重要方面。

我刚刚描述了克服抑郁位，与该过程紧密相关的是对内在好客体更强的信任。不过，我并非想表达这样的成就不会暂时倒退。内在或外在的巨大压力可能会激发抑郁，激起对自体和客体的不信任。但是，在我看来，人格发展良好的评价标准是，能够从这种抑郁状态中恢复，重新获得内在的安全感。相反，如果为了应对抑郁，个体频繁地切断自身感受，否认抑郁，那么这就是一种退行——个体运用了在婴儿期抑郁位时使用的躁狂防御。

（p. 196）

最后这段提醒我们，克莱因所认为的抑郁位不是那种持续存在的抑郁状态。抑郁位体现了主体与客体之间的一种内在关系，它使个体能够向前发展，跨越在抑郁和躁狂之间摇摆的状态。她同样在此描绘了我们每个人的人生——在各种内在状态之间此起彼伏。

婴儿期的俄狄浦斯问题

讨论了嫉羡对最初的两人（母婴）关系造成的影响后，克莱因转向了俄狄浦斯议题，以及嫉羡与嫉妒之间的关联。她再次谈起了婴儿是否准备好面对三元关系这一问题。她认为，婴儿早期和母亲之间的"排他"关系与此息息相关。如果嫉羡或其他因素没有过度干扰这种"排他"关系，让婴儿对此有着好的体验，那么，他便能做好充分的准备来面对三元关系。克莱因认为，正常情况下，俄狄浦斯三人剧本是随后发生的，它建立在母婴联结打下的基础上，也建立在婴儿内化了的那些东西上。

  与母亲之间的首个"排他"关系的变迁强烈地影响着俄狄浦斯情结的发展。如果这种关系被干扰得过早，那么，婴儿与父亲之间的竞争也会过早地发生。婴儿幻想母亲体内或乳房内有阴茎，这让父亲变成了一个充满敌意的入侵者。如果婴儿没能从早期母婴关系中得到足够的享乐和愉悦，也没能带着一定程度的安全感，把首个好客体内化进来，那么，上述幻想将变得尤其强烈。这样的失败部分取决于嫉羡的强度。
  在以前的著作中，我描述了抑郁位：在这个发展阶段，婴儿会逐渐整合爱与恨的感受，综合母亲身上好与坏的方面，并度过与内疚感有关的哀悼状态。他也开始更理解外部世界，意识到他不能把母亲当作自己的独占物。至于婴儿能否从自己与第二个客体（父亲）的关系或者与周围其他人的关系中寻找到帮助，以对抗这种哀伤，则很大程度上取决于他对已经失去的唯一客体抱有怎样的情绪。如果那个关系建立良好，婴儿就不那么害怕失去母亲，也更能与他人一起分享母亲。于是，他也能更多地体验到指向竞争对手的爱。所有这些都意味着婴儿已经能够良好地修通抑郁位，而达成这点的前提是他对原初客体没有过度嫉美。

我们知道，嫉妒是俄狄浦斯情境中固有的情绪，仇恨和死亡的愿望往往伴随着它。不过，正常情况下，婴儿会获得新的可以去爱的客体（父亲和同胞），正在发展的自我也会从外部世界中得到其他补偿，这些能在某种程度上缓和嫉妒和积怨，但是，如果偏执和分裂机制过于强烈，那么，嫉妒（归根结底是嫉美）就无法被缓和。以上这些因素都会从根本上影响俄狄浦斯情结的发展。

俄狄浦斯情结最早阶段的特点是婴儿幻想母亲的乳房和母亲内部包含着父亲的阴茎，或者父亲包含着母亲。这构成了父母结合形象的基础，我曾在之前的著作中详细阐述过这类幻想的重要性。父母结合形象会在多大程度上影响婴儿分辨父母的能力，以及与父母双方各自建立良好关系的能力，这取决于嫉美的力量和俄狄浦斯嫉妒的强度。因为，如果婴儿怀疑父母永远在互相获取性满足，那么，他的幻想——"父母永远结合在一起"就会被增强，这种幻想的来源是多种多样的。如果这些焦虑运作强烈，因此持续时间过长，就可能导致婴儿与父母之间的关系都出现持久的紊乱。十分严重的个体不能把他们与父亲的关系从与母亲的关系中整理、分离出来。因为在患者的心灵中，这两种关系密不可分地纠缠在了一起，也在很大程度上促生了严重的混乱状态。

如果嫉美没有过度，那么，俄狄浦斯情境中的嫉妒就会成为修通嫉美的一种途径。

（pp. 197-198）

最后一段话读来饶有趣味，因为它强调：随着婴儿的世界扩大并纳入家庭关系，它也变得更加丰富了。克莱因认为对父亲和同胞的嫉妒可以让婴儿"重新分配"敌意。母亲不再必须是唯一被恨的人了。类似的，家庭关系也提供了爱和被爱的新机遇。只要婴儿之前已经体验到了一定程度的"修通"，扩大了的世界就能给他的"修通"提供新场所，在克莱因看来，达成这一点的前提是婴儿从早期母婴之间好的关系中获得了安全感。假如母婴联结中存在着早期的剥夺或扰乱，孩子在俄狄浦斯难题前就会更加脆弱，尤其当过早的性器兴奋和幻想取代了受损的口腔满足时。

克莱因描述了婴儿遭受紊乱，混淆母亲和父亲（一种结合了的父母形象，无法被分解成各组成部分）所导致的疾病。在此之前，她曾说过，性器欲过早占据主要地位会干扰早期的客体关系。很明显，这两种情况之间存在联系。她为此解释道，好的客体能够成为稳定的自我核心，如果没能建立这样的好客体，那么，当婴儿更多地意识到父亲和同胞的存在时，就会进一步产生问题。整个俄狄浦斯情境都被扭曲了，而且无法得到修通。

克莱因认为嫉羡是二元的。有趣的是，后来的分析师们对此有些争论。克莱因自己描述的与父亲之间的"过早"竞争似乎把嫉羡和嫉妒十分紧密地结合到了一起。或许，她给我们留下的理论是嫉羡的二元特点，但她留下的临床描述却复杂得多。索德雷（Sodre，2008）提出，一旦婴儿感到了分离，嫉羡就会出现，喂养他的乳房（克莱因所说的嫉羡的客体）没有被婴儿等同于好的东西，而是被感知成了占有着好的东西，这暗示了三方关系。与这种观点有些类似，梅尔策（Meltzer，1973）也进一步认为，乳头和乳房代表了父母结合形象的父性和母性部分（乳头证明了母亲内部有阴茎），这重新界定了婴儿与母亲乳房之间的首个关系，因为婴儿在这一关系中已经无意识地认识到了母亲与父亲之间的关系。

克莱因在讨论婴儿早期时所描绘的整体发展图景是十分丰富、广阔的。她的思想自由驰骋又颇具想象力——时而描述婴儿的状态，时而描述临床经验。这些临床经验孕育出了她的理论概念，其内容也涵盖了她对以下现象的种种观察：野心、阴茎嫉羡、性冷淡、某些同性恋元素，以及为人父母后男性与女性的不同体验。

接下来，克莱因再次强调了创造力在人类生活中的重要性，以及嫉羡冲动与创造潜能之间的相互影响。

嫉羡、创造力和感恩的力量

婴儿感到，能够给予和维系生命是最大的礼物，因此创造性成了引发嫉羡的最深层的原因。我们可以在弥尔顿的《失乐园》（*Paradise Lost, Milton*）中看到嫉羡所隐含的对创造力的毁坏——撒旦嫉羡上帝，决定篡夺天堂。他与上帝宣战，试图毁坏天国的生命，最终堕落。堕落后，他与其他堕落的天使们一起建造了地狱，与天堂竞争。他们成了破坏的力量，企图摧毁上帝创造的一切。这种神学观点似乎源自圣奥古斯丁（St Augustine），他把生命描述为一种创造的力量，而嫉羡是与之对立的破坏力量。关于这一点，《哥林多前书》（*First Letter to the Corinthians*）中写道："爱是不嫉羡"。

我的精神分析经验告诉我，对创造性的嫉羡是扰乱创造过程的根本元素。嫉羡的婴儿想要破坏、摧毁好东西的起源，这让他很快就开始摧毁、攻击母亲体内的婴儿们，致使好客体被转变成了一个充满敌意、挑剔又嫉羡的客体。被投射了强烈嫉羡的超我形象变得尤其具有迫害性，它干涉着各种思维过程和每一个有产出的活动，并最终妨碍了创造性。

（p. 202）

后来的作者们进一步研究了感恩能力与创造力之间的关联。例如，比昂、梅尔策和卡珀（Caper）都曾探讨过：在个体的感受中，内在建立的父母配对是有创造力的，它既是抵御破坏性嫉羡的壁垒，也是破坏性嫉羡主要攻击的客体，而分析师与患者一起工作着，试图涵容嫉羡，他们之间的关系恰好象征了内在的父母配对。有意思的是，在描述嫉羡时，克莱因使用了大量的典故——《旧约》（the Old Testament）、《新约》（the New Testament）、莎士比亚、乔叟、弥尔顿、宾塞和歌德，这些都让她的文字熠熠生辉。后来的许多作者在讨论嫉羡时也明显偏爱引用文学典故和神话，例如用莎士比亚和其他人的著作来详细阐述嫉妒倾向的微妙内涵。克莱因也令人动容地描述了代际关系如何能够表现感恩，并从嫉羡中相对解脱：

> 既然嫉羡是严重不快乐的源头，那么，如果能从嫉羡中相对解脱出来，个体就会感到自身有了基石，能够发展出满足、平和的心理状态，最终达到精神健全。这也是某些人的内部资源和韧性所倚靠的基础。即使在遭受巨大的逆境和精神痛苦后，他们依然能够重获心灵平和。感恩过去的愉悦，享受当下的所得，这样的态度会表现为宁静。它让老者能够接纳青春不再，能从年轻人的生活中得到愉悦和乐趣。父母会在他们的子辈和孙辈身上再活一次。这个众所周知的事实佐证了我试图传达的观点，不过前提在于这并非是占有欲过度和野心错位的表现。如果父母觉得自己已经分享到了晚辈生活中的快乐和体验，那么，他们会更加相信生命的延续性。

（p.203）

分析工作在缓和嫉羡中起到的作用

在后面的文本中，克莱因提供了大量临床案例。这些内容既强调了她所笃信的观点——分析移情十分重要，也凸显了她的认识——如果患者的领悟与情绪体验密切相关，领悟就可能带来痛苦。这些临床案例中的一些例子阐述了梦的分析能够怎样推动分析进程。所有案例都体现出克莱因包容又具探索性的态度，这让患者的痛苦得到了缓解：嫉羡可以被涵容、被了解。最终，患者因为感到自己的苦痛被理解而心生感恩，感恩缓和了嫉羡，嫉羡的危险性也因此降低了。书中谈到的一系列案例也呈现了严重紊乱与相对"正常"之间的连续体，以及嫉羡在所有这些不同发展水平上的侵蚀性运作。克莱因把精神分析看成一种发展的过程，这一观点在书中熠熠生辉。她希望患者重新整合那些被分裂的东西（通常是自体的破坏性方面）。克莱因给患者带来的

第八章 嫉羡和感恩

觉察最初让他们感到震惊、抑郁和焦虑，但是，如果坚持下去，就能够拓展、强化他们的人格。

我将用临床材料阐释我的一些结论。我要举的第一个例子是一位接受分析的女性患者。她是被母乳喂养的，但她的成长环境不那么有利。她确信自己的婴儿期和哺育情况完全不如意。她对过去满怀积怨，与此相连的是她对当下和未来的无望。在我即将呈现的临床材料发生前，我们已经深入分析了她对哺育着的乳房的嫉羡，以及嫉羡给客体关系带来的困难。

患者打来电话，说她因为一边肩膀疼，无法前来治疗。第二天，她再次打电话说自己还没好转，但她觉得再过一天就可以见我了。到了第三天，她确实来了，但满腹牢骚。她抱怨除了女佣在照顾她，其他人都对她漠不关心。她向我形容，有一刻她的疼痛突然激增，还伴随着极度的冰冷感。她觉得自己迫切需要有人立刻前来，裹住她的肩膀，让它温暖起来，而且一旦做完就马上离开。在那一瞬间，她觉得这一定是自己身为婴儿时的感受——想要被照顾，却没有人来。

这是这位患者对他人的典型态度，也体现了她最初与乳房之间的关系——渴望被照顾，同时又排斥那个要来满足她的客体。她怀疑收到的礼物，又迫切需要被照顾（本质上是渴望被喂养），这表达了她对乳房的矛盾态度。我曾经提到，婴儿遭受挫折后的反应是不去尽情享受喂食带来的满足，即使喂食只是迟到了。我猜测，他们虽未放弃对令人满足的乳房的渴望，却也无法享用它，甚至因此排斥它。我此刻讨论的案例说明了这种态度的一些成因：患者之所以怀疑自己想要得到的礼物，是因为客体已经被嫉羡和仇恨毁坏了；以及与此同时患者对每次挫折产生的深深愤恨。我们也要记住，令患者失望的众多经历使她觉得，自己所渴望的照顾不会让她满意，而造成这种失望的部分原因无疑是患者的态度，这同样适用于嫉羡明显的其他成年人。

这次会谈中患者报告了一个梦：她在餐馆里，坐在桌旁，却没有服务员。她决定去排队,给自己拿点吃的东西。她前面有个女人,拿着两三个小蛋糕走了。患者也拿了两三个小蛋糕。我从她的联想中选取了以下内容:这个女人神色坚定,她的形象让患者想起了我。而且患者在回忆蛋糕名字时突然出现了疑惑,她一开始以为是"小水果",随之想到了"小太太",然后是"克莱因太太"(实际上蛋糕的名字是"小点心")。我诠释的大意是她对错失的分析会谈怀有积怨,这与她婴儿期的喂养未获满足以及那时的不快乐有关。"两三个"中的两个代表乳房,错失两次会谈让她觉得自己被剥夺了两次乳房,而之所以是"两或三",原因在于她不确定第三天自己能不能来。梦中的女性"神色坚定",患者学着她拿了蛋糕,这既体现了患者对分析师的认同,也意味着患者把自身的贪婪投射到了分析师身上。现在说来,梦中有个方面与本文的内容最相关——分析师带着两三块小蛋糕走了,她不仅代表着被扣留的乳房,也代表着打算只喂养自己的乳房。(综合所有材料看,"神色坚定"的分析师既是乳房,又是一个患者认同其特质的、好坏兼备的人。)

于是,挫折中包含了对乳房的嫉羡。这种嫉羡引发了强烈的憎恨,因为患者感到母亲是自私、吝啬的,只喂养自己,爱自己,而不是她的孩子。在分析情境下,当患者没来时,她怀疑我私自享受着,或者把时间提供给了我更喜欢的其他患者。患者决定排的那条队伍指的正是被我偏爱的那些竞争对手。

患者对这些分析的情绪反应令我印象深刻。与之前的分析会谈相比,她现在体验到了更鲜活的快乐和感恩。患者眼中含着泪水,这种情况不太常见。她说此刻觉得自己好像刚被充足地喂养了。她突然发觉,或许她的母乳喂养经历和婴儿期比她之前想象的要快乐。而且,她对自己的将来和分析结果更有希望了。患者也更充分地认识到了自己的一个部分,这部分是她在其他关系中已经有所了解的。她发现,自己对很多人心怀嫉羡和嫉妒,但是,在与分析师的关系中,她没有意识到这一点,因为如果体验到自己正在嫉羡、毁坏分析师和分析的成果,就会引发难以承受的痛苦。听完这次会谈的分析后,患者的嫉羡减轻了,她享受和

第八章 嫉羡和感恩

感恩的能力涌现出来,她也因此能够把分析会谈体验成一次愉快的喂养。这种情绪状态要一次又一次地修通,不仅是在正向也是在负向移情中,直到分析获得了更稳定的成果。

在分析关系中,我帮她把自体分裂了的部分逐渐整合到一起,也帮她认识到她对我(最初是对母亲)心怀嫉羡,继而猜疑。如此这般,被愉快喂养的体验才会出现,这种体验是与感恩紧密关联的。随着分析的推进,患者的嫉羡减少了,感恩的感觉变得更加频繁和持久。

(pp. 204-206)

讨论完与无意识嫉羡有关的焦虑后,克莱因以特有的方式描述了种种防御。在这段内容中可以清晰地看见她对自我所承担的任务的理解,自我如何帮助个体抵御可能难以承受的各种水平的焦虑。克莱因强调了:理想化的防御作用("过度抬高客体和客体给予的礼物,试图减少嫉羡");迷惑对清晰思考能力的妨碍(混淆好坏);从与母亲的亲密关系中逃离,转而关注其他人(通常最先是父亲),这是为了保存客体,使其不受敌意嫉羡的破坏;分散强烈的情绪(这是性滥交的基础);贬低客体(也涉及不感恩)和贬低自体(不能享受自身的天赋)。如果内化过程十分贪婪,以至于主体觉得自己完全占有、控制了客体,客体所有的好东西都变成了自己的(就像"贪婪"的婴儿和乳房那样),嫉羡与贪婪之间的关联就会显现出来。

通过在他人身上激发嫉羡,扭转局面,个体可以避免嫉羡的痛苦感受(也就是日常生活中说的嫉羡的"刺痛")。"钝化爱的感觉,增强恨意"或冷漠,都可以让个体躲避痛苦,因为这样做可以掩盖嫉羡和憎恨爱的客体所带来的内疚。

这些都是用来抵挡嫉羡的防御,虽然克莱因对这些防御的描述引人共鸣,但她没有提供相应的临床案例。或许,我可以在这里提供一个简短的、与儿童一起工作的临床片段,来帮助读者们理解克莱因点出的某些内容。虽然克莱因强调,在理解心灵中的这些方面时,她作为儿童分析师的经验十分重要,但是,她在书中举的案例都是成人。

临床片段

患者,贝拉,是一位有点幼稚的9岁女孩。她有着严重的困扰,曾为此住院治疗过一段时间。目前,她在一家诊所接受一周三次的心理治疗。

她生活的方方面面都受到了限制,在交友、学习和享受家庭关系上都存在问题。

贝拉一直对治疗师的衣服极度关注,尤其是鞋子。有一天,她让治疗师看她的短袖衫,上面写着"我感到自己很甜美",但随后她就问治疗师:"你为什么不穿那双银色鞋子?你为什么总是穿高跟鞋?"接着,她用黏土捏了个场景——一条"彩色毛毛虫"和一只"长尾猫咪"在取笑一只孤单的蜘蛛。蜘蛛一直被毛毛虫—猫咪组合欺负、排挤。治疗师努力表示同情那只嫉妒的蜘蛛,这让贝拉抱怨自己坐的椅子比治疗师的小,起身坐到了跟治疗师一样的椅子上。然后,她提起自己曾看到诊所在修缮,这让她有些好奇、焦虑。会谈快结束时,贝拉开始踢治疗师的脚。治疗师评论说,这双鞋让她觉得自己与治疗师不一样,她不喜欢看到它们。贝拉指着鞋上的褶皱问:"这是谁划的?"后来,她又坐到了房间里最大的椅子上。她的治疗师说:"当你觉得自己不一样、渺小的时候,你感到沮丧。你想要像现在一样觉得自己很大。你不喜欢我的脚,因为会谈结束后,它们会把我从你这里带走,所以你想划坏、弄脏我的鞋。"

贝拉希望自己是甜美的,但是,她感到治疗师拥有所有好的东西,例如银色的鞋、高跟鞋(长大成人的证据)、大椅子、伴侣、知道诊所发生了什么。这激发了她对治疗师的强烈嫉羡。毛毛虫—猫咪组合代表了一对得意扬扬的伴侣,排挤着悲惨的蜘蛛,冷酷地从中享受。它们描绘出一幅图像——性伴侣全然不顾那个嫉妒、嫉羡的孩子。"蜘蛛就是得自己一个人。"贝拉一边说着,一边坏笑。这时,我们看到了克莱因所说的理想化("银色的鞋")、贬低（她所仰慕、嫉羡的鞋子被划坏了）和迷惑（在贝拉心中，友好的治疗师和邪恶的治疗师混在了一起）。贝拉的心理状态佐证了克莱因的观点：抵挡嫉羡的防御无法真正起作用，它们会进一步损耗个体从关系中获益的能力。

克莱因接着谈到了其他同事（罗森菲尔德等人）的著作。他们都谈论了嫉羡在严重紊乱状态中扮演的角色。正如我们在贝拉与治疗师之间的关系中看到的那样：

> 当偏执和分裂的特点占优势时，抵挡嫉羡的防御就不会成功，因为对主体的攻击会增强迫害感，而迫害感只能用新的攻击来处理，也就是说，破坏冲动增强了。这样就形成了一种恶性循环，损害了客体对抗嫉羡的能力。这种情况尤其可见于精神分裂个案，而且在一定程度上解释了治疗他们时遇到的困难。
>
> （p. 219）

总结来说，克莱因划分了一组防御，认为它们共同构成了分析中负向治疗反应的基础。随后，她自然而然地讨论到损害分析过程的种种难题，告诉我们要做好准备，面对"改善与退步之间的起伏波动"。继比昂之后，布里顿进一步拓展了这种观点，提出分析过程必然会在偏执－分裂构型和抑郁构型之间来回摇摆（Brittion，1998a）。

对感恩的阻碍

克莱因把下列内容联系到感恩的问题上：

> 患者无法带着感恩接受诠释，即使他心中某些部分知道诠释是有帮助的。这是负向治疗反应的一个方面。负向治疗反应还包括很多其他的困难，下面我会提到一些。我们要预料到，每当患者朝整合迈进一步，也就是人格中嫉羡、怨恨和被怨恨的部分与自体的其他部分靠近一点时，

强烈的焦虑就可能涌现出来，患者也因此更加怀疑爱的冲动。我曾经把遏制爱意描述为抑郁位期间的躁狂防御，它的成因是破坏冲动的威胁和迫害焦虑。对于成人而言，依赖自己爱的人会激活婴儿期的无助感，使个体感到丢脸。但是，除了婴儿期的无助感，还有更多：婴儿担心自己的破坏冲动会把母亲变成迫害的或者受伤的客体。如果这类焦虑太强，婴儿就可能过度依赖母亲。这种过度依赖会在移情情境中复苏。患者也会担心，如果让爱主导，贪婪就会摧毁客体，这是遏制爱的冲动的一个原因。患者还害怕爱会带来太多的责任，客体会提出太多的要求。此外，患者无意识中知道仇恨和破坏冲动在运作着，这可能会让他不承认他对自己和别人的爱，因为这么做感觉更真诚。

（《嫉羡和感恩》，1957，pp. 222-223）

克莱因也谈论了分裂、压抑、倚赖强烈正向移情和增强全能与自大幻想所起到的防御作用，不过，她总结道：

先天素质决定了有些患者的嫉羡过强。我已经强调，在分析这些患者时我们可能在某些节点上遇到困难。对于许多个案而言，分析那些深层的、严重的紊乱，可以给他们提供安全保障，防止过度嫉羡和全能态度造成精神错乱。但是，我们一定不能太快推进整合的步伐。如果患者猝不及防地意识到了人格中的割裂，他们在应对时就可能面临巨大的困难。嫉羡和破坏冲动被分裂得越彻底，患者意识到它们的时候就越觉得危险。在分析中，我们要慢慢地、逐步地让患者内省到自体中的割裂，这会给他们带来痛苦。也就是说，破坏性的部分被一次次地分裂，又一次次地重新获得，直到更好的整合出现。患者的责任感因此变得更强，也更彻底地体验到了内疚和抑郁。当这些发生时，自我的力量同样得到了增强。除此之外，破坏冲动的全能感也与嫉羡一同减弱了，而爱与感恩的能力，之前被分裂过程遏制着，现在也得到了释放。于是，被分裂的部分逐渐变得可以接纳，患者越来越能够压抑指向爱的客体的破坏冲动，而不是分裂自体。这意味着，之前患者对分析师的投射把分析师变成了危险的、报复的形象，现在这种投射减弱了，分析师也能更容易地帮助患者取得进一步整合。也就是说，负向治疗反应正在失去力量。

（pp. 224-225）

克莱因对比了她的技术和另一种取向，即加强正向移情，回避负向移情，试图承担好客体的角色。她反驳道，以反复保证和宽慰为基础的技术无法带来长期的疗效。这也是她在其他地方经常提到的观点。但是，克莱因也强调了依稀觉察到破坏性嫉羡时可能激发的痛苦程度，以至于个体会反复做出努力来避免这种情况发生。后来，奥肖尼西（O'Shaughnessy, 1981a, 1992）和斯坦纳（Steiner, 1993）关于病理性人格组织的工作，以及罗森菲尔德（Rosenfeld, 1964, 1971, 1987）关于破坏性自恋的工作，都与克莱因的观点有着千丝万缕的联系，而罗森菲尔德的工作更是拓展了我们对分析僵局的认识。

体质和环境因素

在最后总结前，克莱因再次引证了弗洛伊德和亚伯拉罕的看法。她重申道，先天体质因素在个体的发展中起着重要作用，但她同时也关注了一系列外部经历，以寻求先天和后天的平衡：

> 我曾提出，在与原初客体（母亲乳房）的关系中，贪婪、仇恨和迫害焦虑有着先天基础。本文里，我补充道：嫉羡，作为口腔和肛门施虐冲动的强烈表达，同样是先天的。弗洛伊德假设，生死本能会互相融合。在我看来，上述先天体质因素的强度关乎生死本能融合中哪种本能会占优势。我认为，何种本能占优势也同样与自我的强弱程度有关。我常说，在处理那些必须应对的焦虑时，自我的力量是一种体质因素。如果个体难以忍受焦虑、紧张和挫败，这意味着自我从出生前就是虚弱的，难以

匹敌强烈的破坏冲动和它体验到的迫害感。当这些强烈的焦虑施加在虚弱的自我上面时，自我会因此过度使用某些防御，例如否认、分裂和全能。在一定程度上，这些防御始终是早期发展的特点。我补充的内容与我的理论是一致的。先天强健的自我不容易受嫉羡折磨。它能更有效地分裂好与坏，而我认为分裂是建立好客体的前提。再然后，自我会减少使用这些分裂过程（它们导致了碎片化，也是明显的偏执-分裂特征的一个方面）。

从最开始就影响发展的另一个因素是婴儿成长时的外部经历。这可以从某些角度解释婴儿早期焦虑的发展——为何难产、哺育不足的婴儿的早期焦虑尤其强烈。我逐渐积累的观察结果让我确信，就影响发展的程度而言，外部经历与先天素质（天生的破坏冲动以及随后的偏执性焦虑）势均力敌。许多婴儿没有很糟糕的经历，却遭受着严重的进食和睡眠困难，我们可以在他们身上看到严重焦虑的各种迹象，这是外部环境无法充分解释的。

同样众所周知的是，有些婴儿曾经历过严重的剥夺和逆境，却没有发展出过度的焦虑，这或许意味着他们的偏执和嫉羡特质并不突出。这些婴儿后续的成长史通常能佐证这一点。

我曾有幸在分析工作中多次把性格形成的源头追溯到先天因素的差异上。然而，关于出生前的影响因素，我们还有很多要学习的地方。但是，即使我们了解得再多，也不会动摇先天因素在决定自我力量和本能驱力大小上的重要性。

上述先天因素的存在，指出了精神分析疗法的局限。我清楚地明白这一点。不过，我的经验也告诉我，尽管先天基础不利，我们依然能在一些个案身上创造出根本的正向改变。

（《嫉羡和感恩》，1957，pp. 229-230）

这些段落体现出，克莱因一直平等对待着先天因素和早期经验。她坚称先天因素在心理发展中的重要性，与此同时，她也绝不忽视早期经验的影响。

这在她的文字中显而易见。然而，对克莱因著作的众多评议却没有透彻地认识到这种平衡。克莱因去世后的几十年来，临床工作者们一直在细致地剖析着移情和反移情现象，试图探究"体质"和"环境"因素各自发挥了怎样的作用（Rosenfeld，1987；Roth and Lemma，2008）。

克莱因的这篇短文仔细讨论了先天和环境因素在心理发展和性格形成中分别起到的作用。这对于日后与儿童和青少年的分析工作而言非常重要。于是，儿童精神分析治疗的范围扩大了。公立诊所开始为那些早年遭受严重剥夺或虐待的孩子们提供心理治疗，而医院各部门也开始收治患有多种复杂疾病和障碍的儿童。研究者们因此走进了一个广袤的领域——探索临床中先天特质与后天环境之间的相对权重和互动关系。这也意味着，在面对着有限的资源时，我们需要评估儿童从治疗中获益的潜能。克莱因的分析态度既认识到了治疗结果的局限性，也告诉我们，即使环境和体质因素是负面的，治疗工作也可以达成根本性改变。她的态度极大推动了这类儿童精神分析疗法的发展。

克莱因的结语强调了这本书在理论上的新贡献：
- 嫉羡有着破坏和毁灭的特点。
- 患者与作为内部客体的分析师之间的关系很重要。
- "嫉羡式的超我"会摧毁修复和创造活动。
- 原始嫉羡以及早期的分裂、整合过程都有其重要性，它们为自我在生命第二年的压抑能力打下了基石。
- 持续的技术会给"修通"创造充足空间。

可以看到，上述要点中的大部分内容都在关注嫉羡。这或许隐含了克莱因在探索嫉羡与感恩这两极时存在的不平衡。我们应当给克莱因的结语增加一点内容：感恩不仅能缓和嫉羡，增强与好客体之间的内部关系，还可以支持创造性升华。或许，某些程度的不平衡无法避免，因为临床材料对应的必然是让患者前来求助的困扰。整体而言，分析师们会非常谦逊地描述患者的痊愈、人格发展和好特质的成长，因为他们留意着患者的理想化，谨慎辨别着真正属于自己的工作成效。精神分析理论的临床基础一直容易招来批评。有些人认为它强调被分析者的病理，忽视了发展性的或者说"更健康的"特点。作为一位重视嫉羡的分析师，克莱因备受赞誉。这或许是精神分析倾向性的一种体现。与此同时，她所描述的那些内容也是相当沉重的。读者们确实需要采用非常冷静的、精神分析式的态度，才能接受如此令人困扰的临床观察。

克莱因在文章最后的反思包括，严重的抑郁痛苦和焦虑可能会超过对真相的渴求，这将限制分析的成效。患者害怕自体被分裂的部分会对自体和客体造成彻底的伤害，觉得它太危险，无法在意识中接受。她怀揣着人道与智慧，刻画了十分严重的患者，又复加希望，评估了受困较少的个体，但她也警告道：

> 在我看来，彻底、永久的整合是不可能达到的。因为，当内部或外部出现重重压力时，即使整合良好的人也可能被迫使用更强的分裂过程。当然，这或许是一种过渡阶段。
>
> （p. 233）

精神分析的价值

论文最后一段优美地展现了克莱因的精神分析工作思路：

> 通过把分析带回最早的婴儿期，我们能够复苏患者的基本情境，也就是我通常说的"感受式记忆"。在复苏过程中，患者可以对早年的挫折形成不同的态度。当然，如果婴儿确实遭受过十分严重的逆境，那么，即使建立好的客体也无法消除坏的早期经历。不过，把治疗师作为好客体内化（只要不是基于理想化），能够在一定程度上为患者提供曾经极度缺乏的内部好客体。而且，投射弱化，随后获得更高的容忍度，这些都与憎恨的减弱息息相关。即使早年处境十分不利，患者也能因此寻回

第八章　嫉羡和感恩

自己的某些特征，重现过去的愉快记忆。负向和正向移情把我们带回了最初的客体关系，这正是上述目标的达成途径。患者生命早期的自我是虚弱的，而治疗师带来的整合增强了患者的自我力量，使一切成为可能。沿着这条路径，对精神病性患者的精神分析也可能取得成功。

（pp. 234-235）

这些文字简明扼要地概括了精神分析疗法的潜质。它让我们想起克莱因的观点——分析师必须在移情关系中完全承担患者痛苦的负面感受。这将是一段相当长而艰难的旅程。如果治疗师很难发现蛛丝马迹，证明患者存在爱的能力，便会被激起绝望的感受。然而，正是这种感受让分析师能够理解——当患者割裂出自体和客体中好的方面时，他承受着怎样的无望和抑郁。

第二部分

第九章

第二部分简介：伦理、美学、社会及梅兰妮·克莱因的工作

克莱因的论文几乎完全聚焦于精神分析的临床实践与理论，并大多基于她本人在咨询室里的经验，以及跟其他精神分析师（不论他们是分析师、教师或是同事）在工作上的互动。弗洛伊德寻求与展示的是，精神分析的概念和方法与人类文明和文化的几乎所有领域都有关联，尽管其精神分析工作的核心始终是他与每个被分析者的临床实践。在随后的岁月中，借由结构化、规范化培训的发展，精神分析成为一种职业，个人分析、理论原则的传授、临床督导变成了其核心任务。弗洛伊德的同时代者以及后世的追随者中，无人能在广泛拓展精神分析应用领域的能力与热情方面与他相媲美，而不偏离精神分析实践这一根本性的最初原则。

不同于弗洛伊德的著作颇丰、读者甚众、涉猎甚广，克莱因的大多数论文是为精神分析师以及致力于精神分析领域的专业工作者而著的。弗洛伊德在其精神分析事业的早期就成了举世闻名的公众人物，而克莱因并不追求广泛的关注，她在其事业的后期才成为名人，她的思想被追随者和同事们接受并发展下去，她的论文被收集并出版成书。她也确曾发表过一小部分论文给非专业的受众，文风很直截了当并具有说服力；她还偶尔写过非临床主题的论文，但这些论文只占她出版著作中很小的一部分。然而，近些年来人们才越来越清楚地看到，"克莱因学派传统"的精神分析思想与文化和社会各领域的相关性及在这些领域的应用，一点儿也不比弗洛伊德的思想来得少。的确，我们可以发现，弗洛伊德思想的"克莱因流派发展"与弗洛伊德本人涉猎过的大多数非临床领域有关，例如，伦理的议题、艺术与美学、社会与政治。但克莱因本人的写作只有很少的一部分扩展到了临床领域之外，所以这些更

广泛的联结工作主要留给了被她的思想所激励和影响的同事与追随者们。

　　本书的第二部分将展示，克莱因论文中的核心思想是如何成为发展其在美学、伦理与社会科学领域影响力的基础的。梅兰妮·克莱因、葆拉·海曼（Paula Heimann）和罗杰·莫尼－凯尔主编的《精神分析新方向》(*New Directions in Psycho-Analysis*，1995)，以及克莱因已出版的著作，将成为其理论思想应用于各个不同领域的起点。

第十章

克莱因学派的伦理：爱与恨的道德观

克莱因的写作与她对道德哲学和伦理的关注之间的联系是非常矛盾的。她在写作这一主题时，几乎从未明确地提及自己，而只讨论发生在精神分析领域内的事情。与弗洛伊德不同，她很少提及或者沉浸在众所周知的著作或哲学经典之中，她对人类本性及其道德偏好的反思中也极少出现文学或其他领域的学识。然而在另一方面，她的工作又渗透着对人类性情、精神状态的探究，而这些都具有深刻的伦理重要性。例如，她曾写到过贪婪、嫉妒、嫉羡、感恩、内疚、爱、恨和修复，这些都是她工作的核心主题，也都是具有明显道德意义的概念，因为它们都指涉了人类彼此之间在思想、情感和行动上发生联系的规范与框架。克莱因认为，心理是通过被体验为好的或坏的关系而组织起来的，在她看来，人类从婴儿期开始的心理发展对道德感的涌现非常重要，尽管她是从对他人的情绪、性情和倾向的角度来描述这些议题的，而不是以哲学伦理的语言来描述的。克莱因相信，爱的能力和对他人的关注是人类所固有的，尽管这总是与相反的倾向（即恨与伤害）共同存在。她认为在生命的最早期阶段就形成了爱与恨的冲动，以口欲与肛欲的方式，激情澎湃又充满了婴儿式的残暴，这些思想让很多读者感到震惊，因为它们挑战了（正如弗洛伊德之前所做的那样）大众认为婴儿的本质是天真无邪的想法。她的描述是严酷的，这也许导致了对克莱因的误解，好像她过于强调人类本质上破坏性的一面，其实这与她论文的核心观点相去甚远。她的偏执-分裂位与抑郁位的理论，在道德感的起源与本质方面，挑战了弗洛伊德的观点。有一种思想认为，道德感是超我功能之体现、是内化了的强制或压抑的一种形式，这被克莱因的解释彻底取代了，她从根本上进行了补充，她认为道德感也可以是正常涌现出来的，在"抑郁位"的发展过程中，关注客体的福祉，渴望修复（在幻想中与现实中）自己所造成的伤害。本质而言，克莱因认为，道德感既可来自原始的、内化了的对惩罚与报复的恐惧，也可来自健康的发展，是被爱所激发的、对他人福祉的关注当中涌现出来的，而这被克莱因认为是"正常"的超我（O'Shaughnessy，1999）。

本章将试着展示，克莱因精神分析思想关于人类的本质及其发展的重要性，以及它与更广泛的、对伦理议题的理解之间的关联何在，特别是那些被道德哲学家们所阐述的伦理议题。

道德哲学通常给出了对人类应该遵守的行为原则的看法，以及人类应该礼赞的善行与美德。但这些对令人向往的、理想的或者义不容辞之事的陈述，需要注意到人类本质的事实或现实情况，正如我们所理解的那样，否则就只是开出了毫无根据的处方。克莱因的工作涉及的正是这些人类本质的现实情况[1]。

首先来看看克莱因思想中与道德、美德问题有关的几个方面。

1. 她坚持认为人类从本质上来说是社会性的，在心理层面上与他人相连，从生命之初就具有"客体关联性"。
2. 她认为，人格随着发展的脚步而形成，通过与他人的投射性认同和内摄性认同的过程形成，特别是在与孩子的父母或者替代父母（精神分析的理论称之为"客体"，但他们首先是人类或者人类的某些部分）的亲密关系中形成。
3. 她认为个体对他人的倾向之首要决定因素，是人格中爱与恨的平衡，这些秉性之间的平衡是由养育与照顾的体验所塑造的，当然还有人格的天生部分。
4. 弗洛伊德所描述的超我，是在孩子3岁时作为对俄狄浦斯情境的反应

---

[1] 精神分析师罗杰·莫尼–凯尔与克莱因关系密切，他探讨了她的伦理与政治思想的含义。他在《精神分析新方向》（1955）一书中的文章《精神分析与伦理》（Psycho-analysis and ethics），他的著作《精神分析与政治》（*Psychoanalysis and Politics*，1951），以及之后发表在他的《合集》（*Collected Papers*）中的文章（Meltzer，1978），都试图展示精神分析对无意识动机的理解，特别是超我的偏执–分裂与抑郁成分，这提供了道德洞察，有助于促进富于道德责任和社会责任的生活方式。

而出现的，是道德感的体现；而克莱因的观点则是，超我事实上出现得更早，以更原始的方式破坏而非支持了人类在道德层面相互连接的能力。

5. 她的偏执－分裂位与抑郁位的理论，以及抑郁位的核心思想都是道德能力的延展概念，是基于对他人或"客体"做出修复的愿望，源于想象中的或所相信的因自体而带来的伤害。因此对于克莱因而言，伦理的冲动，即渴望为他人做好事（也为了照顾自己），不仅仅是基于由良心或原始超我强加而来的规则，也基于爱与修复的秉性。

6. 最后，她与弗洛伊德都认为，对他人的行为以及对自己的行为，实质上是被无意识或者"内在"精神状态所塑造的。如果我们跟随克莱因的观点，那么通过对无意识心理状态的理解，不仅仅可以让个体的生活更少地受制于焦虑与强迫，还可以增强人们关注他人需求的倾向，表现出对他人的更多关爱与责任。

克莱因一生的工作所发展出的这些思想，综合起来看是对理解道德能力的重大贡献。尽管只有少部分哲学家意识到这些思想的重要性[1]，但它们理应被理解为对道德哲学的重要贡献。我们认为，这些思想与她那个时代的任何人文科学中所产生的涉及伦理议题的思想同样重要。

我们将继续前面章节的做法，先呈现一些阐述克莱因思想的重要论文中的段落，然后讨论其重要性。

互联性是人类本性的核心

对幼儿的分析告诉我们，没有什么本能冲动、焦虑情境、心理过程是不包括客体的，无论外部或内部的，换言之，客体关系是情感生活的

---

[1] 这些哲学家包括理查德·沃尔海姆、塞巴斯蒂安·加德纳、吉姆·霍普金斯和乔纳森·李尔（Jonathan Lear）。

核心。更进一步来说，爱与恨、幻想、焦虑、防御都是一开始就运行，从开头起就与客体关系不可分割地连接在一起了。这一洞察为我们揭开了很多现象的新视角。

[《移情的起源》(*The Origins of Transference*)，1952，p. 53]

这一思想不仅是克莱因流派精神分析的基石，也是更广义的精神分析客体关系理论的基石。其他的客体关系理论家，如温尼科特，接受了克莱因的这一观点［以及同时代的、由其他作者发展出来的类似观点，诸如费尔贝恩（Fairbairn），他们都不同程度上参与了她的工作］，但他们拒绝了她的其他理论表述，特别是原始的破坏性与嫉羡的思想。尽管她的思想挑战了弗洛伊德关于婴儿发展的最初观点，但她的思想与弗洛伊德在后期著作中所论述的思想保持了一致，也的确是从那里发展而来的。正是弗洛伊德在《哀伤与忧郁》（Mourning and melancholia，1917）以及《群体心理学与自我的分析》（Group psychology and the analysis of the ego，1921）中的讨论，开始建立了更为复杂的、以意义为核心的对心理的理解，与之相对的是弗洛伊德早期更为生物性的、以本能为驱动的模型。在《哀伤与忧郁》一文中，对所爱之人的认同概念成为核心，而这被发展成为客体关系理论，进而又发展出互联性是心理健康之前提的信念。弗洛伊德本人一生的思想发展，以及他的一些同事（诸如费伦齐和亚伯拉罕）的论文是克莱因思想发展的前提。尽管如此，在原始自恋理论以及婴儿心理早期发展的相关议题上，弗洛伊德与克莱因的分歧还是非常明显的。

对于克莱因的观点以及随后一些精神分析研究项目的挑战，是对这样一种关系的预想，即世界是由对本能满足的需要与愿望所支配的，这是弗洛伊德早期理论的基础[1]。与这一观点相对应的是，自体从根本上是由愿望所驱使，既包括力比多的也包括破坏性的愿望。而与此相对应的是弗洛伊德的"超我"概念，超我的功能是抑制对这些愿望的承认与表达。人类天生就是自我满足的个体，这就要求人在发展过程中需要被"社会化"和被引导而进入关系中，但克莱因流派的观点对此发出了挑战，她所描述的情况是，在生命之初就存在热烈的情感相互依赖。

弗洛伊德之后的精神分析理论的重新调整，无疑含有明显的性别化意涵。人类的生命始于原始相互依赖与关联的状态中（尽管这一状态充满了冲突与张力）。这一观点极具意义正是因为生育以及怀抱新生婴儿于胸口的体验，对此克莱因当然亲身体验过。源于这种原始的体验，母亲与婴儿的心理状态成为克莱因及其追随者所感兴趣的议题，例如，由比昂与温尼科特分别提出"沉思"状态的概念，以及"原始母性贯注"的概念。克莱因富于想象力的洞察使得她从对母婴核心体验的理解外推到理论上的猜想，从根本上改变了我们对人类本质的理解。

克莱因富于洞察的超凡品质被随后的发展所证实，这不仅在精神分析领域，还在婴儿发展的实证研究当中。生命最初的几个月，只要是涉及心理生活方面的，曾经都被认为是空白阶段，但研究证明这一阶段具有极大的复杂性。婴儿曾一度被认为对于照顾他们的成人到底是谁无所谓，其基本需要也曾经被认为大部分是生理上的照顾，现在我们知道，婴儿在出生几分钟之后，就能通过声音和气味认出自己的母亲了。婴儿大脑与神经系统的器质性发育，持续到出生之后的两年左右，并且似乎对婴儿的情绪健康状况相当敏感，这可以通过压力与焦虑的指征测量到。动物行为学家已经证实，哺乳动物与人

---

[1] 这与弗洛伊德早期理论中的生物学和神经科学基础有关，他从能量与紧张释放的角度给出了"定量"解释，用来解释人类的动机。这种心理模型与霍布斯哲学经验论的唯物主义假设之间似乎存在某种联系，他的目标是通过发展伽利略所发现的，以及之后被牛顿继续发展的与物理的本质相关的"运动律"（似乎进一步与人类的本质相关），来解释人类的动机。霍布斯对此的看法是其好恶的理论，即人类原始的、追求快乐与避免痛苦的动机，成为功利主义道德理论的基础。这些思想的影子清晰可见于弗洛伊德的本能理论。

类的依恋模式有许多相似之处。进化生物学家也告诉我们，婴儿的很多依恋行为模式——他们能够特别吸引母亲以及广泛地吸引全体成年人的特性与行为，他们天生对陌生人的怀疑，他们天生与手足之间的竞争等——在狩猎与采集的社会中都对个体的生存具有至关重要的功能，人类的遗传禀赋或多或少地被固定下来，保留至今成为我们精神生活的模板。萨拉·赫尔迪（Sarah Hrdy，1999）关于这一主题的著名著作，令人信服地指出，母亲与婴儿——甚至是母亲与胎盘——都在一定情况下是稀有"生存资源"的竞争对手，尤其是食物。吉姆·霍普金斯（Jim Hopkins，2003）指出，人类禀赋的早期进化的观点认为，人类是在狩猎与采集中完成了基因的构建，这解释了母婴精神生活的冲突与矛盾的本质，克莱因从精神分析的角度阐述了这一点[1]。克莱因对婴儿精神生活的很多推测，是在20世纪20年代的一些个案中做出的，被几十年之后进行的实证研究所支持[2]。一种全相关的人类发展理论，将神经学条件、心理状态与社会互动联系起来，这种理论正在形成之中，它作为各种单一维度的原子论式个体主义理论的竞争对手而出现，无论这些理论是基于唯物主义、唯器官论、信息处理，还是享乐主义的基础构件[3]。尽管克莱因的理论，只是对于这一逐渐发展的多学科范式转换的重大贡献之一，她的理论却是其中最早的、也是最重要的一个。在这个世界里，科学和思想此前几乎完全被男人所支配，因此，这个对人类本质及其关系基础的理解的重大革命有赖于性别化的女性视角，显得多么引人注目。

---

[1] 这一观点是霍普金斯更宽泛的论点的一部分（Hopkins，2014），实证的人文科学的一系列发展，特别是在神经科学领域的发展，越来越多展示出其在实质上与精神分析理论殊途同归，而精神分析理论到目前为止主要是基于重构的证据，以及精神分析临床实践的推论。

[2] 彼得·福纳吉与玛丽·塔吉特（Peter Fonagy and Mary Target，2003，第6章）综述了近期关于克莱因理论推测的实证研究，他们的结论是：不得不说，梅兰妮·克莱因的一些思想不再像一开始那样牵强附会了。所有这些都不能证明她的思想……但是如果考虑发展科学的前进方向……就不能因难以置信而无视它们（p. 134）。

[3] 阿兰·沙特尔沃思（Alan Shuttleworth，2002）称之为"生物–心理–社会模式"。

第十章 克莱因学派的伦理：爱与恨的道德观

投射性认同与内摄性认同

在接下来的这一段，克莱因描述了人格如何通过认同过程而发展起来，这始于生命的早期，并发生在亲密的家庭关系当中。

> 我已经提到过，母亲被内摄了，而这是发展的一个基本要素。在我看来，客体关系几乎始于出生之时。母亲好的部分——爱、帮助、喂养孩子——是第一个好客体，形成了婴儿内在世界的一部分。我认为婴儿这样做的能力在一定程度上是天生的。好客体是否能充分地变成自体的一部分，某种程度上有赖于被迫害的焦虑——以及由此而来的愤恨——不至于过度强烈；与此同时，来自母亲充满爱意的态度极大地有助于这一过程的成功。如果母亲作为一个好的、可依赖的客体被纳入孩子的内在世界，有力量的成分也就加入了自我。因为我假设，自我主要围绕着这一好客体而发展，对母亲的好的特质的认同成为有助于更进一步认同的基础。对好客体认同的外在表现，是幼儿会模仿妈妈的活动和态度；这可见于孩子的游戏，也常见于他对更小的孩子的行为。对好妈妈的强烈认同，使得孩子之后认同一个好爸爸，以及认同其他友善的人也变得更加容易了。其结果是，婴儿的内在世界开始容纳占主导位置的好客体与好感受，而这些好客体被感知为对婴儿的爱是有回应的。所有这一切都对稳定的人格有所贡献，并可以延伸至对他人的同情与友善的感受。很显然，父母二人之间的关系融洽、父母与孩子的关系融洽以及良好的家庭氛围，都对这一过程的成功起到了关键作用。
>
> （《成人世界及其婴儿期根源》，1959，pp. 251-252）

在这里，克莱因提出的观点是，人格是在生命之初，通过对他人的认同开始形成的。在顺利的情况下，认同指向一个"好客体"，被体验为和蔼而有爱的。克莱因认为，具有爱的能力的自体之形成、发展与成型有赖于这一早期认同。她相信婴儿天生就会期盼这样的客体出现在自己身边。因此婴儿可能会抓住环境提供的任何友善的东西,甚至在不利的情况下也是如此。她的认同理论并未暗示婴儿会被动地镜映自己身边关爱的环境。

根据克莱因的观点,个体通过照顾者回应自己的心理状态与感受的方式,首先得知并且意识到了自己的心理状态与感受[1]。性格的发展,不论以哪种形式——我们有时会看到父母与孩子在手势与表达上的相似性——总是与学习语言本身并行,其本质上是社交互动过程。

爱与恨

克莱因继续讨论了这一认同过程的其他方面。首先是攻击与恨的感受,"无论孩子对父母双方的感受多么好",这总是认同的一部分。克莱因追随了弗洛伊德,将这些感受归因于男孩和女孩与其同性父母之间的俄狄浦斯竞争。因此,认同既有积极的一面,也有消极的一面——自体不可能通过这些过程以全好的、积极的方式而成形。

> 然而,无论孩子对父母双方的感受多么好,攻击性与恨依然是蠢蠢欲动的。其表达之一就是与父亲的竞争,这是男孩对母亲的愿望,以及与之相连的所有幻想的结果。这样的竞争通过俄狄浦斯情结表达了出来,我们可以清晰地在3岁、4岁或者5岁的孩子身上观察到。然而,俄狄浦斯情结在非常早期就已然存在了,它根植于婴儿最初的怀疑,父亲把母亲对自己的爱与关注给夺走了。
>
> (《成人世界及其婴儿期根源》,1959,p. 252)

克莱因接着讨论到,认同来自投射与内摄的过程。通过把我们的某些部

---

[1] 美拉·莱克曼(Meira Likierman,2001,p. 160)这样说道:"克莱因给认同感的发展提供了一个非比寻常的角度,她说这并不是简单地增加自我意识的问题。自体中最为强烈与扰动的部分,只有在游荡到别人的内心之后,也是婴儿得以外化自我与其最为扰动的部分之间的关系之后,才能安顿下来。"

分投射给别人，我们得以理解那个人与我们很相似，尽管如果投射过度，就可能导致自体与客体的混淆。我们在极端的心理状态下可以看到这样的例子，例如当婴儿投射自己的愤怒给父母，结果被父母给吓坏了。相反，过度内摄也能导致自体被客体所支配。内摄一个"坏客体"——例如，经常施虐的或者非常暴力的父母——也可导致受虐者的人格形成被对施虐者的认同所支配。

> 现在，我们再来看看投射。通过投射自己或者自己的一部分冲动与感受给另外一个人，可以产生对那个人的认同，虽然这与通过内摄而来的认同不同。因为如果一个客体被纳入自体之中（内摄），其重点在于获得这个客体的一些品质，并且被它们所影响。而把自己的一部分放在别人身上（投射），这样的认同是基于反响。我们倾向于归因于别人，从某种意义上说，是把自己的一些情绪和想法放到别人那儿；很显然，这有赖于我们有多平衡或者有多困扰，无论这个投射在本质上是友善的还是带有敌意的。通过把我们的一部分感受归因于他人，我们理解了他们的感受、需要和满足；换言之，我们把自己放到他人的鞋里。的确有人在这条路上走得太远了，以至于他们完全在他人中迷失了自己，变得没有能力做出客观的判断。与此同时，过度的内摄也危及自我的力量，因为自我变得完全受制于被内摄进来的客体。如果投射主要是怀有敌意的，真正的共情和对他人的理解就会受损。因而，投射的性质在我们与他人的关系中极为重要。如果投射与内摄间的相互作用没有被敌意或者过度依赖所控制，而是很好地平衡了，那么内在世界就充实丰满起来，与外部世界的关系就会得到改善。
>
> （《成人世界及其婴儿期根源》，1959，pp. 252-253）

分裂是早期人格形成过程中无法回避的部分，但它也是非常关键的一项早期心理成就。婴儿为了保护自己对一个好客体的信念以及相信自己有能力爱一个人，他必须分裂自己的敌对情绪，这样一来，在婴儿的周围环境（主要是婴儿的母亲，通常被克莱因称作乳房）中，好的和坏的部分就被彼此分隔开来。因此，分裂是一种保护自体使其远离自身破坏性心理状态的手段，非常有可能在一生当中的某些时刻作为一种防御而诉诸于此，特别是在人格被焦虑攻击，以及恐惧或愤恨的负面情绪威胁要淹没自体的时候。

> 我之前提到过，婴儿式的自我有分裂冲动与客体的倾向，我认为这是自我的另一项原始活动。这种分裂的倾向部分地源自早期自我非常缺乏连贯性的事实，但是，我在此不得不再一次援引我自己的概念，迫害性焦虑加强了让爱的客体与危险的客体保持分离的需要，从而将爱与恨分裂开来。因为幼儿的自我保护有赖于他对好母亲的信任。通过分裂这两个部分，并且黏住好的部分，婴儿保持了对好客体的信任，以及他对好客体爱的能力；这对于活下来是必不可少的条件。
>
> （《成人世界及其婴儿期根源》，1959，p.253）

在克莱因看来，这些认同过程的结果有赖于照顾环境中爱与恨（或者冷漠）的平衡和兼而有之，也在一定程度上有赖于婴儿天生的性情，即情感的韧性。在她看来，体验的"外在"与"内在"维度，对于发展都是至关重要的，这与有些时候人们归咎于她的观点是相反的。

根据克莱因的观点，人类个体发展自与他人关系的开始：

> 我之前说过，作为对母亲的爱与照顾的回应，爱与感激的感受直接地、自发地在婴儿的心中升起。爱的威力，是趋向于保护生命力量的体现，它存在于婴儿的身上，就像破坏性的冲动也存在于婴儿的身上一样；爱最初的、根本性的表达就是婴儿对母亲乳房的依恋，而后发展成将她视为一个人来爱她。我的精神分析工作告诉我，当婴儿的心中升起爱与恨的冲突，失去爱的客体的恐惧变得活跃起来，这是发展中非常重要的一步。现在，这些内疚与痛苦的感受作为一个新的元素进入爱的情绪当中，变成了爱的固有部分，深刻地影响了爱的质量与数量。
>
> ［《爱、内疚与修复》(Love, guilt and reparation)，1937，p.311］

第十章　克莱因学派的伦理：爱与恨的道德观

她接着讨论了认同与修复：

能够真诚地替别人着想，隐含着我们可以将自己放在他人的位置上：我们把自己和他们"认同"为一致的。现在，这种认同另外一个人的能力通常是人类关系中最为重要的元素，也是真正的、强烈的爱的感受之存在条件。我们只有在有能力将自己与所爱之人认同为一致时，才能忽视或者一定程度上牺牲自己的感受与愿望，从而在一段时间内将他人的利益与感受放在首位。

（《爱、内疚与修复》，1937，p. 311）

从这些段落中可以看到，克莱因精神分析思想中隐含着关于人类本质的充分的"社会角度"，以及她的理论中道德感与做出修复的愿望之间的紧密联系。显然，这位被如此误解地认为是沉浸在负面情感与心理状态中的精神分析师，其实是如此热烈地投入爱的威力之中。

克莱因的思想可以延伸到温尼科特那令人难忘的话语："并不存在婴儿这回事……我们看到的是养育中的一对"（Winnicott，1952，p. 99），这是终生的境况，即，并不存在孤立的个体，只有被放入关系矩阵中的个体，既包括内在的，也包括外在的关系矩阵。

或者如约翰·多恩（John Donne）所言：

没有人是一座孤岛，

可以自全，

每个人都是大陆的一块

整体的一部分[1]。

---

[1] 精神分析式的理解，在文学与艺术的象征形式中，比在人文科学之中得到了更多、更普遍的期待、匹配与超越。

下文将进一步讨论这些关于道德思考的论断中的隐含之意。

超我及其功能

人们通常通过超我这一概念，将道德哲学与精神分析联系在一起。弗洛伊德认为良知或者道德意志的概念是位于无意识的独特元素或结构，而良知与道德意志是康德的道德哲学之核心，对《圣经》的道德思考在他的著作中以世俗化的版本得到了发展。弗洛伊德的观点解释了道德感的起源，主要是孩子内化了父母的权威感，特别是对婴儿俄狄浦斯愿望的禁止与压抑的无意识内化。这一理论解释了内疚的无意识力量是一种道德的监管者。这一道德传统，与基督教的道德传统中对感官欢愉特别冷漠或反感是有联系的。

克莱因深化了弗洛伊德对超我功能的探索，正如她对弗洛伊德理论的其他方面所做的修正一样，她认为婴儿生活中超我功能的开始甚至早于弗洛伊德所提出的时间。克莱因同意弗洛伊德对超我的认识，它是不道德或者反社会愿望的监管者，但她比弗洛伊德更为强调超我的迫害性与破坏性功能，也更强调其良性的、与修复的可能相关的道德感。就像弗洛伊德所做的那样，克莱因更为强而有力，她看到了一个过度惩罚性的超我，易于被恨的感受所操控，对人性的蓬勃发展是一种潜在的伤害，甚至会成为反社会与犯罪行为的原因，而非解决之道。

偏执-分裂位、抑郁位与道德能力

克莱因的精神分析理论，将道德感——关注他人福祉的能力和禀赋，放置在她的个体发展观点的核心位置上。她认为道德感从根本上来说并不是内化了的禁令，不是弗洛伊德倾向于认为的"你不应该"的那种感觉。克莱因将这种禁止的、惩罚的道德感视为仅仅是道德意识早期、原始的一种形式，在有利的发展状况下，它会在一定程度上被关心他人所超越，作为内在固有的价值和爱的客体。这是克莱因道德理论的重要性，也是偏执-分裂位与抑

郁位之间的关键性区别,她是这样描述的:

> 在《论躁狂－抑郁状态的心理成因》一文中,我介绍了婴儿抑郁位的概念,那篇论文提到,婴儿体验到抑郁的感受在断奶之前、之中与之后达到了高潮。这是我称为"抑郁位"的婴儿心理状态,我认为它是忧郁的萌芽状态。被哀悼的客体是妈妈的乳房,以及在婴儿心中乳房与乳汁所代表的一切,换言之,是爱、仁慈与安全。所有这一切被婴儿感受为失去,且是因为婴儿对妈妈的乳房那不可控的贪婪、破坏性的幻想与冲动而失去的。对即将发生的丧失的更多痛苦(这一次是对父母双方的丧失),出现在俄狄浦斯的处境当中,它来得如此之早、与乳房的挫败如此之密切相关,以至于在其到来之初就被口欲的冲动与恐惧所掌控了。爱的客体圈在幻想中被攻击,因而婴儿非常害怕失去它。这个爱的客体圈,由于儿童与兄弟姐妹间同样是情绪矛盾的关系而扩展。针对幻想中的兄弟姐妹的攻击性,即对存在于妈妈身体内部的兄弟姐妹的攻击,也会带来内疚感与丧失感。在我的经验里,悲伤与对担心"好"客体丧失的关注,也就是说抑郁的位置,是俄狄浦斯情境中,也是整体上孩子与人的关系中,痛苦的冲突之最深来源。在正常的发展过程中,这些悲伤与恐惧的感受会以各种方式被战胜……
>
> 在获取知识的过程中,每一个新的体验都将被纳入由当下发生的心理现实所提供的模式中;孩子的心理现实,是被其不断进展的关于外在现实知识的每一小步所逐渐影响而成。这样的每一小步,都伴随着他越来越坚实地建立起来的内在"好"客体,而被自我作为战胜抑郁位的手段。
>
> (《哀悼及其与躁狂－抑郁状态的关系》,1940,pp. 344-347)

这篇论文以哀伤的体验开始,暗示了克莱因的"认同"理论概念要归功于弗洛伊德《哀伤与忧郁》(1917)的思想,弗洛伊德在那篇论文中发展了他的认识,即自体依赖于对所爱客体的内化而获得幸福感。因而,当所爱之人死亡或者以其他形式失去了之后，自体也需要忍受部分的死亡。

克莱因继续描述了人格发展过程中涉及的内部现实与外部现实之间的复杂关系。其发展包括了内部心理现实（婴儿的内在世界）与外部现实（父母与他人的真实品质）之间的持续互动。克莱因的观点是，如果孩子的原始体验是令人愉快的，且外部世界的客体主要是慈爱的，那么其破坏性冲动就有可能被涵容，它通过分裂逃离现实的倾向就会被减弱。她提出了一个心理发展的概念，即婴儿有整合客体身上好与坏、被爱与被恨的部分的潜在能力，这是现实的双重角度。随着抑郁性焦虑——关于幻想当中对客体做出的破坏——与从抑郁位[1]的躁狂性逃离都减弱，承认客体（在情感上非常重要的人）的真实品质的能力，以及对他们欣赏与修复的感受就会增加。

这篇论文清晰地表明，自我理解以及它会带来心理层面的整合的思想，在克莱因对人格的看法中多么重要。在她看来，情感与道德的发展有赖于自体对不同的、相互冲突的愿望与信念的理解，有赖于自体对这些内容的反思能力。第三章已经展示了，克莱因是如何看待这种想要去理解某个事物的冲动，并将其称为"求知本能"，这在之后比昂的写作中被发展得更为全面。

以下是克莱因进一步地阐述抑郁位的重要性：

> 当我第一次提出抑郁位的概念时，我认为抑郁性焦虑与内疚来自对整体客体的内摄。我进一步探索了存在于抑郁位之前的偏执-分裂位，并得出这样的结论，尽管破坏性冲动与迫害性焦虑在第一阶段占统治地位，但抑郁性焦虑与内疚已然在婴儿最早的客体关系中扮演了某些角色，例如在他与母亲乳房的关系中。
>
> 在偏执-分裂位阶段，也就是人生的最初三四个月，分裂的过程达

---

[1] 请注意，克莱因的"抑郁位"是指一种对客体有恨的感受，并对此充满了焦虑的内在状态，这个"心位"被无意识幻想所掌控，很容易与其解决后进入的心理状态混淆，后者指"抑郁性焦虑"转变成对他人的真实关注，以及有能力对此给出真正修复性的表达。克莱因理论中的抑郁位是朝向情感与心理整合的一步，它必须被"修通"，因为它不是一种完美整合的状态。克莱因在《关于某些分裂机制的笔记》（1946）一文中，描述了在抑郁位与偏执-分裂位之间的波动，这是发展的正常部分。

第十章 克莱因学派的伦理：爱与恨的道德观

到了高峰，包括对第一个客体（乳房）的分裂以及对此的感受的分裂。恨与迫害性焦虑变得黏着于令人挫败的（坏）乳房，而爱与安心则派给了令人满足的（好）乳房。然而，即使在这一阶段，这样的分裂过程也从未完全奏效，因为从生命之初起，自我就趋向于整合自己，并将客体的不同方面综合起来。（这种倾向可视之为生本能的表达。）甚至在非常小的婴儿身上，有时也会出现短暂的整合状态，这种整合状态会随着发展的进程而变得越来越经常与持久，好乳房与坏乳房的截然分开也就不那么显著了。

在这样的整合状态下，就会导致与各部分客体关系中的爱与恨之间的综合考量，根据我目前的观点，这带来抑郁性的焦虑、内疚，以及对受损的爱之客体做出修复的愿望，首先是针对好乳房的修复。也就是说，现在我将抑郁性焦虑的发生及它与部分客体的关系联系了起来。这样的修改源于我对最早期自我状态的进一步工作，以及对婴儿情绪发展之渐进本质的更全面认识。我的观点其实没有改变，抑郁性焦虑是对客体的破坏性冲动和爱的感受之综合。

……随着分裂过程的强度减弱，客体的不同部分，以及指向客体的相互冲突的感受、冲动与幻想，在婴儿的心中变得更为接近了。迫害性焦虑一直都在，在抑郁位中也扮演了角色，但其数量在减少，抑郁性焦虑压过了迫害性焦虑。由于这是所爱之人（内化了的而且是外在的）被感觉为受损于攻击性的冲动，婴儿痛苦地体验到强烈的抑郁性感受，比更早期阶段中转瞬即逝的抑郁性焦虑与内疚的体验更为持久。现在，更加整合的自我越来越多地要面对非常痛苦的心理现实——来自内化了的、受伤害了的父母的抱怨与责备，母亲与父亲现在已经是整体的客体，是一个完整意义上的人了——更加整合的自我还感觉到出于更大的痛苦压力，不得不去面对和处理疼痛的心理现实。这导致一种压倒一切的冲动，去保存、修理或者复苏所爱的客体：做出修复的倾向。作为处理这些焦虑的替代方法，非常有可能是一种同时发生的方法，自我将强烈地诉诸躁狂性的防御。

[《论焦虑与内疚的理论》(On the theory of anxiety and guilt), 1948, pp. 34-36]

在此,我们需要注意对克莱因观点的澄清,随着成熟的进程,对所爱客体的福祉的关注变成了自体的一部分。克莱因将对他人的破坏性与修复性态度都归诸基本情感,对自体的客体之爱与恨相冲突的驱力。我们认为道德上令人向往的状态,是作为他人关系中爱的感受压倒了恨的感受的结果而出现的。确保养育的良好条件可以促进这种状态(她的偏执-分裂位与抑郁位的理论大多基于她对婴儿期的理解),当涉及治疗与修复问题时,也要通过精神分析式理解。基本上,她认为这样的理解只发生在精神分析的咨询室中,但我们认为这也可以扩展到很多其他的社会情境当中,包括在更具启发性的情况下,甚至是在惩戒犯罪的司法体系中,这一点将在下一章进行讨论。

精神分析的实践与道德能力

克莱因相信,行为的倾向性、生活得好与坏的倾向都极大地被无意识心理状态所影响,因而,通过精神分析的过程所达成的对这些方面的理解,很可能是带来人格组织改变的最有效方式,从而影响到个体在行为层面变得更好。

克莱因流派,以及其他精神分析流派对于道德能力的重要性,不仅在于它们带来的对这些议题的发展性和理论性理解,还在于它们在治疗实践中可以达成的效果。心理治疗对感受与心智状态的理解与区分过程,在本质上就包括了对伦理问题做出区分。例如,一方面能够意识到贪婪、破坏或嫉羡的愿望,而另一方面又能意识到宽宥或者修复的愿望,这就是对道德含义的理解。伦理的内涵与标准,蕴含在日常生活的语言之中,否则它们也就没有重要的实践意义了。

为了说明这一点,我们将从相对近期的儿童心理治疗实践中给出一个例子,来展示道德的维度如何在幼儿的心智中出现。

患者的家庭情况简述如下:

珍妮大约在1岁时被领养,痛苦地度过了被吸毒的年轻母亲严重忽视的人生第一年,与此同时她的父亲在监狱服刑。她的养父母充满善意地对待她,但被她粗暴的拒绝所震惊,她对正常的纪律惩罚完全没有反应。

以下是某次临床治疗材料的一部分:

珍妮向治疗师要一把新剪刀,因为旧的不好使了,她打开玩具盒发现了新剪刀。治疗师不得不向她解释下周的治疗需要安排在另一个时间段,这一点刚刚已经跟她的父母商量过了。珍妮的计划是要给自己做一副眼镜,尽管新剪刀可以剪开普通的纸张,却剪不开做镜片用的透明纸。她试了好几次,逐渐感觉到很挫败,但她努力控制着自己不要发脾气。她说:"你真笨,你有什么毛病啊?我需要成人用的剪刀来做这件事。"治疗师回应,珍妮生气了,并认为治疗师没有给她足够好的东西,所以这是治疗师的错。治疗师应该对珍妮的愤怒负责,治疗师是那个笨蛋,而珍妮是聪明的。治疗师还说:"但也许你也担心我太笨了,以至于帮不了你。"珍妮愤怒地敲着桌子。治疗师微笑着,而珍妮回以微笑。珍妮再次尝试使用剪刀,却把铅笔碰到了地上,她命令治疗师捡起来,治疗师评论道,珍妮感觉别人欠她,她说什么治疗师就应该做什么。然后珍妮就剪刀的事请求帮助:"你给我剪齐,如果你剪不齐你就得死。"治疗师试着帮忙,并说:"你感觉很挫败,你不能给我犯错的空间。只有一件事是被允许的。"之后两个人一起挣扎着对付这把剪刀,但最终还是失败了。

珍妮突然说道:"我知道要做什么了。"她拿出几张新的纸,注意到她的玩具盒里面好久之前放进去的东西。她说:"我想做一把剑,或者我可以做一个电子灭蚊器。"治疗师评论道:"两样都能用来攻击。"把纸叠成她想要的样子也很困难,于是另一次的挫败出现了。治疗师谈及珍妮不知道下周会发生什么事,不得不让大人们来决定一些事情,这让她感觉自己很渺小,她为此很生气。然后珍妮再次请求帮助,这一次她们合作得很好,做出了一把剑。珍妮问:"还有多长时间?"治疗师说,现在她在担心没有足够的时间来完成她的剑。珍妮变得颐指气使起来,发出了更多的指令,但当治疗师指出她自己可以做什么的时候,她却没有爆发。这把剑令人满意地做成了,在结束的时候珍妮收起了玩具,并且要求治疗师把盒子盖上。

我们在此可以看到,一个愤怒的孩子是如何把自己的挫败感和坏情绪投射给治疗师的,从而让治疗师成为那个愚蠢的人。当这些情绪被耐受下来,并且被赋予意义之后,她恢复了这样的感觉,即周围有些人是可以帮忙的,她也可以寻求帮助,两个人在一起是可以好好合作的。珍妮非常令人触动地展示了,她是如何意识到自己现在有了不同的心理状态,她从治疗开始时那样激烈地、充满仇恨地看到玩具盒里早已存在的东西,变成现在这样微笑地看着治疗师,她意识到愤怒地敲桌子只是她的感受的一部分。她想要成人的剪刀也指代她意识到自己身上有长大了的部分,她能使用剪刀、剪纸做出东西,而不是把剪刀当武器来伤害治疗师。之后,做一把剑的游戏呼应了这一点。她的攻击性可以被建设性地调动起来成为象征性的游戏,而不再是控制她的东西。伴随着对她的激烈冲动的涵容,也扩展了她的思考能力,用有效地思考代替无力的愤怒。

我们可以将这一过程视为珍妮的道德敏感性的涌现,因为她发现,她不仅对治疗师有自以为是的指责,现在也能开始认识到自己既是接受治疗师帮助的人,也是想要帮助治疗师的人,例如,在治疗结束的时候收拾玩具。这个场景之所以能发生,是因为她发现自己处于这样一个关系当中,她能够开始表达积极的或者消极的自己了。虽然新剪刀也不好使,但它向珍妮表明,治疗师在试图提供她所需要的东西。然后,好的用意与实际结果中的失望就可以被区分开了。珍妮不止一次地发出威胁（"如果你做不到你就得死"），这描绘出她曾长时间生活的那个世界。那个还是婴儿的她无法让自己的妈妈变得更好，而她的养母不是她渴望的那个被理想化了的失去的母亲，因而在珍妮看来，一切都是错的。这是灾难性的坏小孩与坏母亲的配对。随着珍妮的内在现实在治疗中被再次经历，珍妮的治疗师不得不在很长时间内也身处这样一个世界之中，但是她拥有的资源正是珍妮所缺乏的，她对于正在发生什么的思考能力，使得她能够耐受珍妮的愤怒，因而让珍妮也能够看到超越这些愤怒的理解与关爱的可能性。我们在此看到，在心理治疗的进程中出现了对好的与坏的心理状态之差异的识别，以及对最初的道德责任感的识别。

我们认为，这是常常出现在克莱因流派精神分析实践中、隐含的伦理维度。因为我们所期待的、伴随着一次成功的精神分析心理治疗而来的改变（偏执－分裂性分裂与超我迫害的减弱，以及对一个有能力关爱与思考的客体之抑郁性关注及认同的强化）都是组成伦理感的元素。

克莱因流派的伦理与道德哲学

现在讨论克莱因关于道德感起源和本质的思想，与更广泛的英国道德哲学的环境背景之间的联系。

哲学是一门规范的学科，哲学的论证制定出了必要的与不可置疑的规范，而不管这样的"必要性"是否在什么是真、什么是好、什么是美学价值的范畴。其方法是自我反思式的，旨在明确用语言呈现理解之方式的假设和意义。这样的哲学焦点不同于以事实为依据的、实证的科学领域。在牛顿及其同时代人的自然科学语境下，约翰·洛克提出，哲学的角色是一个"底层劳动者"，也就是说，承认科学知识的基本来源必定是实证的，而哲学的贡献则主要是澄清这些假设，使调查研究所依赖的概念性工具更加锋利。

正如大多数基于神学思考的宗教论述一样，道德哲学的特定焦点在于什么是对的或者什么是好的，尽管其拷问的是行为举止或者生活中的思想或规范。道德哲学不可避免、也无可拒绝地要顾及人类的真实本性这样一个现实。

盎格鲁-撒克逊传统中的不同道德哲学，根据这类不同的"实证"定义而进行了不同的配置。托马斯·霍布斯（Thomas Hobbes）提出的关于人类本性的观点，基本上是围绕着生存焦虑而组织起来的，这是对确保生存的威力谨慎地加以适应的需求。休谟（Hume）和亚当·斯密（Adam Smith）则认为，人类拥有天生的倾向性，对他人的痛苦与欢乐感到同情悲悯，尽管我们仍保留了根本性的利己主义。之后的实用主义道德哲学家，诸如追随霍布斯的边沁（Bentham）和詹姆斯·穆勒（James Mill），则假定人类是本质上趋乐避苦的物种。约翰·斯图尔特·穆勒（John Stuart Mill）发展了这一概念，他意识到快乐是服从于定义与选择的，鉴别它们的品质与种类是道德生活的核心。康德（Kant）则宣称，考虑到被所有人都视为终极目标的平等价值，理性意志才是道德感的精髓，他坚持认为，由此导致的情感和动机与伦理价值的问题不相关。维特根斯坦（Wittgenstein）则主要关注高度特定化的伦理定位及其他形式的理解，在今天看来就是文化与道德团体，他是通过日常语言的复杂形式加以考察的。他对抽象的、高度概括的法律或者原则都持怀疑态度，相信它们都是混淆的来源。

克莱因对道德感的精神分析式理解，与以上每一种英国的道德哲学取向都存在潜在联系。克莱因的思想为心理学的假设增加了描述性与解释性的深度，而这些假设都暗含着已被广泛接受了的哲学构想，有时还甚至挑战了哲学构想，正如弗洛伊德关于无意识的愿望、动机与强制的理论那样[1]。她的认同理论加深了同情悲悯的理论，提供了其发展与冲突实质的视角。从弗洛伊德在《群体心理学与自我的分析》（1921）和《文明及其不满》（Civilization and its discontents, 1930）两篇论文中的反思开始，精神分析的理解实质上关注到了"道德情感"的不稳定性，即休谟与亚当·斯密所描述的人类本质之事实；也关注到了人类社会所受制于的破坏与幻想倾向。然而，休谟生活的

---

[1] 克莱因传统所强调的临床证据是理解的原始基础，这似乎是克莱因流派对英国文化中的实证倾向的适应之处。正是通过对临床事实的援引，克莱因及其同事在20世纪40年代的"大论战"过程中，试图捍卫自己对弗洛伊德流派的正统理论的挑战（Rustin，2007）。

第十章　克莱因学派的伦理：爱与恨的道德观

社会，是一个刚刚经历了激烈的宗教骚动，并转向更加平和与安全的社会，而从弗洛伊德开始的精神分析师则是在 20 世纪的社会灾难背景下写作的。

克莱因的观点拒绝了功利主义者所倡导的，将人类本质简单化为趋乐避苦的模式。也就是说，克莱因认为人类本质的每一方面都更为复杂。快乐与痛苦的体验，尽管源自躯体的层面，却比还原主义——如边沁曾试图做到的那样——通过理性地计算其数量、强度与持续时间所获得的理解，远为复杂多变。克莱因相信，快乐与痛苦并不是独立的现象，不仅仅是被自私自利的个体所体验到，而是根植于复杂的关系与有意识的状态中。人类所理解的快乐与痛苦是由人的媒介带来的，支配与形塑我们心灵的不仅仅是快乐与痛苦本身，还有它们在自体与他人关系的情境下所具有的意义。在克莱因看来，最根本的是自体及其客体的关系，这既是内在的也是外在的客体，这是欢乐满足的质量问题，而非数量问题。约翰·斯图尔特·穆勒阐述了实用主义的信条，他认为快乐有不同的形式与质量；并且边沁的断言是错误的，他认为所有的快乐与痛苦在道德层面上都是等值的，"大头针就跟诗歌一样好"，人们花了一些力气来纠正其局限性，正如理查德·沃尔海姆（Richard Wollheim，1993b）所展示的那样。在"实用性"可以被计算，及公平分配问题可以被决定之前，人们不得不先解决好什么是"实用性"，也就是对他们而言什么才是真正有意义的与值得拥有的。沃尔海姆称之为穆勒对"初级实用主义"的恪守，并解释说有些人视之为穆勒道德哲学的矛盾之处（例如，他恪守思想与表达的自由，这就否决了可能成为其结果的伤害与不愉快），这代表了他的理念，如果没有空间去探索意义，"实用性"其实只是一个空洞的概念。

克莱因认为，正是爱恨情感之间的平衡，才是塑造性情和人与人之间关系的关键所在，这个观点强调道德议题的重要性，但它也与康德的禁欲理性主义相区别，康德认为情感在行动的伦理评估方面应该是没有位置的。克莱因相信，一个心满意足的人，也可以说是一个道德上尽责的人，会给他人以快乐并从中得到满足（这与休谟的同情性快乐的理论是一致的），而康德则认为，最"道德"的行动都是从义务感与责任感出发的，甚至是在这违背了而不是顺应了我们的情感倾向的时候。就像我们所看到的那样，克莱因意识到了超我在发展过程中以及在认知道德规范中所扮演的必要角色；但她也观察到，当超我呈现出最为惩罚性的形态时，它也带来了痛苦，不仅仅给自体带来痛苦，也给其客体带来了痛苦。我们可以将康德主义的道德理论视为不幸地为惩罚性超我之威力带来了哲学合法性。

道德哲学还有其他传统，似乎比不同的实用主义与康德哲学的道德个人主义更能吸收克莱因流派对道德感的起源与本质的洞察。亚里士多德更为"社会的"或用现代亚里士多德学者的话来说更为"公有社会的"概念，即何为好的生活，被人们理解为更近似于克莱因流派的思想，自体生活在关系的矩阵中，而非自私的、个人主义的模式中。他的观点认为，"美德"是道德生活的基本术语，相当于精神分析术语中的内在客体或者"自我理想"，生活是围绕着这些东西而明确了方向的。亚里士多德认为，养育、教育和好习惯的形成都是道德发展的基础，但他对此持一个更加"外在的"与教授的思想，而不是足够精神分析式的、对自体发展的理解。但与他人的关系是道德生活之核心的思想，以及道德生活是在很多特定的、自体与其客体的互动情境下上演的思想，的确建立了一个哲学语境，使精神分析的理解得以在其中找到一个核心的位置。

20世纪六七十年代，在英国道德哲学的领域内，针对流行的个人主义假设的论争，打开了讨论的空间，而克莱因流派对道德哲学的理解与此相关。诸如菲利帕·富特（Philippa Foot, 1958, 2001）、阿拉斯戴尔·麦金泰尔（Alasdair MacIntyre, 1966）和爱丽斯·默多克（Iris Murdoch, 1961）等哲学家，挑战了实用主义与康德主义的双重正统，提出以上两者各自剥夺了对任何有价值的独立思想进行伦理讨论的可能性。事实与价值体系在逻辑上是完全独立的思想，以及道德判断在逻辑上并不依赖于人类本质的任何事实的思想，都被富特认为是失察的，其实对行为的描述大量地组成了日常话语，而这既指向事实的维度，也指向价值的维度。当我们形容一个人是嫉妒的、嫉羡的、和蔼的或者好斗的时候，这既是对关于那个人事实的断言，也意味着是对其道德相关性的评估。在克莱因对心理状态的描述中，意图与行为都在这个意义上既是描述性的、也是评估性的。理论上与临床上的精神分析目标之一，就是确定与他人或客体的关系（例如嫉羡的或者修复的关系）是如何发生的，他们是如何联合不同的人格组织形式。在这样的争论中，道德哲学需要依赖于关于人类本质之事实的假设与信念，而精神分析的调查研究则可以对此提供有价值的新理解。

克莱因与弗洛伊德都有一个信念，也是所有精神分析的独特之处，即人类的心理存在一个非常重要的无意识维度，通过对它的理解可以加强个体的自由与健康，无论这是由日常生活中的关系所带来的，还是由文学及其他形式的艺术所带来的，抑或是通过精神分析的过程带来的。这一关键的精神分析思想毫无悬念地受到了很多哲学家的抵制，甚至到了持久对立的程度。但也有一些哲学家在这一论战的语境之下试图去阐明，主要的精神分析思想是否能以某种方式被证实、被维护。这些作者中就包括斯图尔特·汉普夏（Stuart Hampshire），其富有影响力的论文《思想与行动》（Thought and Action, 1959）的核心思想就是，能够自由行动的一个条件是理解影响人类思想与行动的原因，值得庆幸的是，在汉普夏看来，这包括了无意识的信念与愿望。汉普夏的工作是当下更广大思潮的一部分，认为人类的行动是非常独特的，其价值在于它是服从于个体的理性意志的。第二次世界大战后，盎格鲁·撒克逊哲学中的一种反唯物主义思潮，就是致力于阐明理性的与自治的行动是如何区分的[1]。

之后对这次辩论做出重要贡献的一位学者是唐纳德·戴维森（Donald Davidson），他在《非理性的悖论》（Paradoxes of irrarionality, 1982）一文中，首先讨论到了对理性的人类行动的定义，这是以它们聚合起主体的信念与愿望为特点的。例如，信念是不友善的言辞会引起听者的痛苦，而愿望是不要引起听者的痛苦，两者结合能促使避免不友善的表达。戴维森指出，强迫行为的现象看似不理性，因为这可能导致主体不希望出现的结果，但可以被存

---

[1] 正如汉普夏所指出的那样（1951, pp.141-144），斯宾诺莎（Spinoza）就是这样一位经典哲学家，他在理解自由以及自我整合与和谐方面所贡献的思想，与精神分析的观点有非常密切的关系。

在着分裂的心智这样的假设所解释，即其中一部分所持有的信念与愿望并未被另外一部分意识到。因而，无意识的信念与愿望也可能是理性的，只是以它自己的方式而已（如果一个人被感知为危险的敌人，那么仇恨他、希望伤害他就可以理解了），但如果信念与现实不相符，那么它就变成非理性的了。我们可以认为，精神分析所探寻的很多行为与心理状态都属于这一类。分析工作的一部分是，将错误的信念与非理性的愿望带到与现实更为接近的关系中，这是一种减轻由错误信念与非理性愿望所带来的极度焦虑的方式。心理的不同部分是相对彼此分离的模式，戴维森的这一假定与在克莱因流派分析思想中占据重大地位的"部分自体"的思想是非常近似的。

也有一些贡献来自与梅兰妮·克莱因的工作更紧密相关的哲学家，其中最主要的是理查德·沃尔海姆以及与他颇有关联的哲学家圈子。在很多论文中，特别是在《生命线》（*The Thread of Life*，1984）一书中，沃尔海姆描述了如何去理解美好的道德生活，本质上这是在描绘克莱因的思想。沃尔海姆写出了"道德的进化是从超我的控制到自我理想之教化的转变"，提出了对道德与美好之本质的重要洞察，而这是在克莱因的偏执–分裂位与抑郁位的理论中发展起来的。

吉姆·霍普金斯的工作衔接了精神分析——特别是对克莱因流派的思想——与依恋理论、进化心理学、神经科学这些相邻领域的发展，这一点上文已经提及。

第三位对这一论战贡献颇多的哲学家是塞巴斯蒂安·加德纳（Sebastian Gardner，1992，1993）。他认为，相比戴维森"平行的心理"、意识与无意识的信念和愿望这样的理性主义模式所承认的部分，对非理性的理解要求更加彻底地承认情感与幻想在心理生活中的角色[1]。对情感在心理生活中的地位的理解，被克莱因的无意识幻想的理论极大地充实丰富了。加德纳认识到，我

---

[1] 自20世纪80年代以来，对情感领域的关注有了更大转变，加德纳的观点就是其中的一部分，这带来了新的研究领域，无论是在社会学（Hochschild，1983）、历史（Reddy，2001），还是在心理学（Panksepp，1998）与哲学（Wollheim，1999）方面。

们的确会依客体与环境之不同而将情感视为适当的或者不适当的,并相应地评估其合理性,例如,我们会决定什么时候对某些人或事感觉愤怒是合理的或不合理的。但情感并不仅仅是信念的伴随物。对情感的传统观念是,它可能是破坏性和难以管控的,这在好的和坏的方面都可能是对的。在加德纳看来,情感绝不仅仅是混乱无序的状态,而是被幻想的结构所形塑,其功能是作为原型图示,通过它我们以情感的方式感知了这个世界。这些潜在图示的功能很像概念性图示(conceptual schemata)的功能,它组织我们对自然界的感知。加德纳认为克莱因的偏执-分裂位与抑郁位的模型,是组织我们对世界的体验之图示或者模板的一个例证,情感的特征性模式是其结果。这些图示有一个非常重要的方面,它们编码了我们根深蒂固的期待,即人类通常在彼此之间会如何行为举止。克莱因对于这些固有期待的观点当然是非常复杂的,这带来了很多不同的发展可能性。但她的抑郁位理论建立了这样一种期待,即人类是有能力意识到并关注彼此的,这是人类心理结构的基础。

由于这样的心理图示在本质上都是无意识层面的,因而这个论点与精神分析的观点一致,即情感(例如看似非理性的仇恨或热忱)不可能总是仅仅因为指出其与相关的事实不一致或不符合而被改变。其实,如果想要情感发生改变,那么无意识幻想的结构在引起情绪或者信念的扰动方面所扮演的角色,才是需要去处理解决的。继詹姆斯·斯特雷奇(James Strachey)在1934年研讨会上发表的论文之后,有大量的精神分析论文致力于涉及接近与处理无意识幻想层面的技术问题。

结语

我们认为,克莱因的精神分析著作为道德感的起源与本质提供了开拓性的视角,她在更少的以个体为中心、更多的关系取向方面,极大地修正了弗洛伊德的早期观点。我们简短地指出,克莱因的道德哲学是如何在更广阔的道德哲学辩论的大背景下得到理解的,我们也给出了一些例子,她的思想是如何被哲学领域所接受的。她的偏执-分裂位与抑郁位的理论曾断言,对自体的破坏性情感与行动负责任的能力，以及对已经造成的伤害做出修复的愿望，是伴随人格整合的关键。在她看来，在人类发展的视角下，自体的整合与内在和谐，象征化运作的能力，意识到并关注他人的能力，是连接在一起的，这在很多方面都是充满希望的，尽管彻底的现实主义者也能意识到更为负面的人类习性的威力。

第十一章

克莱因流派的美学

一直以来，精神分析的一个魅力就在于它的"美学"维度。我们之所以这样说，是指弗洛伊德首次在《梦的解析》(The interpretation of dreams，1900）中所传达的意境，无意识是非常不为人知的世界，是心灵似乎可以超越日常理性约束去思考的空间，却不可避免地包含并传达深刻的含义。通过出现在患者的梦中或自由联想的意象中，也通过出乎意料地对情感真相的觉察和启发的一刹那，精神分析的过程本身往往会带领其实践者去体验美。在对儿童的精神分析中也是如此，这一美学维度被儿童表达自己的率真与新鲜所强化，这一点非常鲜活地呈现于大多数克莱因所报告的儿童个案当中。

20世纪的很多写作者和艺术家都对精神分析非常感兴趣，他们也深受精神分析的影响，这也的确成为那个时代文化氛围无可回避的一部分，尽管这样的联系往往是含蓄的，而非概念上的直接挪用。其实，许多为二者的联系所做的努力来自相反的方向，即精神分析师致力于将自己的理解方式，与艺术和文学领域那些富于想象力的艺术作品联系起来。自弗洛伊德开始的很多精神分析师都曾努力去发展这些联结，而文学评论家和哲学家们，诸如莱昂纳尔·特力林（Lionel Trilling）、哈罗德·布鲁姆（Harold Bloom）、威廉·爱普森（William Empson）和理查德·沃尔海姆等人，作为彼此之间的媒介，也都曾对理解不同的领域做出过重要的链接。

克莱因的精神分析思想对艺术及美学的反思做出了重大贡献——对美的本质与含义的探究，尽管她的论文主要聚焦于精神分析的临床实践及其理论与技术方面。她本人写过三篇论文，展示了我们可以如何从精神分析角度去研究文学著作。克莱因与其他人共同编辑的一卷论文合辑《精神分析新方向》，其中有克莱因的，也有琼·里维埃和汉娜·西格尔的论文，这些文章开启了克莱因流派精神分析对文学领域与众不同的贡献。克莱因流派的美学在视觉艺术领域也平行发展着，在该合辑中尤以艺术史学家与评论家阿德里安·斯托克斯的论文为代表[1]。

克莱因流派在美学领域的发展一直持续到今天，特别是比昂以及之后的梅尔策的著作，对此有着重要影响。这些后续的工作比克莱因本人更强调精神与精神分析本身的美学维度，而克莱因本人则最终更关注伦理而非美学。不管如何，本书原则上只涉及克莱因本人的工作及其直接影响，而非这些后续的发展，有关后续的发展可以参阅格洛维尔（Glover，2009）所做的颇有价值的综述[2]。

在我们讨论克莱因及其同事关于文学与艺术的论文之前，首先回顾一下克莱因的临床与理论论文中最重要的精神分析概念，因为我们相信这些是克莱因流派之美学发展的基础。事实上，克莱因及其同事对文学著作的理解，与他们在咨询室里的临床工作之间的联系是紧密一体的。精神分析思想在理解临床案例方面已被证明是非常有效的，同时它也被发现在小说、戏剧和诗歌中为人物及其相互影响带来了新的理解。然而，正如新的理论想法有时是通过我们在分析中挣扎着去理解某一位患者而发展起来的，分析师在思考他们的理论思想之含义的时候，与文学著作的碰撞也似乎深具启发性，甚至可能对其形成起到关键作用。在诸如克莱因的《论认同》(1955)、里维埃的《易卜生的"建筑大师"的内在世界》(The inner world in Ibsen's Master-Builder, 1952a)、汉娜·西格尔的《美学的精神分析视角》(A psycho-analytical approach to aesthetics, 1952)等论文中，核心的精神分析思想被充实丰富和更加精细详尽的阐明，正如在克莱因流派的传统里，精神分析思想总是通过这些例证发展起来的。通过作者对文学著作的评论，而给精神分析思考带来相似的加强与深化，这可以在一些克莱因流派最好的后续论文中见到，例如

---

[1] 玛丽安·米尔纳（Marion Milner）也在此书中贡献了一篇文章，尽管她的工作涉及另外一个方向。

[2] 后克莱因流派对精神分析美学有重要贡献的人包括：罗纳德·布里顿、约翰·斯坦纳（John Steiner）、伊戈内丝·索德雷、唐纳德·梅尔策、托马斯·奥格登（Thomas Ogden）、梅格·哈里斯·威廉姆斯（Meg Harris Williams）以及玛格特·沃德尔（Margot Waddell）。

罗纳德·布里顿（Britton，1988b）对诗人华兹华斯（Wordsworth）、柯勒律治（Coleridge）、里尔克（Rilke）、弥尔顿（Milton）和布莱克（Blake）的评论论文。特别重要的是，克莱因流派的分析师们认识到，诗人对精神及其发展的表达常常预示着更多理论上的认识，并成为精神分析思考的灵感来源之一。

克莱因的精神分析论文中的主要议题

现在，我们将简述克莱因的工作领域，这对于克莱因流派美学的发展至关重要。这包括她关于游戏在心理治疗当中的功能的论文；她关于"求知本能"的理论（稍晚期比昂和梅尔策都对此理论做出过重要发展贡献）；她的抑郁位理论及其对于象征形成和象征化思考方面的能力发展的重要性；她对于哀悼对心理发展之重要性的理解；以及她的投射性认同理论。

克莱因的"游戏治疗"技术

对此的首次描述是克莱因对儿童进行精神分析的"游戏技术"，她最初在20世纪20年代的早期论文中论述过，在本书的第四章也曾做过讨论。其重要性在于，对儿童在治疗室内的象征性游戏的理解，是获得进入儿童患者内在世界的手段，从而也获得了通过解释来分析儿童的可能性。在克莱因看来这是必要的手段，因为弗洛伊德使用精神分析治疗成人的经典方法是，把梦作为其"通往无意识的康庄大道"，而这在对儿童的分析当中根本行不通，尤其对非常幼小的孩子来说。孩子们在游戏当中创造与讲述的"故事"，包括人类与动物的形象，都"代表了"他们生活中的重要人物，这被克莱因解释为患者内在世界的表征。克莱因在治疗室里提供给患者的简单玩具都经过精心挑选，以便孩子在使用它们的时候能传达出他们关于原初客体（通常是家庭组织范围内的客体），以及关于治疗师的移情关系的无意识感受与幻想。因此，游戏便可能承担详尽展开叙述与情节的功能，治疗室里的玩具和其他物体都扮演了想象当中的患者自己，以及对其而言情感层面最为重要的人物所表征的角色[1]。

虚构的叙述传递了关于内在世界的重要信息，这个想法对于后续用精神分析方法解读文学著作至关重要，尽管把这个想法运用到小说著作的分析上远非直截了当。在"游戏治疗"的情境下，显然分析师的兴趣点会放在患者的内在世界上，寄希望于患者会慢慢地跟她分享自己的内在世界。但艺术作品不是治疗，观众或者批评家的角色也不是治疗师。精神分析师确信他所看到的文学著作传达出来的"内在世界"，到底是作者本人的，还是作者在他的小说中所描绘的人物的？这当然是我们对"好像是真的"人物之内在世界的理解，而这些人物表征了与读者自己的生活和体验有关的某些人，这是小说读者最感兴趣的部分，而不是读者对作者本人的理解，的确，作者也几乎完全不会在自己的小说中直接出场。但是，虽然大多数想象出来的著作在形式上显然不是自传性质的，或者说其目的不是为了表现作者自己的，尽管如此，这里会不会有一些关系呢？一位懂得精神分析的读者可能就能看出，一个虚构人物的客体化内在世界与艺术家自己的内在贯注之间的关系。这些问题对于精神分析文化批评而言，是自其诞生起就始终非常重要的。

求知本能

在以下段落所取自的那篇论文中，克莱因清楚地阐述了象征与象征化能力在分析过程中的关键作用，这对于儿童与成人同样重要。她解释，这位患者的象征化能力的抑制是其极度焦虑的结果，这导致他从现实当中撤退，周围环境中的客体于他而言不具有任何情感或象征意义。克莱因认为，她的首要任务是调动患者对这个世界的兴趣——他的求知本能或曰想要知道的愿望——相信随着其象征化能力的发展，他的焦虑将会减弱。焦虑会因理解而减弱与缓和，以及想要知道与理解的愿望是人类的原始倾向，这些观点都是

---

[1] 林恩·里德·班克斯（Lynne Reid Banks）的儿童小说《柜子里的印度人》（*The Indian in the Cupboard*），是关于玩具对于孩子而言具有如此强烈的内在含义的一次生动想象（Banks, 1980; Rustin and Rustin, 1987）。

最基本的。它让我们理解精神分析在治疗上的价值，以及发展象征化的核心重要性，并由此理解更广泛意义上的文化形式的重要性。克莱因继承自弗洛伊德，并总结出升华的思想，这也是精神分析与美学体验之间的关键连接。

> 这个孩子的象征形成在一个微弱的开始之后变得停滞不前。但其早期尝试在一个兴趣点上留下了印记，这一孤立的、与现实无关的兴趣难以形成进一步升华的基础。这个孩子对周围的大多数客体与玩具都不感兴趣，甚至无法领悟它们的目的或意义。但他对火车与车站感兴趣，还有门把手、门以及开门和关门……
>
> ……我在分析中不得不面对的非比寻常的困难，并不是他在语言能力方面的缺陷。在游戏技术中，我们跟随孩子的象征化表征，接近他的焦虑和内疚感，这在很大程度上让我们无须依靠语言来交流。但这一技术不限于对儿童游戏的分析。我们的材料可以从他的一般行为细节所流露出的象征意义当中得到（在游戏能力被抑制了的儿童个案当中，我们也必须这么做）。迪克的象征化能力没能发展起来。这部分地源于他与周围的东西缺乏情感联系，他对周围的东西几乎完全不感兴趣。事实上，他没有与特定客体的特殊联系，通常我们会在严重抑制的儿童身上看到这一点。由于他的头脑中没有与周围事物的情感或象征关联，他与周围事物发生关联的任何偶然动作都不能被幻想着色，因而无法将这些动作视为具有象征化表征的特性。他对环境缺乏兴趣，与他的心智交流也非常困难，正如我可以从某些事情中感知到他的行为与其他孩子非常不同，这些都仅仅是因为他缺乏与事物的象征化联结。因此我们的分析就必须从这个——与他建立联系的根本性阻碍——开始。
>
> （《象征形成在自我发展中的重要性》，1930，pp. 224-225）

克莱因意识到，想要知道和理解的愿望（求知的本能）是人类的原始倾向之一。她最初在论文中提出这一思想时（《俄狄浦斯冲突的早期阶段》，1928；《象征形成在自我发展中的重要性》，1930；《对智力抑制理论的一点想法》，1931），并未给出完整的理论构想。这一思想在之后比昂的工作中得到了全面发展，比昂建立起对求知（know）、爱（love）和恨（hate）的本能的对等关系，这是继克莱因发现偏执－分裂位与抑郁位之后，对弗洛伊德的元心理学最为重要的发展[1]。

不仅仅是求知驱力的存在，还有其独特的客体，都对从精神分析视角看待文明具有极为重要的意义。克莱因相信这种想要知道的愿望，在婴儿的心智中最初聚焦于原始的"生命事实"（正如莫尼－凯尔之后的命名）：性别、代际与必死的命运。在这方面克莱因追随弗洛伊德并坚持认为，考虑到父母与孩子之间的关系，性的贯注正是孩子想要知道与理解的愿望之原始驱力。

这些思想日后成为克莱因流派对文明的理解之基石，并且它们带来了对人类生活中象征化能力之重要性的理解，带来了与这些原始的"生命事实"有关的象征化意义的那些维度。这也曾经是弗洛伊德所关注的焦点，尽管克莱因之后对偏执－分裂位与抑郁位的发现，及其所带来的对弗洛伊德元心理学的修正，它们所指向的无意识含义的结构，与弗洛伊德本人对文明的探究所发现的结构有所不同。朝向意义与理解的自发驱力的思想，原初客体是婴儿的无意识贯注的思想，都是克莱因流派对文化著作的看法之指导原则。

偏执－分裂位与抑郁位

在前面的两个章节中，我们已经以某种深度呈现了克莱因的这些核心思想，在此我们只想提供一个短小的摘录，来展示克莱因思想的真谛。在抑郁位所获得的心理整合，与象征形成和象征化能力之间的联系，是克莱因流派文化理论的关键所在。正是在汉娜·西格尔的论文中，克莱因思想的这一基本含义才得到阐述与认可。

到目前为止，我已经描述了人生头三四个月的心理生活的某些方面（然而我们必须记得，我们只能就发展阶段的长度给出一个大概的估计，

---

[1] 奥肖尼西（O'Shaughnessy, 1981b）曾清晰地阐述过比昂的发现的重要性。

因为存在非常大的个体差异）。如我所呈现，在这一阶段的图景中，某些特质是具有代表性的。偏执－分裂位占据统治地位。内摄与投射过程之间的交互影响——再内摄与再投射——决定了自我的发展。与所爱和所恨的——好的和坏的——乳房之间的关系，是婴儿的首个客体关系。破坏性冲动和迫害性焦虑达到了顶点。对被无限满足的愿望以及迫害性焦虑导致婴儿感觉既存在一个理想的乳房，也存在一个危险的、吞噬的乳房，二者在婴儿的内心被截然分开。

（《关于婴儿情感生活的一些理论总结》，1952，p. 70）

沿着整合与集成的路线进一步发展，这始于抑郁位走向台前的时候。客体的各个不同部分——所爱的与所恨的、好的与坏的——彼此更为接近了，这些客体现在是一个完整的人了。集成的过程运行在外部与内部客体关系的所有领域……整合与集成的所有过程，引发了爱与恨的冲突，以其全部的威力暴露出来。随之而来的抑郁性焦虑和内疚感不仅在数量上、也在质量上有所改变。矛盾感此时主要被体验为朝向一个整体的客体了。爱与恨变得彼此更为接近，"好的"与"坏的"乳房、"好的"与"坏的"妈妈已不再像更早期阶段那样被截然分开了。尽管破坏性冲动的力量减弱了，但这些冲动对于现在被感知为一个人的所爱客体仍然是巨大的威胁。

（pp. 72-73）

我们有理由假设，一旦小婴儿将兴趣转向客体，而不是母亲的乳房——诸如母亲身体的其他部分、自己周围的其他客体、自己身体的各个部分等——一个对于升华和客体关系的发展非常基本的过程就开始了。爱、愿望（攻击性的和力比多的）与焦虑被从原始的那个唯一客体，即母亲那里转移到其他客体身上。新的兴趣发展出来了，代替了与原初客体的关系。然而，这一原初客体不仅是外部的，也是内化了的好乳房；情感的偏移和创造性的感受开始与外部世界相关联，这一切都与投射关系密切。在所有这些过程中,象征形成与幻想活动的功能极为重要。当抑郁性焦虑唤起的时候,特别是当抑郁位开始形成的时候,婴儿的自我感觉到被驱使着去投射、偏转与分散自己的欲望与情感,以及内疚与做出修复的冲动,投到新的客体和兴趣上。在我看来,这些过程是贯穿一生的升华的主要动力。而在愿望与焦虑被转移和分散之际,仍然能够保持对原初客体的爱,是成功地发展升华(以及发展客体关系和力比多的组织)的先决条件。因为如果对原初客体的不满与敌意占据了支配地位,这会危及升华及与替代客体的关系。

(p. 83)

在此非常重要的是,克莱因认识到,随着抑郁位的开始(也就是说,小婴儿在内心对爱与恨的感受进行整合,他感知到,母亲不再是割裂的被爱或被恨的部分客体,"好的或坏的乳房",而是一个整体的人,有时爱她,有时也恨她),象征化的能力才得以出现。在偏执－分裂位时,极度的分裂对于婴儿的安全感是必要的,同样,正是随着分裂(比昂的观点:分裂成碎片是其更为极端的形式)的减弱,一个有理解能力的心智才可能发展起来。

这一段的第二个关键点是,随着抑郁位的开始,婴儿的注意力从乳房转移到其他客体和兴趣上。克莱因还描述了,一旦一个爱的内部客体建立起来,幻想和象征形成的能力也就随之发展起来。

在汉娜·西格尔的论文中,象征能力的发展与抑郁位的启动之间的联系得到了完整阐述,这是对克莱因本人的工作的一个重大发展。

克莱因的哀悼理论

克莱因追随着弗洛伊德的脚步,她相信哀悼的体验是发展的核心,哀悼的开端就是婴儿在断奶的时候失去了乳房,但这样的丧失会在我们的一生中反复出现,因为其他丧失总是难以避免地接踵而至。哀悼包括在心中恢复或者复原业已失去的"真实客体"。这一过程还包括,重现对内在客体的爱恨冲动冲突,以及平衡不同力量,这些力量塑造了成功地修通哀悼和未能成功修通抑郁之间的差异。朝向升华的驱力部分地由应对这一丧失的原始体验的需要所驱动，以创造出对失去客体的象征性表征的方法。克莱因流派的美学理论，聚焦于制作文化产品时象征化的修复工作。其观点是，艺术作品表征了对原初客体爱的愿望与破坏性愿望之间的挣扎——其质量与深度，有赖于内在冲突的现实在多大程度上能够被艺术家所直面。艺术作品是对这些内在挣扎的表达与记录，它源自艺术家与写作者的内心，寄希望于观众能从中得到满足与丰盈。

这是克莱因对哀悼的论述：

> 在《哀悼及其与躁狂－抑郁状态的关系》一文中，我表达了以下观点："我的经验让我得出这样的结论，正常哀悼的显著特点是，个体在自己的内部建立起失去了的爱的客体，但他并不会在第一次时就这样做，而是通过哀悼，他复原那个客体，以及所有他所爱的内在客体，那些他感觉已经失去了的。"每当悲痛袭来时，它会破坏安全拥有所爱内部客体的感觉，因为它会唤醒早期有关受伤和被摧毁的客体的焦虑——对于破碎的内在世界的焦虑。内疚感与迫害性焦虑——婴儿期的抑郁位——完全被重新唤起。成功复原，客体的内摄通过哀悼过程被加强了，意味着所爱内部客体被修复了，并且被重新获得了。因此，哀悼过程对于现实特质的检验，不仅是更新与外在世界相联系的手段，还可以重新确立被扰动的内在世界。
>
> （《关于婴儿情感生活的一些理论总结》，1952，p. 77）

对艺术作品的理解是对丧失的一种修通，这是克莱因流派关于艺术作品最为宝贵的写作主题。普鲁斯特本人对这一观点的阐述，曾对西格尔的思想产生过相当大的影响，这是富于想象的作家的理解与精神分析的理解之间富有成果的互动之一例。罗纳德·布里顿（Ronald Britton, 1998b）认为，华兹华斯最好的诗歌，包括《序曲》（*The Prelude*）的最初版本，都饱含了丧失的存在与体验，这是在克莱因流派美学中哀悼的重要性之另一例。

投射性认同

投射性认同与内摄性认同的过程由克莱因首次发现,随后被很多后继分析师继续发展起来,使之成为克莱因流派与后克莱因流派美学的基础。类似的观点在弗洛伊德本人关于美学问题的论文中也有呈现,例如他认为列奥纳多·达·芬奇在其画作《蒙娜丽莎》和《圣安妮》中表达了他本人的母性认同。艺术家和作家投射给他们的象征性创造物某些属于他们自己的部分,然后,这些象征性的创造物就被赋予了生命,变得独立于它们的创造者了。艺术家和作家还在自己所创作的著作中内化了其他人的某些部分(包括艺术先行者们)。

> 投射性认同是基于自我的分裂,把自体的某些部分投射给其他人,首当其冲的就是母亲或者她的乳房。这种投射源于口欲-肛欲-生殖器的冲动,自体的某些部分被全能地排除在身体的物质之外,并投向母亲,以便控制并拥有她。这样一来,她就不再被感知为一个分离的个体,而是自体的一部分了。如果这些排泄物被以恨的方式排泄出来,那么母亲会被感知为危险和敌意的。然而,不仅是自体坏的部分被分裂出来并投射出去,还有好的部分。通常,就像我已经提到过的那样,随着自我的发展,分裂和投射会逐渐减少,自我将变得更加整合。但是,如果自我非常弱小,我认为这是一种天生的品质;如果出生有困难,且出生之后的早期生活很艰难,整合的能力——将自我分裂的部分聚到一起——也很弱小,就格外有可能导致分裂,以避免针对自体和外部世界的破坏性冲动所激起的焦虑。这一无法耐受焦虑的能力因而是影响深远的。它不仅增加了过度分裂自我与客体的需求,导致碎片化的状态,还让修通早期的焦虑变得完全不可能了。
>
> [《论孤独感》(On the sense of loneliness),1963,p. 303]

在《精神分析新方向》一书中,克莱因的论文《论认同》(1955)探索了投射性认同与内摄性认同的现象，这是通过分析小说《如果我是你》（Green，1950）的方式来完成的。这篇论文的形式是个案研究，但这一"个案"其实是一位虚构的英雄，而非临床患者，论文的题目就清楚地表明了其主要目的在于探讨一种特殊的心理过程，而非仅仅是对一部文学著作的评论。论文描述了因为小说中主要人物的极度投射性认同而带来的自我损耗，在小说所虚构的设定中，这个主要人物被允许拿走其他人的身份，却在之后的生活中导致其丧失了自体、出演其他人的品质这样意料之外的结果。［另一个主题相似但更广为人知的故事是王尔德的《多利安·格雷画像》（The Picture of Dorian Gray，1891）。］

琼·里维埃在《精神分析新方向》一书中的两篇论文也是关于投射性认同与内摄性认同的。第一篇《反映在文学著作当中的内在世界的无意识幻想》（The unconscious phantasy of an inner world reflected in examples from literature, 1952b），她追随了克莱因将母亲的某些部分内摄到自体当中的理解，展现了不同的诗人是如何在自己的著作中表征将客体与自己合并的体验——有时是那个深爱着的人。第二篇《易卜生的"建筑大师"的内在世界》（1952a），是对《建筑大师》里的主要人物索尔尼斯扭曲的客体关系的分析。年轻女孩希尔达进入了索尔尼斯的生活，而他正挣扎于对年老、失败、被年轻人超越的恐惧中，还有对深陷抑郁的妻子和两个夭折的孩子的内疚之中，希尔达唤醒了索尔尼斯躁狂性的全能感受，致使他在情感上诱惑了还是个孩子的希尔达，告诉她她就是自己的小公主。在这些投射的影响下，他企图重新来一把早年间的得意之作，因为他曾经爬上由他自己建造的教堂塔楼顶上，在幻想中反抗着上帝。但是这一次他却摔死了。希尔达对他的投射，部分地表达了对令人失望的父亲形象的怨恨与嫉羡，而这些都具体地体现在了曾经是她的童年偶像的索尔尼斯身上。里维埃的论文展现了除投射之外的多个精神分析理念，都对理解这部戏很有价值。通常而言，这类最为杰出的著作是一位富有创造性的作家以自己的方式所理解的人性，而精神分析师在很久之后才得以用理论术语表达出来，这一点是这篇论文的主要发现。

我们已经指出，反移情的思想与投射性认同是紧密相连的，它在克莱因流派的美学理论中也相当重要，尽管克莱因本人曾对它在治疗技术中的位置表示怀疑。然而，之后的观点认为，观众与读者正是通过某种类似反移情的体验，给虚构的叙述或是舞台或银屏上展露出来的行为赋予了情感意义。至于对绘画以及其他视觉艺术、建筑的反应，阿德里安·斯托克斯与理查德·沃尔海姆则非常强调观看者在感知这些著作的时候对其情感体验的反思，这是探知艺术家的意图、作品的力量与意义所在的关键方式。这些概念将咨询室中"此时此地"的维度带进了对艺术作品的体验当中。

但是，在我们转向克莱因论文学的论文之前，还需看一看精神分析自身的美学维度。就其字面意思而言，这是从弗洛伊德开始的，他毕竟是在1930年得过歌德文学奖的人。在克莱因这里，我们能非常清晰地看到精神分析方法自身之美。我们将引用两段以不同方式展示出美的叙述。

第一段取自对理查德的早期治疗，对这个孩子的分析在《儿童分析的故事》（1961）里面被完整地记录下来了。这次治疗是在一个周末之后，那时理查德的哥哥——正在参战的保罗——回家休假了。理查德第一次带来自己的玩具战舰的船队，而这变成了他的游戏当中很重要的特点，并且他能非常好地画出来给克莱因夫人解释船队的活动。这些画在克莱因全集第三卷里面有所体现。

> 理查德带来他自己的一些玩具，一个战舰的小型舰队，并开始玩起它们来了。他将一些驱逐舰摆在一侧，并且说它们是德国战舰。在另一侧的战列舰、巡洋舰、驱逐舰和潜艇则代表了英国舰队。（理查德兴高采烈。）两艘战列舰正在攻击驱逐舰，一艘被炸掉了，其他的也被破坏并沉没了。在理查德把战舰挪来挪去的同时，他还发出各种声音，假装是发自战舰的声响，非常有表达性，还有多种变化，像是在发动机的转动声与人类的声音之间的某种声响，很显然是在表达战舰们感觉到高兴、友好、愤怒等的情绪。当两三艘战舰相遇的时候，这听起来就像是在交谈，尽管没有使用词语。（理查德对外面的声音、孩子们经过我们房子的声响比平时要敏感得多，他不停地跳起来向外张望。）

克莱因夫人解释道，德国驱逐舰代表了妈妈的孩子们，他感觉自己攻击了他们，因为他很妒忌、恨他们，因此他设想他们也会对自己很有敌意。他在玩这些驱逐舰的时候很害怕，对路过的孩子们心存疑虑，他也一直在仔细听外面的响动，很"警觉"。世界上所有的孩子都代表了妈妈的孩子，因此他不论在哪儿遇到孩子，都会预测自己是跟敌人遭遇了。

理查德打开门，邀请克莱因夫人一起欣赏可爱的景色。他指给她看，外面有很多蝴蝶。它们看起来很漂亮却具有破坏性，它们吃卷心菜和其他蔬菜；去年他一天就打死了60只蝴蝶。他返回我们的游戏室里。

克莱因夫人解释道，蝴蝶对于他来说就跟海星一样，也就是贪婪的婴儿，就像他感觉自己也是贪婪的一样；为了拯救妈妈，他们都应该被消灭。克莱因夫人也应该被从他身边拯救出来，因为他妒忌她的其他患者，想要尽可能多地从她这里得到好处：她的关注和时间，最想要的还是她只爱他一个人。（海星是前一周的材料，它的特点是危险的。）尽管攻击孩子们的一个原因是为了保护妈妈，他也很害怕他们，害怕他们会对他做些什么，路上的孩子们，还有敌意的驱逐舰。这种恐惧驱使着他去攻击他们。

现在，理查德把所有的战舰都放在一边，说它们都是英国的；它们是一个欢乐的家庭。他指给克莱因夫人看，其中的两艘战列舰是父母，巡洋舰是家里的厨子、女仆和保罗，驱逐舰是仍然在妈妈肚子里的孩子们。现在，理查德开始去玩其他玩具了。他摆出了一个小镇，在铁路线旁边还有人，他说什么东西都不许动，甚至火车也不能动（火车是一列接着一列排列着的）。他告诉一个人偶小姑娘不要走到铁轨上去，因为那很危险。他摆出各种不同的小群体，包括在两辆卡车上面的三只动物，却把他在之前的游戏中经常玩的粉色女人和其他一些人偶丢在一旁。狗应该是在摇尾巴，除此之外就不许动了。之后理查德说，全家人现在都很开心。但是突然之间他移动了两辆火车让它们相撞，一切都被撞翻了。理查德说火车们开始吵架了，一辆对另一辆说，它是那个更重要的，而另一辆回答，它才是，之后它们俩就开始打架，一切都乱套了。

克莱因夫人解释道，他希望全家人愉快地团圆，他也希望自己对他们只有友好的感情，但是他又很妒忌保罗——在游戏中两辆火车的相撞——带来了灾难。在周末和之前的那几天，保罗回家了，理查德处于"X"的状态，感觉自己极度地妒忌保罗。保罗因为休假回家来了，得到了更多的关注，理查德感到保罗被全家人欣赏，并认为保罗比他重要得多。打架的火车也代表了父母在做爱。在前一次的治疗中，理查德感觉父母是在自己身体里面的。因此，只有通过让他们、也包括自己都不许动，在他的掌控之下，才能保持友好，全家快乐，因为控制他们也意味着要让他自己的情感受检视。

（《儿童分析的故事》，1961，第19次会谈，pp. 85-87）

以上只是整节治疗的1/3材料（！），却非常能够代表孩子与分析师之间充满生机的互动，分析师回应孩子的想象，从他的一系列活动中提炼出情感含义，并联系到他在治疗中的情绪状态。克莱因意识到在理查德的游戏中的无意识俄狄浦斯幻想，并诉诸语言来帮助他理解自己。正是这个为患者赋予意义、创建理解的过程，是如此地令人满意，读者完全可以感受到其中的焦虑、希望、兴奋，以及孩子与分析师一道工作所取得的成果。在这一系列的活动之后，理查德告诉了克莱因夫人一个秘密（关于他的性活动），很显然随着她通过解释来帮助他领悟到自己的感受，他对她的信任感也增强了。在这一发展过程中存在一种美的感受。

第二个案例是对一位成人的分析，克莱因描述他既非不快乐，也非生病了，而是一个在生活中相当成功的人。这个治疗展示了她对患者体验现实世界，以及患者对自然之美的特殊响应的意义的同调（attunement）。她理解了患者性格中的这一部分，这个例子说明，修复与痊愈可以通过发现艺术或者自然之美与精华所在而发生。

他意识到自己小时候总是感觉很孤独，而这份孤独感也一直未能完全消失。对大自然的热爱成为这位患者升华的一个显著特征，甚至是在

第十一章　克莱因流派的美学

非常幼小的时候他就感觉待在户外很舒服、很满足。在一次治疗中他提到了一次旅行，他非常享受地穿过山间的乡野，之后进入市镇时却感到非常厌恶。我像之前一样解释道，对他而言大自然不仅代表着美，还有仁慈善良，实际上是他给自己内化了的好客体。他停了一会儿答道，他感觉是这样的，但大自然不只是好的，因为大自然中总是有非常多的攻击性存在。他接着说，同样他自己与乡野的关系也不只是好的，并举例说他小时候经常去掏鸟窝，但与此同时他也总是想养育些什么。他说在对大自然的热爱当中，他其实是在"内化一个整合的客体"，这是他的原话。

为了理解这位患者是如何在与乡野的关系中克服自己的孤独感，与此同时还能将大自然体验为与市镇是有联系的，我们有必要追踪他对童年和大自然的联想。他曾告诉我，他小时候被认为是个快乐的孩子，妈妈把他喂养得很好，很多材料——特别是在移情的情境下——支持了这一假设。不久他就意识到自己会担心妈妈的健康状况，还有他对妈妈相当严苛的管束态度的怨恨。尽管如此，他跟妈妈的关系在很多方面都是很愉快的，他也一直很喜欢她；但他感觉自己在家里就像关禁闭一样，有时候他也能意识到有一种急切的渴望去户外待着。他好像在非常早期就对大自然的美发展出一种欣赏的态度；一旦他获得了更多自由可以到户外去，这立即就成了他最大的快乐。他描述自己是如何跟其他的男孩一起，把闲暇时光都用来在树林和田野中游荡。他也坦白了在与大自然接触时自己的攻击性，诸如掏鸟窝和破坏树篱。与此同时，他也相信这样的破坏不会保持长久，因为大自然总能修复它自己。他将自然视作丰盈和不会轻易受伤的，这与他对母亲的看法有极大的反差。与大自然的关系似乎相对更不那么令人内疚，而与母亲的关系则让他感觉，出于无意识的原因自己需要对母亲的脆弱负责，这让他非常内疚……

……在与家和妈妈的接触中，他感觉非常孤独，正是这份孤独感深藏在他对市镇的反感之下。大自然所能给予他的自由与愉悦，不仅仅是源自对美的强烈感受、与欣赏艺术有关的快乐之源，还是抵消深深的孤独感的一种方式，而这种孤独感从未完全消失过。

（《论孤独感》，1963，pp. 307-308）

这些材料来自克莱因的最后一篇论文，在她去世之前还尚未发表。尽管这位患者并不是病得很重，她所描述的他身上的那份孤独，在她看来与精神疾病的状态具有内在一致性，即个体被剥夺了与其他人的良好关系，无论是内在的关系还是外在的关系。相比之下，这位患者发展出了一种象征化的表征与升华的能力。

克莱因论文学的精神分析论文

克莱因写过三篇论文，以精神分析的视角来思考虚构的著作。她写作这些论文的主要目的，不是要发展出精神分析的理论或方法来做文学分析，而是要拓展自己与读者对某些关键的精神分析思想的理解，所以在弄懂其含义方面，这些文本的角色就相当于一个临床案例。她完全没有提及在思考艺术作品时必然会出现的方法问题，我们可以猜测，她决定把这些专业问题留给自己的同事们 [1]。

尽管如此，克莱因讨论文学的论文并不是无趣的，这也的确给她所讨论的想象著作带来了新的视角。我们在前面已经引用过《论认同》这篇论文，在这一部分我们会将注意力限制在 1929 年的论文《体现在艺术作品和创造性冲动当中的婴儿期焦虑情境》（Infantile anxiety situations reflected in a work of art and in the creative impulse）上，她在这篇论文中讨论到拉威尔（Ravel）的歌剧《孩子与魔术》（L'Enfant et les Sortilèges），这部歌剧是关于一位画家的

---

[1] 罗伯特·欣谢尔伍德（Robert Hinshelwood，2006）指出，克莱因似乎完全无视包含在改变精神分析的元心理学当中的哲学议题，她追随着弗洛伊德，从早期的"科学"与生物学方法，转变到了更为解释性的方法上来。他认为这是因为克莱因缺乏医学训练，甚至都没有上过大学，她参与到这样的论辩当中是有困难的，甚至她都未能意识到其重要性。也许相似的考虑也适用于，她与文学和人文科学领域类似方法论的讨论之间的距离。

传记故事；还有她的论文《对〈俄瑞斯忒亚〉的一些反思》(Some reflections on *The Oresteia*, 1963)。

1929年的论文在题目当中就给出了关于精神分析议题的主旨，正如之后的《论认同》(1955)一文。她所讨论的主要文学著作，是柯莱特给拉威尔的歌剧《孩子与魔术》所写的剧本[1]。通过对这个故事的分析，克莱因提出了自己的观点，婴儿强烈的破坏性可以因遭遇到俄狄浦斯情境而被激发出来。论文展示了婴儿的施虐，他抛弃了自己的家园，然后又非常害怕自己行为的后果，因为作为回应，死去了的、被毁坏了的客体和公园里面的生灵攻击了他。然而，孩子展示出对受伤松鼠的爱与关心，这修复了他所处的情境。他可以认同一个好的内在母亲，孩子能够借由悲悯与同情来战胜自己的施虐。

> 一个被咬伤的松鼠掉在了地上，在他身边呻吟着。他本能地摘下自己的围巾，捆绑好小生灵的爪子。这让动物们极为震惊，它们在暗处小心翼翼地聚在一起。这个孩子低声叫道："妈妈！"他恢复了人类世界的帮助能力，"做了好事"。"这是个好孩子，一个品行非常端正的孩子。"动物们非常严肃地唱着轻柔的进行曲——歌剧的最后乐章——离开了舞台，其中一些动物情不自禁地叫着"妈妈"。
> (《体现在艺术作品和创造性冲动当中的婴儿期焦虑情境》，1929，p. 211)

克莱因对《孩子与魔术》以及随后对画家路德·基亚传记的讨论，都聚焦于通过修复的行动来解决婴儿期的焦虑。尽管她所讨论的与这两篇文章相关的焦虑状态之间是有联系的，前一年她还发表了理论论文《俄狄浦斯冲突的早期阶段》(1928)，但这样的文学讨论远非对理论探讨的展示。它们在概念上的聚焦比理论论文更加具体，抽象的思想在叙述中被具体化而被赋予情感的力量，其方式就像克莱因描述临床案例一样。

---

[1] 这篇文章不仅是关于剧本（而不是关于歌剧本身），而且更进一步远离了剧本本身，因为克莱因写道，她对剧本内容的知识"几乎是一字不差地来自一篇评论"。

她在《对〈俄瑞斯忒亚〉的一些反思》(1963)中讨论了埃斯库罗斯(Aeschylus)的三部曲,这篇论文是她论文学的三篇论文中最为引人注目的一篇,当然也像它的题目一样是伟大的经典著作。尽管我们猜想,很少有读者会因克莱因对格林的《如果我是你》的分析,就去读这篇小说,但克莱因关于《俄瑞斯忒亚》的论文却能促使读者重新去看这些戏剧,她对这些戏剧的解释为我们带来了新的视角。她承认自己是依靠吉尔伯特·默里(Gilbert Murray)对这部戏的翻译才做出分析的。

《俄瑞斯忒亚》是关于阿特柔斯之家的悲剧,它包括三部戏剧:《阿伽门农》(Agamemnon)、《奠酒人》(Libation)和《欧墨尼得斯》(The Eumenides)。阿伽门农在出征之前献祭了他的女儿伊菲吉尼亚,来帮助希腊人发动对特洛伊的战争。他离家十年,领导了对特洛伊的围攻,并最终摧毁了这座城市。在第一部戏中,阿伽门农回到了家中,却被妻子克吕泰涅斯特拉谋害;在第二部戏中,俄瑞斯忒斯(Orestes)杀死自己的母亲,为她杀死自己的父亲报了仇。在第三部戏中,俄瑞斯忒斯被带上法庭,由诸神来审判他的罪行。克莱因对这些人物的内心状态、内在冲突以及他们所呈现或者未能呈现出来的悔恨与修复的情感很感兴趣。这部戏仅仅是关于复仇的——一系列谋杀当中以牙还牙原则的活现——还是这些悲剧在邀请我们去反思与评估这些行动的每一次是否道德?克莱因描述了相互矛盾的原则之间的冲突,即自大(过度骄傲)——所有的主要人物都屈从于它——与提防(正义)。对俄瑞斯忒斯的最终审判与无罪赦免以及在此之前的辩论都清晰地显示了,反思什么是正义与公道而什么不是才是埃斯库罗斯想邀请他的观众去做的事。似乎古希腊悲剧作家的挣扎,通过展示崇尚荣誉和复仇正义给家庭与社会所带来的灾难性后果,带出了这样一个武士社会标准的议题。克莱因也许看到了,希腊悲剧对非理性冲动在被活现出来时的灾难性后果的探索,与精神分析的探究之间的平行关系。

她注意到这部戏剧中复杂的俄狄浦斯情境,还有其中发生的客体之间的替代。她解释了俄瑞斯忒斯杀死母亲的情人埃吉斯托斯,这替代了他对父亲的恨(类似哈姆雷特与叔叔克劳迪亚斯之间的关系)。尽管戏中的人物们依据自己的荣誉感而行动，来满足自己（例如，阿伽门农一点儿也不后悔自己摧毁了特洛伊城），这部戏也带领我们看到其中人物更为积极的情感。克莱因指出，俄瑞斯忒斯爱自己的妹妹伊莱克特拉，也表达了对复仇、杀死母亲的内疚。克吕泰涅斯特拉尽管设计杀死了阿伽门农，还在担心儿子要攻击自己的时候召唤卫士进攻俄瑞斯忒斯，但她也回应了显示阿伽门农懊悔的证据，她也爱着自己的儿子。克莱因的兴趣在于这样的情境下内心抑郁状态的出现。欧墨尼得斯（复仇三女神）在追求俄瑞斯忒斯时，她们的迫害性暴怒缓解了，以至于仅仅变成了对他的错误的永久提示（更加温和的超我），这显示了三部曲在结尾时转换到更加抑郁的位置上了。这篇论文强烈地展示出克莱因带给一个文本的特殊洞察，这是源于她对俄狄浦斯情境之复杂性的理解，以及对心理的偏执－分裂位与抑郁位的理解。

对克莱因美学思想的发展

汉娜·西格尔

汉娜·西格尔致力于发展克莱因美学思想的应用，因为克莱因本人很少想到要这么做。她的经典论文《精神分析的美学视角》启动了这一计划，几乎成为对此的宣言。

她在开篇就讨论了弗洛伊德以及其他精神分析写作者对美学议题的贡献，也指出了他们的不足之处，因为他们都未曾提及：

> 美学的核心问题，即：是什么构成了好的艺术，是哪些关键的方面使之区别于人类的其他著作，或更确切地说区别于坏的艺术？
> ……也许现在可以，（她问道）鉴于新的分析性发现可以问新的问题了。我们可以分离出艺术家的内心中那些让他创造出令人满意的艺术作品的特殊因素吗？如果我们可以，那么这能够推进我们对艺术作品的美学价值、观众的美学体验的理解吗？
> 于我而言，至少梅兰妮·克莱因的抑郁位概念使得回答这些问题的

尝试成为可能。

（Klein et al., 1955，pp. 385-386）

然后，她简要地论述了克莱因的抑郁位理论，这为她的美学方法提供了基础。她相信艺术家的挣扎在本质上是抑郁性焦虑，好的艺术来自艺术家面对抑郁性痛苦的勇气与现实感。这是观众认为能在文学与艺术中代表他们的心理学任务，而这正好解释了文学和艺术对人类社会的巨大重要性。

她认为艺术家修复性的任务实质上是"创造一个他自己的世界"。为了理解这是什么意思，她引用了一位艺术家的话：

在所有的艺术家中，就创造的过程给我们以最丰满之描述的人是马塞尔·普鲁斯特：这个描述基于经年累月的自我观察，是惊人的洞察力所结出的果实。据普鲁斯特说，艺术家是被从业已失去的过去当中恢复过来的需要，迫使着去创作的。然而一个纯粹是智力上的对过去的记忆，即使在可以被回想起来的时候，也是情感上没有价值的和死亡的。真正的回忆有时来自出乎意料的、不经意间的联想。一块蛋糕的滋味就能给他的内心带回一段童年的碎片，在情感上是那么栩栩如生。在石头上绊了一跤也能复活一段在威尼斯度假的记忆，而他之前想再次记起它的尝试却都是徒劳。他很多年都徒劳无益地试图在内心回忆并再造他深爱的祖母活着时候的画面，但只有一次偶然的联想复苏了关于她的画面，最终让他得以记住祖母、体验自己的丧失并哀悼她。他称这些转瞬即逝的联想为"内心的间隙"，但也说这样的记忆来了之后又消失，过去就这样保持着难以捉摸的样子。为了捕获它们、给它们以永久的生命力、将它们整合进他的余生，他必须创作出一件艺术作品来。

通过他的很多部著作，过去被再次捕获了；所有丧失的、摧毁的、深爱的客体都正在被带回他的生活中：他的父母、祖父母、他深爱的阿尔贝蒂娜……一本书就是一大片墓地，在大多数墓碑上我们都无法读出那些已褪了色的名字……

第十一章 克莱因流派的美学

　　普鲁斯特所描述的情景对应着哀悼的场景：他看到自己所爱的客体都正在死去或者已经死去了。写一本书于他而言就像是哀悼的工作，哀悼那些渐渐被放弃的外部客体，而他们在自我中被重置、在书中被再造出来。

（pp. 388-390）

　　之后，作者在这篇论文中继续描述了她与四位患者的临床工作，他们都是艺术家，都受困于创造性被压抑的痛苦，都面对着抑郁性焦虑的困难。她以下列总结结束了对第四位患者的讨论：

　　弗洛伊德对心理学最伟大的贡献之一，就是发现了升华是成功放弃本能目标的结果；在此我想说的是，这样的成功放弃只有通过哀悼的过程才能发生。放弃一个本能的目标或者客体，是对放弃乳房的重复，与此同时也是对放弃乳房的再体验。这可能会成功，就像婴儿第一次放弃乳房一样，如果需要被放弃的客体可以在丧失与内部重建的过程中被吸收进自我之中。我认为这样被吸收进来的客体变成了自我当中的一个象征。客体的每一方面、每一状态都必须在成长过程中被放弃，从而促成象征的形成。

（pp. 396-397）

　　她进一步提到了两个问题，第一个是成功的艺术家与不成功的艺术家之间的区别。她引用弗洛伊德（1911）的话来描述艺术家敏锐的现实感，例如关于弗洛伊德的论述："对艺术家所用材料的属性、需求、可能性与局限性的评估，无论其材料是语言、声音、颜料还是黏土。
　　以下是西格尔对自己的问题的回答：

　　美学的乐趣本身，也就是说源自艺术作品的乐趣的独特之处在于，这样的乐趣只能通过艺术作品而获得，这应归因于我们将艺术作品认同为我们自己了，艺术作品作为一个整体将艺术家的全部内在世界表征出来。在我看来，所有的美学乐趣都包括了对艺术家的创造性体验的无意识再现。弗洛伊德在《米开朗琪罗的摩西》（The Moses of Michelangelo）一文中说道，"艺术家瞄准的是，唤醒我们跟他在产生创作的冲动时同样的内心状态。"

（Klein et al., 1955，p. 399）

她提供了经典悲剧的例子：

> 在创造一出悲剧的时候，我认为艺术家的成功有赖于他完全明了并表达自己的抑郁性幻想与焦虑的能力。在表达这些东西的时候，他所做的事情的确很像哀悼的工作，他在自己的内心再造了一个和谐的世界，并把它投射到自己的艺术工作上。
>
> 读者通过艺术作品这个媒介而认同了作者，他们以这种方式再次体验到自己早期的抑郁性焦虑，他们通过认同艺术家而体验到一次成功的哀悼，再次建立自己的内在客体、内在世界，并因此感到再次整合与充实丰盈起来了。

（p. 400）

她将这一观点从悲剧进一步拓展到通常的美学体验上。她参考了约翰·瑞克曼（John Rickman）和艾拉·弗里曼·夏普（Ella Freeman Sharpe）的工作，不同意把美学的（aesthetic）与美丽的（beautiful）画等号的一般做法，她写道：

> 丑陋（ugliness）是在表达内在世界处于抑郁的状态，这包括紧张、怨恨及其结果——对好的整体客体的破坏，使之变成迫害性碎片。
>
> 我的观点是，"丑陋"是一次令人满意的美学体验中最重要、也是必要的组成部分。

（p. 401）

第十一章 克莱因流派的美学

尽管她同意美是对秩序与和谐的一种体验，但她认为只有在同化与修通了抑郁与哀悼的体验之后，才会带来深刻的美学满足感，引用里尔克的话来说：

> 美只不过是恐惧的开始罢了，而我们刚好能够耐受这样的恐惧。

她将自己的美学观点与死本能的概念联系起来总结道：

> 从本能的角度再去看，丑陋——破坏——是死本能的表达，而美——与韵律和整体相统一的愿望——是生本能的表达。艺术家的成就即是对这两者之间的冲突与统一给出最充分的表达。
>
> 所有的艺术家都想永垂不朽，他们的客体必须在其著作中获得重生，还必须是永生的。在所有的人类活动中，艺术是最接近获得不朽名声的了，一件伟大的艺术作品很有机会逃脱毁灭与遗忘的命运。这是非常诱人的想法，因为在一件伟大的艺术作品中，对死本能的否认程度比任何其他的人类活动来得都要少，这是源于死本能被公开地承认了，就像出生被完全承认了一样。死本能被表达出来，并被约束在对生本能与创造性的需求中。
>
> （pp. 404-405）

西格尔在之后的一篇论文《关于象征形成的笔记》（1957）中，为"精神分析的美学方法"之争提供了重要补充，在那篇论文里她阐述了抑郁位的开始与象征能力的发展之间的联系。这一联系之后被比昂进一步地发展，成为精神分析理论及其文化延展的关键。

她提出了象征等同（一种"具象"的功能，有时是精神病性的）思维与真正的象征物之间的区别。通常而言，象征性的活动是为了减轻无意识焦虑而进行的一种尝试。在偏执－分裂位时这会遭遇极大的困难，一个象征物可能被体验为与其所代表的客体等同了，就像在西格尔的著名案例中那样，这位患者无法在观众面前演奏小提琴，因为他感觉这就像在众目睽睽之下手淫。但是，在抑郁位时个体变得有可能意识到客体与表征它的象征物之间的区别，从而通过焦虑的象征性表征而修通焦虑。当然了，如果偏执－分裂的心理状态走到了前台，象征化的能力被抑制了，那么退行总是会发生的。有些艺术作品会让观众体验到"象征等同"或者"具象的思维"，因而会强有力地面质他们。

西格尔是这样说的：

> 象征形成是一种活动，是自我在试图应对因它与客体的关系而激起的焦虑。基本上就是对坏客体的恐惧，以及对丧失或者无法接近好客体的担心。自我与客体之间关系的扰动被反映在象征形成的扰动上。特别是在区分自我与客体方面的扰动，会导致在区分象征物与被象征的客体方面的扰动，并因此导致了具有精神病性特征的具象思维。
>
> 象征形成始于非常早期，它很有可能跟客体关系一样早地出现了，却随着自我与客体关系之特点的改变而改变了它的特点与功能。在我看来，不仅是象征物的真实内容，还有象征物形成与使用的方式，都精准地反映了自我的发展状态以及它应对客体的方式……
>
> ……然而，早期的象征物并不会被自我感知为象征物或者替代物，而是被感知为原始的客体本身。我认为，它们是如此不同于之后所形成的象征物，以至于它们应该有一个属于自己的名称。在我1950年的论文中，我曾提议用"等同物（equation）"这个术语。然而这个词与"象征物"一词的区别是如此之大，我更想在此更改为"象征等同（symbolic equaion）"……
>
> ……在正常发展的有利情况下，历经无数次的丧失、修复与再创造的体验，好客体在自我之中被安全地确立起来……在那之前，如果婴儿感觉到客体是好的，其目的就是完全地占有此客体；或者如果婴儿感觉到客体是坏的，其目的就是完全地消灭此客体。随着婴儿意识到好客体与坏客体其实是同一个人，这些本能目的会逐渐被修改，自我会越来越

关注拯救客体、免遭自己的攻击性与占有欲的破坏。这意味着对直接的、既是攻击性的也是力比多的本能目的一定程度的抑制。

这样的处境强有力地刺激了象征物的出现，象征物因而获得了新功能，从而改变了其特征。象征物被个体所需要，来转移其针对原初客体的攻击性，通过这样的方式来减轻内疚感与对丧失的恐惧。象征物在此不是原初客体的等同物，因为其转移的目的就是为了拯救客体，与之相关的内疚体验也远远小于攻击原初客体所带来的内疚感。象征物在内在世界中被创造出来，还是作为重建、再创造、重获与再拥有原初客体的一种手段。但是，为了与越来越多的现实感相符，现在象征物被感知为是由自我创造出来的，因而不再是与原初客体完全相同的了。

（Segal，1957，pp. 393-394）

西格尔关于艺术之中所蕴含的修复冲动的观点，已经成为大多数精神分析与文学之间的对话所具有的持续生命力之基础。

阿德里安·斯托克斯

在绘画与视觉艺术方面，受克莱因影响的最重要的作者是阿德里安·斯托克斯，他在跟随克莱因进入精神分析之际，就已经是一位广为人知的艺术史学家与艺术评论家了，他的论文在当代仍然很引人关注[1]。他发展出的思想是，艺术既是与内在客体相关的破坏性冲动，也是修复冲动的表达，这些冲动在绘画、雕塑与建筑中找到了其表征与美学的解决之道。他与西格尔一样，相信对这样的艺术作品有反应的观众，会发现自己的内在冲突在对艺术的体验当中被象征化，并被修通。斯托克斯在《精神分析新方向》一书中的文章《艺术中的形态》（Form in art）正是他在精神分析方面所做工作的一个反映。

---

[1] 例如，参见由梅格·哈里斯·威廉姆斯编辑的《艺术与分析：阿德里安·斯托克斯的读者》（*Art and Analysis: An Adrian Stokes Reader*，Williams，2014），以及珍妮特·赛耶斯（Janet Sayers）的著作《艺术、精神分析与阿德里安·斯托克斯：一部传记》（*Art, Psychoanalysis, and Adrian Stokes: A Biography*，2015）。

斯托克斯的写作属于这样一种艺术批评的传统，他们对艺术客体的美学与情感反应是理解著作的关键，与此相对的是更为"外在"的、对图像或者艺术史的解读方法[1]。他本人关于绘画与建筑的大量论文都带有强烈的"主观"色彩。通常而言，我们对视觉艺术和音乐作品创建其精神分析含义，要比对文学作品困难得多，因为文学与精神分析共享了语言这一媒介，语言为这两个领域提供了一座桥梁。因此，（欣赏视觉艺术与音乐）极大地依赖于批评家在这些艺术作品中的发现，从而引导读者去看这些艺术作品的哪些方面。哲学家理查德·沃尔海姆受到斯托克斯论文的影响，同时也深受克莱因思想的影响，他的论文《绘画作为一门艺术》（Paiting as an art，1987）从这一角度提供了对艺术作品的大量解读。沃尔海姆相信，我们学会了"从艺术作品中看到"艺术家有意赋予它的那种含义。两位作者都相信，无意识的意图是蕴含在艺术作品之中的，通过认同的过程这些意图被传递给观众，并被观众在意识与无意识两个层面所回应。这种认同的一个方面就是艺术家本人在创造过程中对自己的艺术作品不断观察的那种体验。

> 我喜欢带有心理学视角的意义……将意义根植于艺术家的心理状态之中，并在绘画的活动中找到出口，之后在观众心中引发与此相应的心理状态。
>
> （Wollheim，1987，p. 357）

正如西格尔就文学著作所指出的那样，我们通过一件艺术作品体验到作者的挣扎，他试图解决自己内在世界的冲突。斯托克斯和沃尔海姆的观点——观众对艺术作品的体验对于理解著作本身至关重要——与移情反移情关系是精神分析实践之关键所在的当代观点之间有密切关联。沃尔海姆在书中描述了画家试图以不同的方式吸引一幅画的欣赏者进入这幅画所唤醒的空

---

[1] 沃尔海姆（Wollheim，1973）曾经描述过斯托克斯的方法，这与他自己的方法很像，并深刻影响了他。这种方法受到了沃尔特·佩特（Walter Pater）的文章以及美学敏感性思想的影响。

第十一章 克莱因流派的美学

间中。其中的一个例子就是他对马奈的某些画作的评论，那些画邀请观众去意识，画作中的人类主体看上去正在沉思，并且邀请观众进入那种心理空间中去认同画中人。

斯托克斯于 1955—1967 年写的几篇文章，发表在他的文集《评论集》（*Critical Writing*，Gowing，1978）第三卷和最后一卷中，正是这些文章最全面地发展了他评论艺术与建筑的精神分析方法。然而他写道，其早期文章中的很多核心概念——诸如艺术作品的包裹（enveloping）与魔咒（incantatory）效应思想，以及创作过程中"雕塑（carving）"与"铸模（modelling）"的区别——早已与克莱因的思想具有密切的关联了。他认为，这些都使后来更深刻地解读艺术作品的心理学含义成为可能[1]。

与西格尔一样，斯托克斯认为艺术作品对于看到过它们的社会成员而言居功至伟，因为它们对人们的冲突性冲动予以象征性的表达，并创造出某些形式，而通过这些形式人们的焦虑得以被涵容。

斯托克斯还认为，至少在现代社会，建筑仍然是外在的、公开的表达原初客体关系之各类艺术的核心。

> 我们都同意艺术作品是一种建构。由于人类在身体层面和心理层面都是一种精心积累的结构，一种凝聚与模式，一种在相反的驱力之间寻找到的平衡，那么建筑也同样不仅仅是我们生活与喘息的最常见也最通用的象征：建筑除了是我们的房屋之外，还是我们的家，是对母亲的象征物……
>
> （Stokes，1959，p. 149）

---

[1] 斯托克斯发现，自己在早期工作中发展出来的雕塑与铸模的区别，分别对应于克莱因所描述的"抑郁的"或"整体客体"，偏执–分裂的或部分客体的关系范式。他写道：

> 我更大的兴趣在于首先构思雕塑方面的作品，因为我欣赏被强化的差异性所传递出的意义，可以说是形式的自我存在，而非那些迫近的位置，通过这些位置我们生动地意识到了内心的紧张。我更关注修复与补偿，而非多才多艺的内心层面的巨人，它们似乎用幽暗或荒凉的力量污染了艺术家的材料。
>
> （Stokes，1951，p. 242）

> 没有人能否认，建筑艺术在很多方面都参考了人体构造，其比例与对称都源自我们自己；建筑特色之间的转换令很多人想到我们呼吸的韵律。房屋是放大版的我们自己，也是母亲与子宫的象征物。
>
> （Stokes，1958，p. 109）

> 让我们从另外一个角度来解读这件事：哥特式建筑是如何映射女性生殖器的，想一想那些教堂大门上的、塔楼上的以及狭窄缝隙上的尖锐拱形，一层套着一层……哥特式的造型并列展示了崇高与卑劣：天使与魔鬼都出现在进入母亲体内的入口处……传统印度建筑的庙宇和塑像也以相应的华美方式展示了更为阳具崇拜的建筑式样。我们对作为艺术之母的建筑的反应，最好地展示了作为整体客体而构建的艺术，是基于部分客体或者更广义地说是部分客体关系的象征性表征；也许只有建筑如此与部分客体之表征紧密相关。
>
> （Stokes，1965，pp. 284-285）

斯托克斯相信，艺术表达的形式与它们所表征的心理状态是随着社会与历史的发展而演进的。以下是他对古希腊科学思考之起源的精神分析反思：

> 在我看来只有两个精神分析概念是非常出类拔萃的，它们都是克莱因流派的概念：首先是整合的自我这一概念，我已经说过了，就是将好的与坏的带到一处，将既不是一直在分裂、也不被否认的各个心理部分彼此契合地放在一处；其次是克莱因流派的另一个概念，在丧失感之后被创造或再创造出来的整体客体。这两个概念彼此很接近，因为意识到一个独立的整体客体会在自我中伴随而生相似的综合体。好的与坏的不再是不相关的了，抑郁性焦虑胜过了偏执焦虑，对好的部分的攻击要负有更多的责任，丧失感也相应地发展起来了。适应一个社会所认同的常模，这意味着更少强调退行的先验价值，而更多的价值被赋予一个个体，其代价是一定程度的社会僵化，因为社会以及如果是被社会所同化了的

大自然，是投射性认同的最大目标。再一次地，这意味着更强烈地想抓住客体本身的精准本质，这一喜好有时会增强促进现实原则的力量。

（Stokes，1958，pp. 131-132）

在斯托克斯看来，现代社会缺乏美学的和谐与秩序，他相信建筑（一种表达与涵容形式）的衰落是其主要表现之一——他认为这解放了形象艺术，正如立体主义的崛起就承担了探索与赋形感知与情感困惑之新状态的任务。

因此，在阿德里安·斯托克斯与理查德·沃尔海姆的工作中，二者大量地将克莱因思想应用于建筑与视觉艺术领域，堪比汉娜·西格尔及其后继者在文学领域所做的工作。

第十二章

克莱因与社会

正如我们之前所言，克莱因在著作中较少提到其思想在社会与政治中的广泛运用。她仅在思考犯罪与过失行为的本质及意义时，才谈到了一个可能颇具争议的社会问题。然而，尽管她并不情愿将其思考从原本的临床情境延伸出去，但克莱因的思想价值已经被许多精神分析师和社会科学学者认可并运用于更为广阔的社会议题研究之中。本章将展示这一发展进程。

克莱因学派主要的社会观点都来源于克莱因认为焦虑在人类发展中具有核心地位这一思想。偏执－分裂位和抑郁位模型以及用来防御这些心位的不同焦虑，对社会的影响面尤其宽广，并引发了后继类似的思想。这也成为克莱因思考犯罪行为的思想来源，她用偏执－分裂位中原始的惩罚性超我来解释犯罪行为之下的无意识冲动。

本章首先介绍克莱因关于犯罪行为和反社会行为意义的思考，然后介绍艾略特·雅克、伊莎贝尔·孟席斯·莱思、威尔弗雷德·比昂和罗杰·莫尼－凯尔如何将该思想拓展到更广阔的社会应用中。如同本书第二部分的前两章，我们以发表在《精神分析新方向》（1955）上的几篇文献作为起点，相信克莱因也会将这几篇文献视为其精神分析事业发展的重要标志。尽管孟席斯·莱思发表于1960年的文献未被收录其中，但由于它是在那本书出版之后很快就发表的，所以一般与艾略特·雅克的文献一同被视为开启并激发了克莱因偏执－分裂与抑郁性焦虑及其防御机制理论之社会应用的起点。

克莱因与反社会行为

克莱因在其论著中讨论最为直接的社会议题是理解反社会行为和犯罪行

为及其无意识动机。她基于儿童分析工作专门撰写了两篇论文。文中，她认为犯罪行为与惩罚性超我功能相关。如同弗洛伊德和温尼科特的观点，她的观点也含蓄地挑战了关于犯罪及过失行为动机的传统信念。

在她称之为游戏分析的分析工作中，克莱因观察到患者有攻击行为，而攻击的对象包括玩具等物品，这些物品在狭义上可以代表母亲的身体和乳房，在广义上可以代表父母双亲以及兄弟姐妹。克莱因详细描写了这些攻击行为与严重焦虑如何交替出现：

> 然而，在分析中，当焦虑逐渐缓解，施虐行为从而得到减弱时，内疚感和建构倾向也变得越来越明显……这种把东西恢复原貌的倾向和能力越强烈，他的信念和信心也越强大，超我也变得越温和，反之亦然。但是，在一些案例中，强烈的施虐与压倒性的焦虑导致在憎恨、焦虑和破坏倾向之间形成的恶性循环无法打破，个体继续处于早期焦虑的压力之下并保留早期的防御机制。如果此时由于外部或内部的原因使超我恐惧越过某种界限，那么个体可能被迫毁灭他人，而这一冲动或许形成了犯罪行为或精神患者发展的心理基础。
>
> [《论犯罪》(On criminality)，1934，pp. 259-260]

她对这些发展如何产生做了如下解释：

> 因此，在偏执或犯罪行为中我们可以见到相同的心理根基，某些因素将导致更为严重的犯罪倾向，如下面一个例子所展示的，无意识幻想被压抑并在现实中见诸行动。迫害幻想在两种情况中都十分常见；罪犯首先感到自己被他人迫害所以才去侵害他人。对于儿童来讲，他们不仅体验到在幻想中被迫害，也会在现实中有一定程度的体验，比如父母的不善或糟糕的环境，这些幻想会被极大强化。通常，孩子倾向于放大令人不满的环境的重要性，因为他感到内在的心理困难未得到充分认可，这一内在的心理困难有一部分是环境导致的。因此，改善孩子的外部环

境是否对孩子有益，是鉴于孩子的内在焦虑程度而定。

（p. 260）

克莱因相信，反社会行为根植于一个人在婴儿期出现的暴力与施虐感，这些感受原本是他对正常的身体挫折、剥夺感与焦虑的反应，同时也源于由俄狄浦斯情境所激发的嫉妒和焦虑。她认为，婴儿对于任何妨碍他独占双亲一方的威胁（从双亲的另一方、兄弟姐妹——无论现存的还是潜在的）所做的回应都是无意识幻想，幻想中他对这些客体施以口腔、尿道和肛门的暴力攻击。然而，这些攻击会让婴儿恐惧受到惩罚和报复，而那些被他攻击的内在客体会活下来。在一些不幸的情境中，比如，破坏性幻想不仅没有在关爱的环境中得到抱持和缓和，反而在剥夺性或虐待性的照料环境中被放大，可能导致孩子认同内在的"坏"客体，并因自己怀有破坏性幻想而产生强烈的内疚，从而迫害性超我占据主导地位，孩子感觉到自己理应受到惩罚。施虐受虐的恶性循环开始形成，自体必须为其幻想出来的犯罪行为接受惩罚。但随后又会陷入对幻想中那个对自己施以痛苦的权威的憎恶和仇恨之中。克莱因最主要的创意想象是将青少年与成人的过失行为视为一种行为模式的延续，这种模式建立于生命早期社会化过程中的破坏性经历。她看到一种无限循环的"冒犯—再冒犯—受惩罚"的行为模式，这是自我强化的刑事司法系统模式之一，有时这是一种早期受损关系形式的重现。事实上，长期循环的"冒犯—惩罚"行为，与个体早年的创伤或灾难性经历存在相当程度的相关性。

关于这个主题，克莱因在她的两篇论文（《正常儿童的犯罪倾向》，1927；《论犯罪》，1934）中进行了论述，她挑战了将超我视为道德的捍卫者与执行者的传统观点。她认为，恰恰相反，如果超我以严厉且惩罚性的形式发展，就会激发而非限制过失或犯罪行为。这一洞见对于培养有责任心和关怀他人的个人具有十分重要的作用。由内在迫害性主导而形成的人格，并不太可能通过重复性的惩罚和报复体验得到修正，甚至可能导致行为的强迫性循环，在无意识里相信自己应该得到惩罚，而这种无意识信念可能加剧损害自体内在的信任与希望。

克莱因的这一思想发端于弗洛伊德在其论文《源于内疚感的犯罪》（Criminal from a sense of guilt, 1916）中的一条简要启发。和弗洛伊德一样，她引用了尼采的"苍白的犯罪"。温尼科特（1956）也针对儿童过失行为提出过一个相关观点，并认为处理根深蒂固的内疚感确有必要。

这些思想都激发了关于刑事司法系统本质的大量思考，当然，这些思想的应用尚待进一步实践。理查德·沃尔海姆（Wollheim, 1993a）认为，这些洞见的应用在于，严厉的惩罚——他特指死刑，当时在英国依然存在——或许包含着对某种犯罪行为的"诱惑"或吸引力，其自身充斥着一种极端的邪恶感。他认为这种严厉的惩罚中包含着一种想象，通过这种想象，可以让人在令人惊愕的仪式化惩罚中体验到一种倒错的施虐快感，是一种潜在的对其自身内疚感的公开赎罪。我们还可以说，一些违法者可能会强迫性地被未来受到监禁所吸引，将其视为涵容其犯罪冲动的一个方法。

阿瑟·海特·威廉姆斯（Arthur Hyatt Williams, 1998）曾与一些个体工作，其中包括被判死刑的杀人犯。他为其中一些罪犯提供精神分析治疗，并有权针对他们是否适合得到释放给出建议。他能够识别出这些个体的心智中存在精神病性心位，但他们非精神病的心智部分常常会将这些精神病性部分切断，或者不承认它们的存在。正是这些精神错乱的"小漏洞（pockets）"使人难以相信他们的暴力行为不会再犯。与之相关的一个事实是，许多暴力犯罪常常发生在家庭成员或亲近的人际关系之间。威廉姆斯目睹了许多罪犯或患者神志健全且十分理智，但其未完成整合的精神病性部分依然潜伏在其心智中，会受到未曾预料的事件激惹。身为分析师，他对人格深层发生改变的可能性十分谨慎，如果这样的患者被释放，其人格风险必须得到充分降低。正是无意识的偏执-分裂与抑郁性焦虑这些概念，让威廉姆斯把自己的工作与克莱因的思想联系在了一起。

唐纳德·梅尔策（Donald Meltzer, 1968）和赫伯特·罗森菲尔德（Herbert Rosenfeld, 1971）随后通过"内在帮派（internal gang）"概念，发展了克莱因关于自我会受迫害性超我胁迫的观点，该概念中自体变成了一个内在暴君的受害者。这个残忍的内在迫害者不承认自体的脆弱性并将其分裂出去，通过冷酷地攻击任何感知到的虚弱，无论是源自自身的——即任何爱或信任的感觉，这可能使它在幻想中容易受到背叛——还是他人的，包括在他人身上可以察觉到的虚弱。这个内在帮派（和黑帮人物）有时具有诱惑性，体现出这一心智状态的玩世不恭，在这一心智状态中，自我认同了迫害性超我，以寻找受害者身上的道德弱点为乐。随之这又激发出一种虚假的道德借口，对受害者施以残忍的惩罚，将超我对自体及其内在客体实施的残忍攻击进行置换。这一理解发展了克莱因的原始洞见，启发了我们去理解那些因自己的犯罪行为受到外部现实和内心惩罚的人，他们会在找到并惩罚那些在他们看来罪行更重的人时，自己也感觉到一种释放（例如，在监狱里，冒犯儿童的犯人会受到其他犯人的性骚扰）。

克莱因相信，在生命早期建立起来的爱与恨的情感平衡是决定日后超我主导的偏执–分裂位可否被克服、能否过渡到一个更"抑郁"的或修复性的心智状态的关键。比克、比昂等人随后发展的"容器–被涵容（container-contained）"关系的概念，拓展了克莱因的早期洞见；正是通过这个关系，婴儿式焦虑可以得到缓解，破坏性冲动也可以减弱。

对克莱因的批评中常提到一点，认为她过于注重婴儿和儿童的内在世界，但对为其提供养育的外部世界几乎缺乏兴趣。而克莱因的著作并不支持这一观点。克莱因在一篇关于儿童发展的文献（《成人世界及其婴儿期根源》，1959）中总结了她的理解，她认为发展模式的发生主要归功于儿童的固有性情与父母所提供的养育之间所建立的关系。

在认为婴儿已经拥有了相当程度的焦虑和迫害感的同时，她也强烈意识到母亲对宝宝的回应具有生死攸关的重要性。因此：

> 我已经亮明我的假设，即新生婴儿可以体验到迫害性焦虑，不管在生产过程中还是在出生之后。这可以由以下事实来解释，幼小的婴儿在尚无理解力之前会无意识地感受到极其不适，并认为这种不适来自敌意性的力量施加在他身上。如果他很快得到安抚——尤其得到温暖、被充

满爱意地拥抱，以及被喂饱，他就会产生更快乐的情绪，而他会感觉这样的舒适来自善意的力量。我相信，这为婴儿第一次与他人——或者用精神分析的话来说，与一个客体——建立爱的关系带来可能性。我的假设是婴儿对母亲的存在具有一种天生的无意识觉察。我们知道，小动物刚一出生就会转向妈妈，寻找食物。人类在这一点上与其他哺乳动物无异，这种本能知识奠定了婴儿与其母亲原始关系的基础。同样我们也可以观察到，几周大的婴儿已经可以望向母亲的脸，识别出她的脚步声、她双手的触摸感、她乳房的气味和感觉或者是递给他的奶瓶的气味和感觉，以上都表明在母婴之间已经建立了某种关系，虽然这种关系还相当基础。

（《成人世界及其婴儿期根源》，1959，p. 248）

不过，克莱因的确特别重视内在力量。她相信，人类天生具备攻击潜质，而在她当年写作强调这一点时，人类发展的这个方面是被人们所忽视的[1]。

天生的攻击性在不友好的外部环境的连带作用下不断增强，而在幼儿所接收到的爱与理解中得到缓和与平息；两方面因素持续作用贯穿其发展历程。然而，尽管如今外部环境的重要性已经被大大意识到，但内部因素的重要性却始终被低估。每一个人的破坏性冲动都不一样，但它是精神生活中不可或缺的组成部分，即使在适宜的环境中也存在。因此，我们必须将儿童的发展与成人的态度作为内部影响和外部影响交互作用的结果来考虑。

（p. 249）

---

[1] 克莱因在论文中的几段过分强调了婴儿的这部分体验。"我认为，在婴儿头3—4个月的经验里，全能破坏性冲动、迫害焦虑和分裂占主导地位。（p.253）"正如整篇论文所指出的，现实远比这更具多样性。

第十二章 克莱因与社会

她继续讨论这种互动如何贯穿了童年并持续具有塑形效力：

> 与幼儿的工作经验向我表明，从婴儿期起，母亲以及随后环境里的其他人都会被婴儿纳入自体，这是多样化的认同的基础，包括有利的和不利的……
>
> ……如果我们把成人世界视为扎根于婴儿期，那么我们就可以获得洞见，理解我们的心智、习惯和观点，是如何从最早的婴儿式幻想及情绪中建立起最为复杂深奥的成人表达的。另一条结论是无意识中所有的存在总会对人格产生或多或少的影响。
>
> （pp. 260-262）

尽管克莱因本人极少论述社会实践，比如教育，但其发展思想已得到更广泛的应用并被广为理解与接纳。从她的洞见中可以总结出至关重要的一条结论，即对儿童应当提供高质量的情感关怀，以及对这一需要应当以所有可能的方式给予支持。人类性格中爱恨冲动的平衡决定了其幸福程度，而过度的迫害性焦虑会造成损坏。这一观点同样适用于童年之后。运用克莱因这一思想可以起到预防效果，社会结构与关系应当维持一种支持对他人的责任以及修复性导向的发展。这些观点在英国社区精神卫生服务的发展中得到了充分实践，并在这些方面为千万家庭提供了有力支持。

但克莱因思想应用于修复或"疗愈"已经成形的反社会或犯罪心智状态，这是十分困难的。她自己也认为，在孩子幼年的时候而非在个性已经完成发展的成年期，通过精神分析干预为其心智带来改变可能会更容易些。

对无意识动机的这一精神分析式的理解，也引发了道德和法律上的争议，因为这与人们日常认为个体应对其行为负责的期待不符。人们通常相信，作为自由和理性的个体，每个人都应当对自己的所作所为负责。一旦行为触犯法律，对他人造成伤害或危害，那么就应当接受惩罚。这个观点中有两个相互交错的司法哲学问题。首先，该观点认为法律应当强化个体"追求享乐及回避痛苦"的自然渴望，因此可以通过"一种恰当尺度的痛苦"对犯罪行为进行惩罚,从而理性地抑制该越界行为。其次,该观点是诉诸人类天生的道德能力,认为惩罚会被理解为犯错之后的应得后果。这些逻辑建构起到了鼓励人们遵守法律的作用,并证明对过失者实施恰当制裁是合理的。

无意识动机的概念很难成为这样的常识性假设。只有在精神病状态的极端情况下——以"精神不正常"为由的司法辩护——精神科医生或精神分析师对犯罪行为的理解才会在司法系统中有发言权。不过,对动机进行更为复杂的评估和追因溯源,仅会纳入某些特定犯罪行为的法律判定中,比如在裁量死刑是否合适时。可见,在正式的司法判决过程中考量无意识动机是多么艰难,若考量无意识动机就很难不削弱通用的惯例,即个体应当对其自由选择的行为负责。(精神分析所质疑的正是哪些行为是自由选择而哪些不是。)

当人们考虑惩罚的形式与本质这个问题时,精神分析性的理解就会引发一种更强烈的潜在冲击。如果我们跟随克莱因所秉持的观点,认为犯罪是性格障碍的一种形式,是由于在其人格中恨比爱更占主导地位,并可能存在过度惩罚的超我,那么社会系统需要回答的问题就变成:这种性格障碍如何能得到更好的修复或者如何使其危害性降低?仅仅重复惩罚经验似乎就其本身而言并不会带来有利的个性发展。事实上,众所周知,监狱系统在这方面相当无效,因为判处监禁之后的重新犯罪率并不低。"监狱是有用的"这句话常常并不如听上去那么实在,"有用"或许只是因为罪犯被关押起来,无法到监狱之外实施犯罪而已。

可以有效降低犯罪和改造反社会倾向的措施,在现行刑法制度中难以推行,问题之一在于广大的社会成员对罪犯的憎恶和敌意。为认罪者提供修复手段或宽大处理,会被遵纪守法者视为对违法者的非正义"奖赏"。倘若惩罚的修复性形式真的起效(比如,提供纠正性治疗或教育措施),那么先前的一些犯人就有可能找回自己的生活和机遇。而这会让那些感觉自己付出代价来克制反社会冲动的人,以及那些遵纪守法却并未获得奖赏的人都感到不公。主流文化更愿意看到过失者受到折磨,让他们承受社会所投射出去的更大的反社会冲动包袱,而不愿承认那条人性纽带,即自己对过失者存在认可与认同。

克莱因对犯罪行为的反思为我们提供了一个方法范例,即精神分析式的理解如何能够颠覆关于个体和社会行为的传统假设。

艾略特·雅克及焦虑的无意识防御理论

艾略特·雅克于1955年写的关于焦虑的社会防御的论文,可能首次阐述了克莱因思想中在理解社会组织上或许最有影响力的理论应用。雅克认为,迫害性焦虑与抑郁性焦虑两种状态遍布在社会组织之中,而对这些焦虑状态的防御常常成为组织性结构及其内部角色和功能划分的突出特征。他的陈述如下:

> 我必须考虑的一个特定假设是,将个体绑定在机构化的人类社群里的主要凝聚元素之一,就是对精神病性焦虑的防御。在这个意义上,我们可以认为个体把这些冲动和内在客体外化,将它们投放到他们与之相连的社会机构的生命里,不然,这些个体可能会产生精神病性焦虑。这并不是说机构会变得"精神错乱"。但这的确暗示着,我们会在团体关系中看见不现实(unreality)、分裂、敌意、多疑以及其他适应不良的行为表现。这就是在个体身上所呈现的精神病性症状的社会版,如同个体尚未发展出在社会团体中运用联想机制的能力来避免精神病性焦虑,虽然症状表现并不完全一样。

(Jaques,1955,p.479)

举一个对偏执性焦虑进行防御的社会防御机制的例子。将坏的内在客体和冲动放置在机构中的一些特定成员身上,无论他们明确的社会功能为何,他们是被无意识地选定的,或者是他们自己选择内摄这些被投射的客体和冲动,并且吸收它们,或将它们转向(deflect)。所谓吸收,是指内摄这些客体和冲动并抱持它们的过程;所谓转向,是指将其再次投射到他人身上,但不是同一批人。

> 这种吸收过程的社会幻想建构可能像这样，例如，一艘船上的大副在他的正常职责之外还为许多过错承担责任，但这些过错实际上并不应该他负责。每个人的坏客体和冲动可能无意识地都放置在大副身上，而这个大副也被大家一致认为是个会制造麻烦的人。通过这个机制，所有船员无意识地摆脱了自己的内在迫害者。而这艘船的船长也因此更被理想化和认同，大家觉得他是个优秀的保护者。
>
> （pp. 482-483）

雅克描述了对抑郁性焦虑的两种防御，比如把一个少数群体作为替罪羊是其中之一，看起来就像是把迫害性焦虑的投射从自己转到一个坏客体。他指出，可能这个少数群体也存在无意识的抑郁性焦虑，这可以解释为什么选这个少数群体迫害而不是别的。

> 我们必须考虑这种可能性，即这个选择中的起效因素之一是这个少数群体所达成的一致共识，在幻想层面，为了减轻无意识的内疚，他们共同寻求蔑视与折磨。也就是说，在迫害者与被迫害者之间，他们在幻想层面上存在一种无意识的合作（共谋）。对这个少数群体的成员来说，如此的共谋强化了他们对抑郁性焦虑的防御——通过这种机制，蔑视的感觉和对外部迫害者的仇恨便具有社会正当性，其结果是缓解内疚和强化否认，以保护内在好客体。
>
> （pp. 485-486）

这一观点与克莱因的说法相关，克莱因认为是无意识内疚激励了犯罪行为并招致惩罚。

防御的第二种形式是：

> 另一种由社会机制缓解抑郁性焦虑的方式，是通过参与团体理想化，狂热地否认破坏性冲动和被损毁的好客体，并强化好的冲动和好客

体。这些社会机制是否认和理想化机制在团体中的体现，克莱因认为这些防御机制是用来防御抑郁性焦虑的重要方式，并对其进行了反思。

（p. 486）

雅克以他在塔维斯托克人类关系研究所（Tavistock Institute of Human Relations）当顾问时的一例组织案例研究，详细阐述了这一论题。他试图理解管理层与员工之间的普遍关系，研究的时间段（20世纪50年代）正好是英国劳资之间组织性冲突盛行的时期。雅克提出，在这个关系里会有一个无意识维度在表面之下运行，以及更为明显的关于物质奖励和地方势力的冲突维度。他认为克莱因所理论化的焦虑的两个主要类型在这个系统中都有积极的呈现，并通过分裂和投射机制进行管控。

案例研究的对象是格莱希金属公司（Glacier Metal Company）的一个部门，该部门有60名员工，当时他们在与有关部门进行薪资体系的谈判。雅克报告称，在管理层和员工的关系中明显表现出对迫害性焦虑和抑郁性焦虑的防御。员工向他们所推选的代表（其中包括两名店员代表）投射迫害性焦虑，让这些代表在应对管理层时表现出十分多疑和不合作。有时，这些受迫害的感觉被指向代表自身，他们被认为对管理层过于谄媚。但一旦多疑和敌意被投射到这些代表和谈判中之后，员工与监管员的关系就立刻改善了许多，工作也更加配合，生活也回归了常态。

雅克报告称，在管理层这一方面，抑郁性焦虑是最主要的防御模式，用以防御他们在对员工行使权力时的无意识内疚，以及用以防御员工代表指向他们的愤怒。报告称管理层把员工理想化，因不想质疑其善意的初衷而不顾其展现的对立情绪。雅克指出，管理层坚持相信员工的善意初衷，引发员工的抑郁性焦虑，以至于他们感觉到自己在利用管理层的善意。这一抑郁性焦虑随后通过迫害性焦虑的加强而防御。

根据雅克的描述，在管理层与员工的关系中有两种平行且相互补充的无意识分裂形式。管理层以不承认以及对员工坚持抱有一种较抑郁的态度来应对自己较具攻击性的感觉。员工则通过将这些敌意情绪投射到他们的代表身上，来应对工作规章以及管理层对他们的权力所引起的受迫害心理状态。雅克对这一特定情境的分析是毋庸置疑的，虽然管理层可能也可以采用一种与员工相似的分裂形式。其幻想可能是，被选为代表的员工有恶意，而全体员工没有，且员工们若不是受了那些制造麻烦者或"煽动者"的影响，不至于和管理层发生冲突。在这样的情境下，管理层与工会的谈判就会发挥一种功能，即对雇主和雇员关系中的敌意元素进行调节，承担工作场所产生的一部分的焦虑与迫害负担。正如雅克自己指出的，比昂对工作团体和基本假设团体的区分就与这种功能区分相关。

雅克在论文里提出的一项重大发现是，无意识防御机制，包括分裂，在组织行为中扮演了重要角色。的确，工会和管理层代表之间的劳资冲突的机构化，可以作为一种抱持冲突的手段，让冲突双方稍稍抽身于日常工作所产生的焦虑。这使在工业关系领域中一个广为承认的现象里增添了精神分析的维度，即工会经常在工业组织里起到调节而非干扰作用。认识到无意识焦虑和对其的组织化防御（比如分裂和投射），是雅克对克莱因思想的社会应用的首要贡献[1]。

伊莎贝尔·孟席斯·莱思：护理服务中的焦虑防御

继雅克之后，继续发展这些关联的重要论文要数伊莎贝尔·孟席斯·莱思的《社会系统的焦虑防御功能：关于一家综合医院护理服务的个案研究》，该论文首次发表在1960年。莱思曾受邀作为顾问，调查护士培训中遇到的问题。她的报告对实习护士的经验以及护理系统的组织化进行了翔实的描述。其中呈现出来的问题之一是，实习护士中未能完成训练或者之后很快就放弃了这个职业的人比例较高。受训者的患病率很高。她还报告称，存在一种士气低迷和不满的气氛，许多受训护士说，他们被要求完成的工作并不能满足

---

[1] 雅克随后不再使用精神分析的方式来思考雇佣关系，取而代之采用了一种组织模式，该模式将责任与不同层级的奖赏之间的关系进行理性计算，他认为这种组织化设计是一种最为有效的模式。

原先激励他们从事护理事业的工作期待——即提供关怀。患者对护理的体验也与期待中的不一样，不过这并不是此研究的重点。护理团队中的资深护士邀请孟席斯·莱思对这个系统为何运转得如此不良进行调查研究。

她对自己发现的情况发展出一个解释，就她的理解而言，原因就是，患者的痛苦，暴露于受损伤的身体与功能、恶心的感觉以及有性欲需要处理的亲密情境等，激发出一种强大的无意识焦虑。她对社会组织受社会焦虑防御系统主导的分析至今依然十分前沿。时至今日，社会无意识焦虑防御理论依然倚赖于孟席斯·莱思所奠定的基础之上。

她的分析工作基于详细描述的实习护士的经验以及构成并约束他们工作的组织形式。她观察到，护士被要求在一种去个人化的环境中工作，并且不鼓励与患者个人建立关系。护士对患者的感受被否认或被贬低为不专业。护理工作被界定为一系列互无关联的、有时甚至是机械化的任务，使得护士难以理解它们的目的和意义。莱思称它们为"仪式性任务表演"，无意识地为了模糊决策责任而设计。焦虑通过流程性的检查和互检来进一步管控，而且不清楚谁该为何事负责。团体协作很少，对实习护士的督导也很少，不管是个体还是团体。结果造成每个人都是单兵作战，自求多福。护理工作曾被奉为一种理想典范，但护士实际的发展能力被低估。好像大家以为一个好护士是天生的而不是后天练就的。资深护士中有些人好像觉察到了这些问题，对学生也不是没有同情心，但系统自身继续维持着这种僵化态势，并阻抗改变。有许多迹象可以说明这个问题，包括最能干的实习护士放弃了培训，资深员工是那些学会从这个系统中幸存下来的人，虽然这个系统就其本身是无意识的，但对于其成员来说，已经变成外部的现实。

莱思理解这家医院系统是一种无意识防御，用来抵抗由护理任务激发的焦虑，她直接引用克莱因婴儿情绪发展理论来形成她的概念。以下看她如何将护理经历激发的焦虑与婴儿期原始焦虑联系在一起。

医院接受和照料那些无法在自己家中受到照料的患者。这是创设医院应履行的任务，是它的"首要任务"。这个首要任务的主要工作职责有赖于护理服务，必须为患者提供持续照料，不分日夜，全年无休。因此，护理服务承担了在患者照料中产生的全部即时性的、集中性的压力冲击。

在护士身上激发压力的多种情况是大家所熟悉的。护士与生理上患病或受损的人（且通常病情严重）持续接触。患者的康复并不能确保，也不总是能完全实现。护理那些患有不治之症的患者是最令护士揪心的任务之一。护士们要面对痛苦与死亡的威胁与现实，这是极少数外行人能够做到的。他们的工作内容通常乏味、恶心和恐怖。与患者的肌肤接触会激发强烈的力比多的和情欲性的愿望与冲动，可能不容易控制。工作环境会激发护士非常强烈而复杂的感受：可怜、怜悯和爱；内疚和焦虑；对激发他们这些强烈感觉的患者感到憎恨和怨恨；对患者获得的照顾感到嫉妒。

护士面对的客观环境与幻想情境惊人地相似，这种幻想情境在每一个个体最深的和最原始的心智水平里。护士焦虑的强度和复杂性主要来源于工作环境之客观特征的特殊指责，这会再次刺激这些早期情境以及与之相伴的情感。我将简要评论这些幻想情境中一些相关的主要特征。

这些幻想中的元素可以追溯到最早的婴儿期。婴儿体验到两套截然相反的感觉和冲动，力比多的和攻击性的。这些来源于本能，被称为生本能和死本能。婴儿感觉自己是全能的，并将动态的现实归因于这些感觉和冲动。他相信力比多冲动确实可以创造生命，而攻击冲动则会制造死亡。婴儿把相似的感觉、冲动和力量归因到他人或他人的重要部分。力比多和攻击冲动的客体及工具被感知为婴儿自己或别人的身体和身体产物。生理体验和心理体验在此时紧密交织。婴儿对客观现实的心理体验受到他自己的感觉和幻想、情绪和愿望的强烈影响。

婴儿通过他的心理体验，建立了一个由他及他感觉和冲动的对象所组成的内在世界。在这个内在世界里，他们的存在形式和状态很大程度上由他的幻想决定。因为攻击性力量的作用，这个内在世界里有许多受到损坏、伤害或死掉的客体。氛围是充满死亡和毁灭的，这会产生极大的焦虑。婴儿害怕攻击性的力量作用在他爱的人和他自己身上。他为他们的痛苦哀悼，也为自己无力回天感到沮丧和绝望。他害怕有人命令他一定要把这些修好，也害怕惩罚和报复会落在他头上。他害怕自己和别人的力比多冲动无法控制攻击性冲动和无法阻止它们制造彻底的混乱和毁坏。这个情境里让人心酸的地方在于，爱和归属与攻击是如此紧密。贪婪、挫折和嫉妒如此轻易就能取代爱的关系。在这个幻想世界里充满暴力和强烈感觉，与一个普通成年人的情绪生活大相径庭……

……无意识地，护士将患者和家属的痛苦与她幻想世界里的人物所体验过的悲苦联系在一起，这会增加她的焦虑以及应对它的难度。

（Menzies，1960，pp. 97-99）

描述完护理系统组织之后，孟席斯·莱思将情况小结如下：

社会防御系统的特点，正如我们已经描述过的，定位为帮助个体回避焦虑、内疚、怀疑以及不确定的经验……达到这一目的是通过消除所有导致焦虑——或更准确地说，会唤起与人格中原始心理残余相连的焦虑——的情境、事件、任务、活动或关系。系统几乎不会通过积极的方式帮助个体面对焦虑激发的体验，并以此发展其能力以容忍和更有效地应对其焦虑。基本上，大家感到护理情境中潜在的焦虑太深太危险，令人无法面对，这些焦虑也造成个体崩溃和社会混乱。

（p. 109）

孟席斯·莱思承认，雅克和比昂关于社会焦虑防御在团体和机构中的角色方面的洞见对其工作有重要价值，克莱因的原始焦虑概念和防御概念也是如此。

我们可以从她丰富的描述中看到，抑郁性焦虑和偏执-分裂性焦虑在受训护士当中都十分普遍。抑郁性焦虑因患者的痛苦而起，迫害性焦虑则因担心犯错或令患者失望而起。这个系统充斥着广泛的迫害性焦虑，从主要的护理任务中转换而来，护士们被要求始终保持对规则的高度服从，担心如果出错就会受到羞辱或惩罚。弥散的偏执-分裂性焦虑的后果就是象征能力的抑制（见于克莱因的理论，这是抑郁位的一个功能），以及护理系统和护士个人从经验中学习的能力的抑制。尽管在莱思对医院系统的描述中明显出现了偏执-分裂性焦虑和抑郁性焦虑，但她不像雅克那样特别指出概念的具体差异，而只明确提及偏执-分裂性焦虑。

近期一篇颇具价值的论文中，威廉姆·豪顿（William Halton，2015）[1]提出将孟席斯·莱思对其发现所做分析进行重构。他指出在这个防御系统中压抑着一种未获承认的对患者的憎恨，这种憎恨来源于他们的病痛给护士和他人带来的痛苦。同时，孟席斯·莱思描写了防御的一种强迫形式，即注意力被从患者（作为一个完整的人）的身体和情绪现实上，转移到特定的工作细节和流程上。当然，在许多情况下，医疗照顾重在关注细节，例如出现了哪些症状，应该给患者开哪些药，什么时候服药等。但是，患者的需要不仅是身体上的照料，还需要认可、理解和关怀，这些需要正是孟席斯·莱思研究的描述中不被护理系统承认并且被忽视的。

跟随广义的精神分析原则，孟席斯·莱思建议，如果她觉察出的焦虑能够在护理环境中被公开承认，给受训护士和他们的督导师提供一个场合分享和反思这些焦虑，那么这些焦虑的有害影响将会被降低。但是，她的研究应用远远超越了这个，因为这意味着权威、任务组织和培训的整个模式改变将为患者和护理人员都带来更好的收益。她跟随雅克和比昂的想法，认为对社会变革的阻抗在以偏执-分裂防御为主导的机构中最为强烈，因为其本质就是抑制理解。

如同艾略特·雅克的格兰希金属公司研究，孟席斯·莱思对护理问题的研究也是一部开山之作。这两个研究都为以下事业做出了重要贡献，也就是将精神分析理论指导下的调查与干预运用于机构设置中某一类型的组织研究与顾问的发展。克莱因相信，通过与患者进行诠释性工作，可以理解心智的

---

[1] 豪顿的论文发表于一本合刊（Armstrong and Rustin，2015），该合刊回顾了这些思想从其初始建构起60年来的发展，并向人们展示了该思想之丰富性的经久不衰。

无意识状态，达到其重要的治疗价值。雅克、莱思以及其他当代后继者，将这一信念运用在许多不同种类的组织领域中。克莱因的许多概念，包括无意识焦虑及其防御，已经证明是理解组织动力与社会动力的有力资源。孟席斯·莱思将其最初在护理研究中的洞见发展到许多其他环境中，比如托幼所，发现这些洞见也对识别组织的失功能模式同样有效。在托幼所的案例里，幼儿因不得不忍受长时间与父母的分离而饱受折磨，这种痛苦所激发的焦虑是托幼所员工的主要压力来源。莱思发现，托幼所里的员工为防御这些焦虑所采用的方式与护理系统中的很相似——她将其称为"多重无差别照料"（Menzies Lyth et al., 1971; Menzies Lyth, 1989）。

克莱因的偏执-分裂与抑郁性焦虑概念在之后的发展中也被证实与更广义的机构和社会现象相关。后克莱因学派理论，包括"边缘状态"和力比多自恋与破坏性自恋，不仅为理解个体患者也为理解组织行为提供了更进一步的诊断和概念资源。组织或网络可能对无法承受的焦虑进行一种"不知道"的无意识防御[用斯坦纳的话说，就是"睁只眼闭只眼"（Steiner, 1985）]，而这种看法已经对数种失败和失功能模式进行了有效阐释。比如，近年来在家庭和机构中都发现数不胜数的性虐待或其他形式的虐待事件，当然应当追究真正的肇事者的责任，但从理论上来理解他们的行为会发现，这些可能都属于心理变态的范畴。机构里的权威、机构职员以及监管者也存在巨大失败，没有注意到危险信号，这些信号本应可以警示他们：存在严重危险，应采取及时的防范措施（Rustin, 2005）。分裂与否认机制，以及用一种积极的认知和情感参与到整体情境中来取代空洞的流程和循规蹈矩，这些都是因为克莱因学派和后克莱因学派的无意识焦虑及其防御的理论模型才得以充分阐述的。

比昂的团体理论

在《精神分析新方向》选集中，第二篇相当重要的文献是威尔弗雷德·比昂写于1955年的《团体动力：综述》（Group dynamics: a review）。文中，比昂基于他以调查团体无意识现象为目的所做的小型团体工作经验，勾勒出理解团体行为的模型。承认无意识焦虑在塑造团体对其所处环境的应答方式上的重要性，是比昂与克莱因思想最重要的联结。比昂描述了团体里的三种"结合力（valency）"或者无意识倾向，依次是"战斗－逃跑""依赖"和"配对"。第一种是，团体的共同幻想是存在一个具有威胁性的敌人，团体要么面对这个敌人，要么逃跑（这种理解看起来像是来自比昂在军队战斗前线的经验）。第二种是，团体看起来采取了一种完全被动的态度，幻想团体领导者或某人或某事等，会承担所有问题。第三种"配对"是，所有希望都寄托在对一种创造性行动的幻想里，或许在几个人或某一个人的领导下，幻想会出现一种神奇的"客体"，比如弥赛亚或者一种理念，可以回应所有无意识需要。在比昂的模型中，还存在第四种最根本的团体倾向，即"工作团体"，该团体的心智状态能够理性运转，并能完成所负责的任务。前三种"基本假设"，每一个都描述了回避或偏离以理性与工作为导向的手段。

以下是比昂对他与这些团体的经历的描述：

  参与基本的假设性活动不需要训练、经验或心智发展。它是即时的、必然的以及直觉性的：如同我在团体中所目睹的，我觉得在这些现象中都不需要假设人存在群居本能。与工作团体对比而言，基本的假设性活动不要求个体有合作能力，而是依赖于个体具备我称之为的"结合力"——这个术语是我从物理学家那里借来的，指一个个体与另一个个体瞬时非自愿结合的能力，用于分享和根据基本假设行事。工作团体功能总是而且仅有一个基本假设。虽然工作团体的功能可能保持不变，但弥漫在活动当下的基本假设却可以频繁变动；一个小时里可能有两三个变化，或者同一个的基本假设也可以在数月中保持主导直至结束。

（Bion, 1955, p. 449）

总结：当个体组成团体一起工作时，团体会展现出工作团体性质的活动；大家共同为推进工作任务而发挥心智功能。研究表明，这些目标有时会被来历不明的情绪驱力所阻碍，也偶尔被推进一步。如果团体在情感上仿佛对其目标有某种基本假设，并随之展开行动，那么这些不协调的心智活动会形成某种整合性。这些基本假设可以简单概括为三种形式，即依赖、配对和"战斗－逃跑"，在进一步的研究调查中，它们可以相互置换，仿佛在回应某种未被解释的冲动。再进一步，这三种团体倾向显示出某种共同的联系，或者甚至可能是彼此不同的面向。更深入的研究显示，每个基本假设所包含的特征与最原始的那部分客体极其相符，因此早晚会出现与这些原始关系相关的精神病性焦虑。梅兰妮·克莱因已经在她的精神分析中演示过这些焦虑及它们的独特机制，而她的描述与在集体性的大众行为中寻找出口而表现出来的情感状态完全吻合。如果将其视为一个基本假设所产生的结果，这些行为就具有了一致性。从工作团体精妙复杂的活动角度来看，基本假设似乎是情绪驱力的来源，其目标与团体要完成的表面任务完全不同，甚至与和弗洛伊德（基于家庭团体观察得出）的团体观念相符合的工作任务也完全不同。但从与梅兰妮·克莱因及其同事描述的原始部分客体关系的幻想相关的精神病性焦虑的角度来看，基本假设现象似乎更多地具有针对精神病性焦虑的防御性反应的特征，且与弗洛伊德观点的分歧没有那么大，反而是对他的观点的补充。在我看来，与家庭模式相关的压力以及部分客体关系中更为原始的焦虑，两者必须都要修通。事实上，我认为后者是囊括所有团体行为的终极来源。

（p. 476）

构建这些研究团体[1]就好像在进行一项实验，或对团体过程所进行的半实验室研究。比昂作为这些团体的指挥，严苛地把自己限定在分析功能之中，

---

[1] 比昂在《团体体验》（*Experiences in Group*，Bion，1961）一书中花费了大量的笔墨描述这项工作。这些"研究团体"是有别于精神分析团体治疗的一种实践，其发展受到比昂作品的极大影响。关于这些发展可参见加兰德（Garland，2010）。

也就是，每当团体过程看起来具有启发性时，他就提出对团体心智状态的见解。因为团体成员必须从他们的经验中得知团体的工作是什么，所以团体没有明确的外在任务需要完成，或外在的问题需要解决——维持"工作团体"运作模式对他们而言并非易事。因此，团体的设置引发了团体的无意识焦虑，而这正是团体工作需要去调查研究的。正如咨询室仿佛可以被比作实验室（Rustin, 2001），在这间实验室里，团体成员的心智状态会在与分析师的移情关系中被激发和呈现，并使团体对其状态进行探索。因此，比昂的设置就像实验室一样发挥功能，从而可以对团体的无意识心智状态进行研究。

比昂坚持认为，团体努力想要防御的焦虑属于精神病性类型。这说明这种焦虑类似婴儿早期的焦虑体验，在该时期，婴儿的生存问题以及母亲或主要养育者角色处于核心位置。根据比昂的理论，在生命早期，母亲的功能是在情绪上和心智上消化和抱持婴儿的焦虑。婴儿通过内摄母亲的心智功能来发展自己的心理组织，一种思考的能力，可以称之为功能性自我。团体体验的效果是为团体成员提供一种威胁情境，该情境中似乎不存在可供使用的容器。比昂追随弗洛伊德的思想，他坚信，当身处团体时，人的心智状态容易无意识地变得流动和易变。因此，在团体里观察到的心智状态常常会无法准确地归属到哪一个个体成员身上，或明确他们给团体带来了哪些特定的焦虑，但是通过投射认同和内摄认同机制，也许可以在特定的时刻定位在任何成员身上。弗洛伊德（例如 1921，1930）曾指出，一个团体能够减弱其个体成员的自我，引导他们对一个幻想客体变得认同（例如领导者、国家、上帝）：比昂发展了这一观点。在一个群体中突发惊恐或逃跑状，或者一个暴徒没有任何理由地冲向一个他们在幻想中选定的受害者而不需要任何理由

（莎士比亚在其戏剧《恺撒大帝》中生动地描述了这样一个暴民的角色[1]），这些都是比昂的基本假设之一"战斗－逃跑"的例子，这些例子大家都很熟悉，比比皆是。

比昂从未尝试将其基本设想模型——比如焦虑防御——与克莱因的偏执－分裂和抑郁性焦虑理论进行整合，尽管"战斗－逃跑"看起来很贴近偏执－分裂位，而"工作团体"倾向具有强烈的"抑郁"特质，因其能够领会"客体"的真实特性并有能力运行象征功能。他们的理论未能完全整合的一个原因可能是，比昂最感兴趣的精神病性心智状态（该主题也是他后期的写作核心）发生在发展的早期阶段，这一阶段在偏执－分裂位形成之前，而与之相伴的是明确的分裂形式。这就是说，一个在克莱因著作中未被充分探索的发展阶段，却在比昂的著作中得到了更充分的探索。我们知道，受精神病状态之苦的儿童患者必须发展其分裂能力，即将憎恨和恐惧的客体推出自体之外，这是他这个阶段发展的关键步骤以及未来整合过程的先决条件[2]。

与弗洛伊德相反，克莱因理解俄狄浦斯焦虑在生命的头几个月出现，是对潜在的"新宝宝"的无意识恐惧和憎恨，因为"新宝宝"的存在可能会威胁婴儿的福祉与存活。"配对"的基本设想是一种对繁衍神奇孩子的理想化幻想，幻想着其降临会解决所有问题，但这可以被首先视为一种无意识否认，

---

[1] 普赖伯：你的名字，先生，说实话。
辛那：实话，我的名字叫辛那。
普赖伯：把他撕成碎片，他是一个阴谋家！
辛那：我是诗人辛那，我是诗人辛那。
普赖伯：撕碎他，为他写的坏诗，撕碎他，为他写的坏诗！
辛那：我不是阴谋家辛那。
普赖伯：没关系，他的名字是辛那；把他的名字从他心脏里拔出来，让他继续走。
普赖伯：把他撕成碎片，把他撕成碎片！

（《朱利乌斯·凯撒》，第三幕，3）

[2] 克莱因写道："在婴儿期最早的阶段，能够清晰划分好客体和坏客体、区分爱与恨，对于婴儿的正常发展至关重要。在我看来，当这样的分界不太严厉，但同时足够有效地区分好坏时，就会形成稳定性和心理健康的一个基本元素。"

（《论心理功能发展》，1958，p.242）

否认其对潜在的竞争者的恐惧和妒忌。"我们的宝宝一定会非常漂亮、非常了不起，能把我们从被赶走的命运里营救出来"，这可能是最原始的俄狄浦斯幻想。值得注意的是，克莱因版的早期俄狄浦斯焦虑更多讲的是婴儿恐惧父母的性生活会造出新的宝宝将其取代，而不是出于对新宝宝的力比多渴望。比昂指出，因为这些基本假设都是无意识幻想，因此不可能在现实中得到实现，而配对的设想恰好就属于这一类。总之，这些都是猜想，因为比昂的基本假设里的概念框架，与克莱因偏执-分裂和抑郁位概念之间并不能精确地相互对应。

比昂早期的团体工作被证明极其富有养分，影响深远，它促成了团体治疗和团体关系训练的极大发展。后者成为精神分析式组织咨询顾问中的重要元素。在广泛的实践领域里，到处都有克莱因思想播撒的种子，团体治疗与精神分析式组织咨询顾问就是其中之二。

第十三章

后 记

对于本书作者而言，将梅兰妮·克莱因的全部出版著作重读一遍，是一次非凡与动人的体验。这四卷本记录了她极其多产的精神分析生涯，既传达出在她的治疗室中所发生的故事之丰富内涵，也展示出克莱因是如此重视与同事、学生以及那些对精神分析思想感兴趣的人之间的交流与分享，她发现了什么，她相信这些发现揭示了关于人类心灵的什么奥秘，以及精神分析治疗的潜力何在。

从根本上来说，本书旨在把克莱因本人的出版著作介绍给读者，展示出在她的漫长职业生涯里其著作的演进过程。在此我们没有空间、也无意于赘述她的工作对后世精神分析师、儿童心理治疗师以及其他与心理健康相关的专业工作者的影响。尽管在某些章节中已经稍微涉及了后续的发展情况，但这仍是一个重大的缺憾。但她的影响力还远远没有被充足地探讨过，即便是克莱因本人在其职业生涯之初就已经成为那一群能够富于创造性地一起工作的精神分析师中间的一员[1]，在其身故之后，她的著作也一直对精神分析理论与技术的后续发展具有主要的影响力。她的著作以及她对后一代分析师的个人影响力，对精神分析的后续发展产生了巨大的影响。尽管在精神分析当中的"克莱因流派"的发展伴随着派系之争，展现出存在于精神分析运动内部的张力，也的确在某种程度上，克莱因最初的小圈子内部也存在分歧，但克莱因流派更重要的品质无疑在于具有如此众多思想的创造性潜力，而这一切都是她与同事共同发展起来的。

---

[1] 比如说，在1941—1945年的"论战期间"（King and Steiner, 1991），可以注意到捍卫克莱因观点的有：葆拉·海曼、苏珊·艾萨克斯（Susan Isaacs）、琼·里维埃和克莱因本人。

我们将简单总结以克莱因为主以及她参与负责的一些领域的核心发展，以及这些发展所带来的影响。

首先，她对幼儿的生活及其家庭带来了巨大影响。她在此领域的贡献是发展了精神分析式的游戏治疗，对儿童分析以及后续的精神分析式儿童心理治疗的发展产生了塑形式的影响。然后，她确认了婴儿与母亲或最初的照顾者之间的强烈情感关系，始于婴儿出生的那一刻。婴儿与母亲之间早期链接的图景，为最初的、当这样的关系出现问题时的精神分析式干预之发展提供了动力，也为精神分析式的婴儿观察之实践提供了动力，这已然在世界范围内成为很多精神分析培训的一部分。

其次，她对理解我们精神生活的理论贡献。克莱因关于偏执－分裂的焦虑、抑郁性的焦虑之理论，被证明是极具影响力的，是对正常与异常的人格发展之变迁的概念化。克莱因的理论促发了未来更进一步的发现与阐释，随着越来越多的人格组织结构（例如边缘的、自恋的、自闭症性的人格）出现在我们的治疗室当中，同时她的继任者们也在继续学派自身的理论构建，诸如赫伯特·罗森菲尔德，弗朗西斯·塔斯汀（Frances Tustin），约翰·斯坦纳，以及罗纳尔多·布里顿（Ronald Britton）的工作。克莱因意识到，投射性认同可用于无意识沟通，而葆拉·海曼继承与发扬了这一概念，并且意识到反移情的潜在临床重要性；而这又被威尔弗雷德·比昂进一步发展，他理解到"容器与涵容"之间的关系，并认为这是母婴关系的核心动力。比昂对投射性认同及其功能的理解是，既是在排空不可忍受的内心部分，又是作为寻求理解的沟通方式，使得更深刻地理解"原始的"（也就是婴儿般的）和精神病性的心理状态成为可能，并扩展了精神分析治疗师们可以开展工作的精神疾病的领域。克莱因对弗洛伊德理论中生本能与死本能之重要性的持续关注，使她远离了一些后续对精神分析理论的修正，但值得关注的是，死本能的思想及其与强迫性重复的关联，仍然是很多当代分析师的临床兴趣之所在，这包括迈克尔·费尔德曼（Michael Feldman）和约翰·斯坦纳。最后，克莱因对内在世界的详尽描绘的重要性，以及她所强调的精神分析中对心理现实的核心关注之必要性，都依然闪耀着光芒。唐纳德·梅尔策的论文非常清楚地呈现了这一点。

至于精神分析技术，移情关系的现象始终都是克莱因本人的治疗技术之核心，这也成为众多进一步研究的对象，同时考虑到反移情的维度，就有贝蒂·约瑟夫对"整体移情关系"的阐述，现在这已成为后克莱因流派精神分析师的重要参照点。

在本书的最后一章，通过汉娜·西格尔及其他人对象征与文化的精神分析式理解的工作，我们已然勾勒了克莱因思想的影响。通过艾略特·雅克和伊莎贝尔·孟席斯·莱思的工作，我们描述了她的偏执－分裂性焦虑与抑郁性焦虑等概念对应用精神分析思想来理解组织和社会的影响。更广义地来说，我们提出了克莱因理论中人类的"先天客体关联"对精神分析重新定位的贡献，即从弗洛伊德本人的工作中那更为个人的表达，转换到更加"社会化"以及道德层面更加复杂的视角。从这个角度而言，克莱因学派的思想已经成为精神分析中更广泛的"客体关系"流派的一部分，尽管这并非其全部。

以上这些，以及克莱因思想的很多其他后续发展，已经由精神分析师作者们进行了卓越的学术性阐述，例如伊丽莎白·斯皮利厄斯和罗伯特·欣谢尔伍德（Robert Hinshelwood）的论文。正是因为克莱因的工作为进一步的思考提供了如此非凡的资源，她的影响才会如此深远，克莱因的独特传统才会发展。我们相信这是精神分析思想中的一项伟大成就，克莱因也无疑是20世纪最重要的女科学家之一。

推荐阅读

梅兰妮·克莱因信托的官网上有大量资料，包括历史的和当代的，也包括文本的和视频的。

Bronstein, C. (ed.) (2001) *Kleinian Theory: A Contemporary Perspective*. London: Whurr. This book provides a modern overview of Klein's thought.

Frank, C. (2009) *Melanie Klein in Berlin: Her First Psychoanalyses of Children*. London: Routledge. This is a scholarly presentation of Klein's work with children in Berlin, drawing on the Klein Archive.

Grosskurth, P. (1986) *Melanie Klein: Her World and Her Work*. Cambridge, MA: Harvard University Press, 1987. This is the only substantial biography of Melanie Klein. It is however seen as contentious by many sympathetic to Klein.

Hinshelwood, R. (1989) *A Dictionary of Kleinian Thought*. London: Free Association Books. This invaluable work provides concise expositions of Klein's main concepts and theories and their subsequent evolution.

Hinshelwood, R. (1994) *Clinical Klein*. London: Free Association Books. This book is a companion to Hinshelwood's *Dictionary of Kleinian Thought* and outlines Klein's theoretical contributions and their subsequent development, giving many contemporary clinical examples.

Kristeva, J. (2001) *Melanie Klein* [trans. Ross Guberman]. New York: Columbia University Press. This is a sympathetic account of Klein's work by a leading French psychoanalyst and feminist.

Likierman, M. (2001) *Melanie Klein: Her Work in Context*. London: Continuum. This book is a fine study of Klein's work, and is particularly interesting in tracing Ferenczi's importance to her development.

Meltzer, D. (1978) *The Kleinian Development.* Perthshire: Clunie Press. [Reprinted London: Karnac, 1998.] The second part of this volume, which in three parts outlines a view of psychoanalytic development from Freud to Bion, consists of a detailed study of Klein's *Narrative of a Child Analysis.*

Segal, H. (1964) *Introduction to the Work of Melanie Klein.* London: Heinemann. [Reprinted London: Karnac, 1988.] This book remains a classic study.

Sherwin-White, S. (in press) *Melanie Klein Revisited: Pioneer and Revolutionary in the Psychoanalysis of Young Children.* London: Karnac.

Spillius, E.B. (ed.) (1988) *Melanie Klein Today: Developments in Theory and Practice, Vol. 1: Mainly Theory; Vol. 2: Mainly Practice.* London: Routledge. These two volumes include an impressive range of the work of psychoanalysts in the Klein tradition, with authoritative introductions by Elizabeth Spillius.

Spillius, E.B. (2007) *Encounters with Melanie Klein: Selected Papers of Elizabeth Spillius.* London: Routledge. These papers outline important features of Kleinian thought, and investigate Melanie Klein's unpublished archive.

Spillius, E.B., Milton, J., Garvey, P, Couve, C. and Steiner, D. (eds.) (2011) *The New Dictionary of Kleinian Thought.* London: Routledge. This volume is a revised and updated edition of R.D. Hinshelwood's 1989 *Dictionary of Kleinian Thought,* adding significant new material.

克莱因的出版物清单

《爱、内疚与修复以及1921—1945年时期的其他著作》(*Love, Guilt and Reparation and Other Works*, 1975)(*The Writings of Melanie Klein, Vol. 1*) **London: Hogarth Press. [Reprinted London: Vintage, 1988.]**

目录：

《儿童的发展》(The development of a child, 1921)

《青春期的抑制和困难》(Inhibitions and difficulties at puberty, 1922)

《学校在儿童力比多发展中的作用》(The role of the school in libidinal development of the child, 1923)

《早期分析》(Early analysis, 1923)

《抽搐的心理起因探讨》(A contribution to the psychogenesis of tics, 1925)

《早期分析的心理学原理》(The psychological principles of early analysis, 1926)《儿童分析座谈会》(Symposium on child-analysis, 1927)

《普通儿童的犯罪倾向》(Criminal tendencies in normal children, 1927)

《俄狄浦斯冲突的早期阶段》(Early stages of the Oedipus conflict, 1928)

《儿童游戏的拟人化》(The oersonification in the play of children, 1929)

《体现在艺术作品和创造性冲动当中的婴儿期焦虑情境》(Infantile anxiety situations reflected in a work of art and in the creative impulse)

《象征形成在自我发展中的重要性》(The important of symbol-formation in the development of the ego, 1930)

《精神病的心理治疗》(Psychotherapy of the psychoses, 1930)

《论智力抑制理论》(A contribution to the theory of intellectual inhibition, 1931)

《儿童良知的早期发展》(The early development of conscience in the child, 1933)

《论犯罪》（On criminality，1934）

《论躁狂－抑郁状态的心理成因》（A contribution to psychogenesis of manic-depressive states，1935）

《断奶》（Weaning，1936）

《爱、内疚与修复》（Love, Guilt and reparation，1937）

《哀悼及其与躁狂－抑郁状态的关系》（Mourning and its relation to manic-depressive states，1940）

《从早期焦虑情绪讨论俄狄浦斯情结》（The Oedipus complex in the light of early anxieties）

《儿童精神分析》（*the Psycho-Analysis of Children*，1932）（*The Writings of Melanie Klein, Vol. 2*）London: Hogarth Press, revised edition, 1975. [Reprinted London: Vintage, 1997.]

目录：

第一部分

  儿童分析技术

  儿童分析的心理学基础

  早期分析技术

  6岁女孩的强迫型神经质

  潜伏期的分析技术

  青春期的分析技术

  儿童神经症

  儿童性活动

第二部分

  早期的焦虑情境及其对儿童发展的影响

  俄狄浦斯情结和超我形成的早期阶段

  强迫型神经症和超我早期阶段的关系

  早期焦虑情境在自我发展中的重要意义

早期焦虑情境对女孩性发展的影响

早期焦虑情境对男孩性发展的影响

附录

儿童分析的范围与不足

《嫉羡和感恩：梅兰妮·克莱因后期著作选》（*Envy and Gratitude and Other Works 1946—1963*，1975）（*The Writings of Melanie Klein, Vol. 3*） **London: Hogarth. [Reprinted London: Vintage, 1997.]**

目录：

《关于某些分裂机制的笔记》（Notes on some schizoid mechanisms，1946）

《论焦虑与内疚的理论》（On the theory of anxiety and guilt，1948）

《论精神分析的结束标准》（On the criteria for the termination of a psycho-analysis，1950）

《移情的起源》（The Origins of Transference，1952）

《自我和本我发展中的互相影响》（The mutual influences in the of ego and id，1952）

《关于婴儿情绪生活的一些理论结论》（Some theoretical conclusions regarding the emotional life of the infant，1952）

《小婴儿的行为观察》（On observing the behavior of young infants，1952）

《精神分析游戏技术：历史与意义》（The psycho-analysis play technique: its history and significance，1955）

《论认同》（On identification，1955）

《嫉羡和感恩》（Envy and gratitude，1957）

《论心理功能发展》（On the development of mental functioning，1958）

《成人世界及其婴儿期根源》（Our adult world and its roots in infancy，1959）

《关于精神分裂中的抑郁的笔记》（A note on depression in the schizophrenic，1960）

《论精神健康》（On mental health，1963）

《对〈俄瑞斯忒亚〉的一些反思》(Some reflections on *The Oresteia*,1963)

《论孤独感》(On the sense of loneliness,1963)

短篇著作

《词在早期分析中的作用》(The impaortance of words in early analysis,1927)

《关于"法律兴趣之梦"的笔记》(Note on "A Dream of Forensic Interest",1928)

《婴儿早期痴呆分析的理论推导》(Theoretical deductions from am analysis of dementia praecox in early infancy,1929)

《一些心理学考虑:评论》(Some psychological considerations: a comment,1942)

《儿童分析的故事:对 10 岁男孩的治疗性儿童精神分析》(*Narrative of a Child Analysis: The Conduct of Psycho-Analysis of Children as Seen in the Tretment of a Ten-Year-Old Boy*,1961)(*The Writings of Melanie Klein, Vol. 3*) **London: Hogarth. [Reprinted London: Vintage, 1998.]**

其他著作

Klein, M. (2013) *Autobiography*. Annotated and transcribed by Janet Sayers. The full autobiography was transcribed and edited by Robert Hinshelwood (2016).

Klein, M., Heimann, P., Isaacs, S. and Riviere, J. (1952) *Developments in Psychoanalysis*. [Reprinted London: Karnac, 1989.]

Klein, M., Heimann, P. and Money-Kyrle, R.E. (eds.) (1955) *New Directions in Psycho-Analysis: The Significance of Infant Conflict in the Pattern of Adult Behaviour*. [Reprinted London: Karnac, 1993.]

Klein, M. and Riviere, J. (1937) *Love, Hate, and Reparation*. (Psycho-Analytical Epitomes No. 2.) [Reprinted in 1953.] [Reprinted London: Norton, 1964.]

参考文献

Abraham, K (1973) 'A short study on the development of the libido, viewed in the light of mental disorders'. In *Selected Papers of Karl Abraham*. London: Hogarth and the Institute of Psychoanalysis.

Alvarez, A. (1992) *Live Company: Psychoanalytic Psychotherapy with Autistic, Borderline, Deprived and Abused Children*. London: Routledge.

Alvarez, A. and Reid, S. (eds.) (1999) *Autism and Personality: Findings from the Tavistock Autism Workshop*. London: Routledge.

Armstrong, D. and Rustin, M.J. (2015) *Social Defences Against Anxiety: Explorations in a Paradigm*. London: Karnac.

Banks, L.R. (1980) *The Indian in the Cupboard*. New York: Doubleday.

Bick, E. (1964) 'Notes on infant observation in psycho-analytic training'. *International Journal of Psycho-Analysis*, 45: 558–566. [Reprinted in: Harris, M. and Bick, E. (1987) *Collected Papers of Martha Harris and Esther Bick*. Strath Tay, Perthshire: Clunie Press.]

Bick, E. (1968) 'The experience of the skin in early object-relations'. *International Journal of Psycho-Analysis*, 49: 484–486. [Reprinted in: Harris, M. and Bick, E. (1987) *Collected Papers of Martha Harris and Esther Bick*. Strath Tay, Perthshire: Clunie Press.]

Bion, W.R. (1955) 'Group dynamics: a re-view'. In Klein, M., Money-Kyrle, R. and Heimann, P. (eds.) *New Directions in Psycho-Analysis: The Significance of Infant Conflict in the Pattern of Adult Behaviour*. London: Tavistock. [Reprinted London: Karnac, 1977.]

Bion, W.R. (1961) 'Experiences in groups'. In *Experiences in Groups and Other Papers*. London: Tavistock. [Reprinted London: Routledge.]

Bion, W.R. (1962a) 'A theory of thinking'. *International Journal of Psycho-Analysis*, 43: 306–310. [Reprinted in: Bion, W.R. (1967) *Second Thoughts*. London: Heinemann.]

Bion, W.R. (1962b) *Learning from Experience*. London: Heinemann.

Bion, W.R. (1970) *Attention and Interpretation*. London: Tavistock. [Reprinted London: Karnac, 2016.]

Boston, M. and Szur, R. (eds.) (1983) *Psychotherapy with Severely Deprived Children*. London: Routledge and Kegan Paul.

Bowlby, J. (1969) *Attachment and Loss, Vol. 1: Attachment*. London: Hogarth Press.

Bowlby, J. (1973) *Attachment and Loss, Vol. 2: Separation: Anxiety and Anger*. London: Hogarth Press.

Bowlby, J. (1980) *Attachment and Loss, Vol. 3: Loss: Sadness and Depression*. London: Hogarth Press.

Britton, R.S. (1989) 'The missing link: parental sexuality in the Oedipus complex'. In Steiner, J. (ed.) *The Oedipus Complex Today: Clinical Implications*. London: Karnac.

Britton, R.S. (1998a) 'Before and after the depressive position: $Ps(n) \rightarrow D(n) - Ps(n+1)$'. In *Belief and Imagination: Explorations in Psychoanalysis*. London: Routledge.

Britton, R.S. (1998b) *Belief and Imagination: Explorations in Psychoanalysis*. London: Routledge.